BORGES

Sus Mejores Páginas

JORGE LUIS BORGES

BORGES

Sus Mejores Páginas

EDITED WITH
AN INTRODUCTION, NOTES, AND BIBLIOGRAPHY

by

MIGUEL ENGUÍDANOS
Indiana University

PRENTICE-HALL, INC, *Englewood Cliffs, New Jersey*

MODERN
SPANISH AND LATIN AMERICAN
AUTHORS SERIES

PRENTICE-HALL INTERNATIONAL., INC., *London*
PRENTICE-HALL OF AUSTRALIA, PTY. LTD., *Sydney*
PRENTICE-HALL OF CANADA, LTD., *Toronto*
PRENTICE-HALL OF INDIA PRIVATE LIMITED, *New Delhi*
PRENTICE-HALL OF JAPAN, INC., *Tokyo*

Thanks are due to
Emecé Editores, S.A., Buenos Aires
for permission to reprint
the selections included.

Current printing (last digit):

10 9 8 7 6 5 4 3 2 1

Library of Congress Catalog Card No. 74-92341

Printed in the United States of America

13-080226-3

Indice

INTRODUCCIÓN

Jorge Luis Borges: voz, tiempo y lugar

Jorge Luis Borges es un escritor que desde la primera lectura produce una impresión imborrable. Pocos autores hay más personales, más individualizados. Temas, formas literarias por él cultivados, rasgos de estilo, captan —o repelen— al lector desde el primer instante. Un "cuento de Borges" ya no es un cuento cualquiera. Ser "de Borges" pasa a ser más importante que ser "cuento". La técnica del cuento está en cualquiera de sus relatos supeditada a los extraños —o caprichosos, si se quiere— giros de su personalidad. Lo mismo sucede con su poesía y con sus ensayos. Quien haya escuchado alguna vez el canto de uno de esos ya raros juglares de pueblo —ciegos de romance, viejos "jazz-singers" de New Orleans, algún que otro cantor de tangos— no se habrá olvidado nunca de eso que hemos dado en llamar su estilo, y que en realidad son peculiares inflexiones vocales que hacen sonar cualquier canción entonada por ellos como algo único. Hay voces singulares en las que lo que teóricamente debería ser adjetivo —la interpretación— se convierte en sustantivo. Una canción entonada por una de esas voces suena de una manera definitiva, por insignificante que sea la substancia.

Borges, en persona, es como su obra, como su voz. O, mejor aún, Borges es su voz: Borges persona y Borges obra son casi intercambiables. Nada más y nada menos. Toda una vida hecha de literatura y para la literatura. Casi no hay otra cosa en su vida. Sus palabras han confirmado, más de una vez, esta impresión tan frecuentemente sentida por sus amigos: "Pocas cosas me han ocurrido y muchas he leído. Mejor dicho: pocas cosas me han ocurrido más dignas de memoria que el pensamiento de Schopenhauer o la música verbal de Inglaterra."

Nació Jorge Luis Borges en Buenos Aires, el 24 de agosto de 1899. Sus padres le llevaron, siendo muy joven, a Europa, donde vivió desde 1914 hasta 1921. En Ginebra completó sus estudios secundarios y pasó entonces (1918) a España. Viajó por la Madre Patria, residiendo principalmente en Mallorca, Sevilla y Madrid. De 1919 data su primer poema conocido, "Himno del mar", publicado en la revista *Grecia* de Sevilla. En España frecuentó el trato de los jóvenes poetas vanguardistas, sobre todo los del grupo llamado *ultraísta.* En 1921 regresó a Buenos Aires, donde fue reconocido muy pronto como uno de los principales poetas de la vanguardia rebelde argentina. Las obras que le valieron tal fama son tres libros de poesía: *Fervor de Buenos Aires* (1923), *Luna de enfrente* (1925) y *Cuaderno San Martín* (1929). En años sucesivos residió en Buenos Aires, ya de modo continuo y permanente. Vivió una vida personal oscura y tranquila, la propia de un bibliotecario municipal de suburbio. Paradójicamente, el modesto bibliotecario era cada vez más exaltado y celebrado en los círculos literarios. Colaboró con frecuencia en *Sur*, la gran revista literaria y cultural dirigida por Victoria Ocampo.

Hacia el principio de la década del 30, su actividad literaria derivó cada vez más desde la poesía al ensayo y al cuento. *Historia universal de la infamia* (1935) es el libro más representativo de esta fase. Sin embargo sus mejores relatos no aparecieron reunidos en volumen hasta 1944, agrupados bajo el título *Ficciones.* A este libro debe Borges la fama internacional. Sus cuentos se tradujeron y difundieron por Europa, principalmente en Francia. A *Ficciones* le siguió otra colección similar, *El Aleph* (1949).

En 1961 recibió el Prix International des Editeurs, que compartió con Samuel Beckett. Culminó así el reconocimiento internacional de la importancia y calidad de su obra.

Amante de la libertad, aunque no vinculado a grupos o partidos políticos, se opuso a la dictadura peronista. El dictador le correspondió tratando de humillarlo, separándole de su modesto cargo de bibliotecario y nombrándole "Inspector de aves de corral". Después de la caída del general Perón, el gobierno argentino quiso testimoniar el agradecimiento de sus compatriotas por su actividad valerosa durante los años difíciles y le nombró director de la Biblioteca Nacional de la Argentina, puesto que desempeña hasta el presente. Dicta además, Borges, cursos de literatura inglesa en la Universidad de Buenos Aires.

En 1961, invitado por la Fundación Tinker, visitó Jorge Luis Borges la Universidad de Texas, en la que dio cursos sobre literatura argentina desde septiembre hasta enero del año siguiente. En 1962 viajó por los Estados Unidos, dando conferencias en las principales universidades norteamericanas. En 1963 regresó a Europa. Reside generalmente en la Argentina, aunque durante los últimos años ha realizado numerosos viajes. En 1967 fue invitado de nuevo a los Estados Unidos, esta vez por la Universidad de Harvard.

Borges hacedor de sueños y canciones

Al reunir una antología de la obra de Borges, destinada a los estudiantes de literatura hispanoamericana, puede hacerse desde el supuesto de que se va a leer la obra de Borges por primera vez. De que vamos a poner en manos del lector una selección de cuentos de su libro *Ficciones*, o de *El Aleph* —ambos volúmenes reunen casi todas la narraciones publicadas hasta ahora por el autor.

Tratemos de leer la obra de Borges, como tantos hemos debido de hacerlo un día u otro, casi sin predisposiciones. Sólo con el deseo de conocer a un autor de quien no sabemos casi nada, y cuya obra, se nos dice, constituye un motivo de deleite para la imaginación, una buena lectura para huir un poco de este mundo, cuya realidad honda nos espanta, y cuya realidad cotidiana nos hastía.

Entreguémonos sin reservas a la lectura. La primera narración se titula "Tlön, Uqbar, Orbis Tertius". "Debo —comienza el autor hablándonos en primera persona— a la conjunción de un espejo y de una enciclopedia el descubrimiento de Uqbar." Uqbar es un país extraño que se cita al azar en una conversación literaria, donde, también por azar, se habla de la monstruosidad de los espejos. Todos los interlocutores son reales. Uno de ellos es el propio Borges. Alguien dice recordar que "uno de los heresiarcas de Uqbar había declarado que los espejos y la cópula son abominables, porque multiplican el número de los hombres." Pero ¿qué es y en dónde está Uqbar? Nadie lo sabe. Alguien pretende que ha leído un artículo titulado "Uqbar" en *The Anglo-American Cyclopaedia.* Se consulta la enciclopedia y se descubre que allí no se habla de Uqbar. Todo puede ser una broma, o un pretexto para hacer una frase brillante; mas al día siguiente se encuentra en determinado ejemplar donde efectivamente se halla la descripción de Uqbar, un extraño país de localización imprecisa, pero que parece real. Hay, sin embargo, "un solo rasgo memorable . . . la literatura de Uqbar era de carácter fantástico y . . . sus epopeyas y sus leyendas no se referían jamás a la realidad, sino a las dos regiones imaginarias de Mlejnas y Tlön . . ." Cuando comienza a intuirse la posibilidad de la existencia real de Uqbar, se descubre que la cita sólo aparece en un ejemplar único, pero no en la edición común de la enciclopedia. Cambia la escena: de la conversación literaria y de las pesquisas enciclopédicas, pasa Borges a una conversación con un excéntrico ingeniero inglés. Se habla de matemáticas y de filología. Tiempo después, el ingeniero se muere, —se le rompe un aneurisma. En el bar del hotel donde tuvo lugar la conversación se encuentra Borges, meses más tarde, un libro escrito en inglés que es, nada menos, que el tomo número once de una enciclopedia de Tlön, un planeta desconocido, inventado por un grupo de sabios; mundo irreal, totalmente fantástico. Por fin se descubre el secreto de Uqbar y de Tlön: A principios del siglo XVII se fundó (en Londres o Lucerna, eso no se precisa) una sociedad secreta y benévola para inventar un país: Uqbar. La obra se continúa, como la sociedad, a través de los siglos. "Hacia 1824, en Memphis (Tennessee), uno de los afiliados conversa con el ascético millonario Ezra Buckley. Éste lo deja hablar con algún desdén —y se ríe de la modestia del proyecto. Le dice que en América es absurdo inventar un país y le propone la invención de un planeta. A esa gigantesca idea (sigue diciendo Borges) añade otra, hija de su nihilismo: la de guardar en silencio la empresa enorme." La empresa se lleva a cabo. La sociedad de sabios inventa un planeta, con su geografía, sus gentes, sus culturas. El mundo de Tlön aparece dominado por el idealismo. Para las gentes de Tlön, el mundo "no es un concurso de objetos en el espacio; es una serie heterogénea de actos independientes. Es sucesivo, temporal, no espacial." Sus lenguas carecen del nombre sustantivo. Pero lo más notable es que esa cultura idealista llega a afectar al mundo de la realidad natural: los objetos perdidos se duplican; la realidad llega a amoldarse al patrón de la idea.

La narración termina trayéndonos al presente, en el que Borges nos habla de unos hechos extraordinarios, puras invenciones, como si formaran parte de nuestra realidad cotidiana. Como en una pesadilla el mundo imaginario, inventado por los sabios de la sociedad secreta, comienza a irrumpir en nuestra vida real: objetos de metal desconocido, la Enciclopedia de Tlön, manuales y antologías. "Casi inmediatamente, la realidad cedió en más de un punto. Lo cierto es que anhelaba ceder. Hace diez años bastaba cualquier simetría con apariencia de orden —el materialismo dialéctico, el antisemitismo, el nazismo— para embelesar a los hombres. ¿Cómo no someterse a Tlön, a la minuciosa y vasta evidencia de un planeta ordenado?" Una dinastía de ideólogos, nos dice Borges, puede cambiar la faz del mundo.

Nuestra sorpresa de lectores no conoce límites. Leemos y releemos la narración. Algo nuevo, y familiar a la vez, nos subyuga. La perspectiva vital diríamos que es nueva, aunque la preocupación y el modo de formularla nos parezcan muy viejos, tan viejos como la literatura. Diríamos que el peligro de los ideólogos de Tlön siempre lo hemos visto cernerse amenazadoramente sobre los hombres; sobrados testimonios hay de ello. Pero lo singular, lo original de ésta su nueva expresión literaria, es la proyección del problema hacia el futuro, proyección que se hace desde la perspectiva del intelectual fracasado en su misión, cansado y escéptico, pero angustiado por el espectáculo de un mundo de máximas totalizaciones. En el interrogante "¿Cómo no someterse a Tlön, a la minuciosa y vasta evidencia de un planeta ordenado?" hay no sólo burla y desdén, sino también rebeldía. Burla y desdén que, desde luego, nacen de una honda repugnancia hacia el compromiso con la vida; y rebeldía que es, paradójicamente, un gesto comprometedor.

Mas, prosigamos la lectura. El cuento que figura en segundo lugar en la colección se titula "El acercamiento a Almotásim". Está escrito en forma de crítica bibliográfica. El hecho de que

Borges haya decidido contarnos una historia fantástica de esa manera acentúa la confusión entre el mundo real y el imaginado. La novela que describe en el pequeño cuento-reseña es, desde luego, pura ficción. Es una mezcla, se nos dice, de poema alegórico islámico y novela policíaca inglesa, escrita por un abogado de Bombay. En ella se narran, o mejor dicho, nos dice Borges que se narran, las peripecias de un hombre que vive una vida vertiginosa en los más extraños lugares del Oriente. El protagonista, un estudiante musulmán incrédulo y fugitivo, "cae entre gente de la clase más vil y se acomoda a ellos, en una especie de certamen de infamias." Un día, el estudiante percibe en uno de los hombres aborrecibles algo limpio, claro y tierno; pero él sabe que el tal sujeto es incapaz de ese decoro por sí mismo. De ello deduce que la momentánea ternura del malvado es reflejo de la de otra persona. El estudiante decide dedicar su vida a buscar esa persona; pero sólo halla su resplandor reflejado en algunos hombres. Un día le dicen que al final de su peregrinación encontrará a un hombre llamado Almotásim que posee la extraña virtud o claridad que anda buscando. Al cabo de muchos años llega a conocer a los hombres que están más cerca de Almotásim; transcurre todavía más tiempo y, por fin, llega ante la puerta donde está la persona de sus afanes. "El estudiante golpea las manos una y dos veces y pregunta por Almotásim. Una voz de hombre —la increíble voz de Almotásim— lo insta a pasar. El estudiante descorre la cortina y avanza. En ese punto la novela concluye." Concluye la novela reseñada, pero no la imaginaria reseña de Borges. El final de la narración es una simulada crítica erudita, sobre las interpretaciones y las fuentes de tan extraña historia. En boca de uno de los predecesores de la novela pone Borges una posible solución al enigma de Almotásim que, en realidad, es una de sus ideas favoritas, la afirmación del principio de identidad: El estudiante y Almotásim son una misma persona. Todas las personas que participan de la claridad de Almotásim son también Almotásim.

Otro cuento muy característico, "Las ruinas circulares", es la historia de un soñador. Un mago navega por un río sagrado en una frágil canoa. Al anochecer se aproxima a las ruinas circulares de un templo consumido por el fuego e invadido por la selva lujuriante. Desembarca y, agotado por las largas horas de navegación, se queda dormido. Pero su sueño, descubrimos en seguida, obedece más a una misteriosa decisión que al natural cansancio. El mago peregrino ha decidido soñar un discípulo perfecto, crear así un hijo espiritual. Tras ensayos infructuosos y penosos esfuerzos logra su propósito, y el hijo, el discípulo amado, cobra vida verdadera. Sigue después el largo proceso de aprendizaje. El hijo del mago alcanzará la sabiduría, pero no el secreto de su existencia: No debe de saber que es sólo un sueño en la mente de su soñador. Sólo hay una prueba que puede revelárselo. Esa prueba es el fuego; si alguna vez las llamas acariciaran sus carnes descubriría que es sólo una ficción. Pasan los años y el discípulo se independiza del maestro. El viejo taumaturgo se queda solo. Una noche, en medio de su sueño, se despierta sobresaltado. La selva, incrustada en las ruinas circulares, se ha incendiado. Las llamas rodean al maestro, le alcanzan al fin. El soñador descubre que el fuego no le consume: ¡También él era un sueño en la mente de otro mago lejano y desconocido!

Llama después nuestra atención "La biblioteca de Babel", singular imagen e interpretación del Universo: Los hombres viven en una biblioteca infinita, donde existen "todos" los libros, pero que carece de sentido. El enigma de la biblioteca se esconde en una remota galería, que nadie ha visitado, cuyas paredes están cubiertas por un solo libro, dicen los místicos. Otros creen que el enigma de la biblioteca no se descubrirá nunca. Borges se incluye en su cuento entre los opinantes, y nos da su solución: "La Biblioteca es ilimitada y periódica. Si un eterno viajero la atravesara en cualquier dirección, comprobaría al cabo de los siglos que los mismos volúmenes se repiten en el mismo desorden (que, repetido, sería un orden: el Orden)."

"La escritura del dios" es la historia del cautiverio de un mago azteca durante la conquista de Méjico por los españoles. Tzinacán, el mago, casi anulado por el cautiverio y "urgido por la fatalidad de hacer algo, de poblar de algún modo el tiempo" se propone revisar todo el caudal de su sabiduría. Una noche recuerda lo que, en aquel momento, no tiene precio para él: que hay una tradición sobre su dios que dice que ". . . éste, previendo que en el fin de los tiempos ocurrirían muchas desventuras y ruinas, escribió el primer día de la Creación una sentencia mágica, apta para conjurar esos males." Pero la escritura permaneció secreta a través de los siglos. Tzinacán cree que ha llegado el momento de buscarla y trata de descifrar el misterio. Un día descubre que la fórmula mágica está escrita en la piel de una jaguar, que tienen encerrado en la celda contigua a la suya. Ahora Tzinacán tiene el poder de destruir la cárcel, de volver a ser joven, de hacerse inmortal, de reconstruir la pirámide del dios y el imperio de los aztecas. Sin embargo el mago cautivo decide dejarse morir sin revelar el secreto. "Quien ha entrevisto el universo—no puede pensar en un hombre, en sus triviales dichas o desventuras, aunque ese hombre sea él. Ese hombre *ha sido él* y ahora no le importa. Qué le importa la suerte de aquel otro, qué le importa la nación de aquel otro, si él, ahora es nadie".

Concluida nuestra sencilla experiencia, nuestra primera lectura parcial de los cuentos de la antología, podemos preguntarnos algo que parece ser básico para entender la obra de nuestro autor y que, de rechazo, apunta a la entraña, o entendimiento profundo, del quehacer literario: ¿Qué papel juega la imaginación, tan sobreabundante en las narraciones de Borges? No es necesario repetir lo que de todos es bien sabido: que no hay literatura, especialmente en forma de narración novelesca moderna, sin imaginación. Entendiendo por imaginación la facultad creadora, la posibilidad de suscitar un mundo sin la actualidad o presencia de las cosas que lo componen. Más todavía: no hay literatura sin el juego realidad-imaginación, imaginación-realidad, complicado casi hasta el infinito. Si en el proceso de la creación del cuento o de la novela modernos no se nos diese ese contínuo juego de va y ven, de la realidad al sueño y del sueño a la realidad —exaltando ambos: el sueño a la categoría de realidad y la realidad a la de sueño— nuestra sensibilidad de occidentales de mediados del siglo XX no lo digeriría, o, por lo menos, no lo aceptaría como literatura. Disponernos a leer un cuento, o una novela, supone ya para nosotros alistarnos en la partida de los soñadores.

Jorge Luis Borges no se aparta de esa tradición literaria, pese a la originalidad de su estilo. Nos lleva, es cierto, por nuevos caminos con un propósito que concuerda muy atinadamente con nuestras presentes inquietudes y manera de estar en la vida, pero lo que hay en el fondo de sus sueños son las inquietudes de siempre. Básicamente las de siempre, porque no hay otras que nos importen tanto. Y eso, sobre todo, es lo que le singulariza entre los escritores contemporáneos de habla hispana, y quizás ése sea el secreto de su éxito: ser la voz nueva que canta la vieja y misteriosa canción.

Se nos dirá que estamos exagerando el valor y la universalidad del mensaje de Borges, y que su literatura está limitada por su excesivo intelectualismo, por su falta de pasión —o de valentía— porque en ella se observa un cierto temor a comprometerse con lo más crudo y trágico de nuestro vivir presente. Reconozcamos que Borges no es un Unamuno, por ejemplo, ni tampoco un Sartre. La angustiosa busca del Dios que no responde y del prójimo de carne y hueso a que se entrega el primero, y la suciedad, las secreciones, el desamparo y la desesperación sin límites de los personajes creados por el segundo son auténticas expresiones literarias de nuestro tiempo, ciertamente. Lo que no podemos admitir es que sean las únicas. Aunque Borges fuera sólo el intelectual exquisito que pretenden sus detractores, no se le podría negar ni la posibilidad ni la autenticidad de su expresión. Puede resultar para algunos un escritor difícil, pero la dificultad de seguir a Borges en su proceso de imaginación estriba en la vastedad y complejidad de los materiales de erudición y conocimiento filosófico y literario —el Oriente, además del Occidente, y también las culturas primitivas, e incluso la ciencia en sus más difíciles e intrincados niveles— que utiliza como ingredientes literarios. Ello no significa, en modo alguno, que Borges no sea un escritor que nos entregue en su obra el palpitar de nuestro tiempo, sino que el hombre medio —y hasta el supuesto hombre culto— se han quedado rezagados por aturdimiento, o quizás por imposibilidad física de abarcar nuestro complicadísimo universo. Habrá que ver si dentro de doscientos años ideas como la del universo finito y repetido cíclicamente, o la de la relatividad del tiempo y el espacio, o la de la elasticidad del tiempo, que hoy son inmensos rompecabezas para todo el mundo, no entran a formar parte de la cultura general de las gentes, del mismo modo que aconteció con las ideas de Galileo, con el descubrimiento de los microorganismos o con la idea del gobierno representativo.

La imaginación de Borges juega, pues, el papel que esperamos de la de todo escritor auténtico en el esfuerzo de producir literatura; y ello se expresa en un lenguaje que pone al día problemas eternos. Borges nos lleva a Tlön y al Orbis Tertius, para desde allí contemplar nuestro orbe terrenal. Cervantes, por ejemplo, creador y maestro del género narrativo moderno, nos llevaba de la locura del Don Quijote que arremete contra los molinos-gigantes, a la cordura, de la que el propio hidalgo loco resultaba ser el principal depositario. Nos mostraba así la locura de una vida demasiado idealizada desde la perspectiva de una cordura a veces demasiado materialista, y luego invertía el juego para que viésemos las posibilidades de estupidez que hay en la excesiva cordura. No se podía, finalmente, determinar los límites entre locura y cordura, sueño y realidad. Acuñaba así Cervantes un recurso literario infalible, repetido cientos de veces en la literatura moderna. Borges no hace otra cosa que seguirlo —seguirlo, pero no imitarlo— llevándonos a una atalaya desde donde los postulados básicos de nuestro vivir —ideas de Dios, el Universo, la personalidad y el tiempo— se contemplan a la luz de la duda o la burla, no para destruirlos sino para volver una y otra vez sobre ellos. ¿Podríamos decir, con justicia, que la busca incesante del Almotásim-Dios, o el sueño del soñador soñado, o el enigma de la biblioteca de Babel, o la fórmula mágica del dios azteca, son sólo artificios para que el lector se olvide de sus obsesiones fundamentales?

No caigamos en la ligereza de juzgar este juego de la imaginación como un mero pasatiempo intrascendente, o una fantasía oriental. Si el contraste realidad-imaginación es, en ocasiones demasiado violento; será, sin duda, porque el autor considera que necesitamos de un poderoso reactivo que despierte nuestras conciencias y las someta a la prueba terrible de entender una realidad —la de nuestro mundo atómico y ya casi interplanetario— que parece superar las imaginaciones más exaltadas del pasado. ¿Puede haber, por tanto, en la segunda mitad del siglo XX, dos temas tan literarios, tan actuales, tan relevantes para nuestra vida —aunque nos encerremos en viejos cascarones ideológicos— como los de la exploración del Universo y su Creador, o como la busca del secreto de los apenas desvelados abismos de la personalidad humana? ¿Hay algo que nos importe tanto, además, como el misterioso ritmo del desarrollo de esa personalidad en ese incomprensible universo? Esos temas son eternos, y son los temas de la filosofía, la ciencia o la religión; pero ¿por qué negarle a la literatura, que tiene su propio camino para llegar hasta el hombre y hasta Dios, el derecho a irrumpir en ellos hoy, como ayer, y como siempre?

¿Podemos, pues, encasillar legítimamente a Borges dentro del calificativo de evasor de la realidad? ¿Quiere él destruir nuestra realidad sólo con el propósito de hacernos dudar de ella, y reirse en su retiro, en el retiro de su confesada timidez, de nuestra turbación y torpeza? ¿No será más bien que Borges se ha empeñado en sus ficciones en destruir la realidad, con el propósito de encontrar la auténtica realidad de Dios, el mundo y el hombre? ¿No estará insinuándonos? —y no gritándonos como hacía Unamuno en el mismo caso—: ¡Cuidado con esa supuesta realidad, que la realidad lleva aparejada la ficción; como la vigilia, el sueño; como la vida, la muerte; como el hombre, Dios!

Quizás la literatura del hombre que huye de su mundo, no para escapar de las angustias del terrible presente, sino para enfrentarse a ellas desde nuevas posiciones, valiéndose de uno de los más viejos y eficaces artilugios literarios, sea el pórtico que dé acceso a la literatura del mañana. Y quizás eso explique la absorbente pasión con que leemos hoy a Borges. Aunque también es posible que una obra todavía tan en el presente, no sea ella misma más que una ficción, sombra, o sueño; y que nos atraiga porque expresa nuestro deseo, o ansiedad, de que alguien interprete acertadamente en forma artística nuestras inquietudes, nuestra tragedia, nuestra grandeza y nuestra pequeñez.

Otras consideraciones son ineludibles para entender a Borges. Sería relativamente fácil dividir su obra en períodos y localizar asépticamente un fervor criollo —raíces argentinas— en los años ultraístas y en los libros poéticos antes mencionados, y un cosmopolitismo en los libros de cuentos y ensayos. Pero si ninguna obra literaria puede disecarse, y fragmentarse, sin correr el riesgo de destruirla, en el caso de la obra de Borges el uso del bisturí crítico puede resultar en daños irreparables y en obstáculos definitivos para su buen entendimiento. Borges, el escritor internacional, ciudadano de la babel de los intelectuales, es, al mismo tiempo, el hondo poeta de Buenos Aires, el poeta de una pampa adivinada al final de la calle suburbana, el cantor del melancólico arrabal. No se puede entender al uno sin el otro. Se podrá discutir la mayor o menor autenticidad del sentimiento local o nacional, como lo hace H. A. Murena en *El pecado original de América;* pero no se podrá entender a un Borges sin prestarle atención al otro. En el Borges tierno, elemental, intimista, solitario y neorromántico (pues eso es lo que nos parece hoy su ultraísmo: un neorromanticismo antisentimental y antimusical) de sus primeros libros se adivinaba ya al poetizador del juego del intelecto. Y, a su vez, en el Borges de esos cuentos donde los personajes son una biblioteca, o la lotería, o una teoría filosófica, o el sueño del soñador soñado, late también el humilde y tímido lirismo del poeta del arrabal y del tango. Es más, sin entender que de la tensión entre esas dos visiones poéticas —trasparencia del intelecto y trasparencia del corazón— nace lo mejor de su literatura, no es posible entender a Borges.

Que Borges no es un desarraigado ya lo vio Ana María Barrenechea en su excelente estudio *La expresión de la irrealidad en la obra de Jorge Luis Borges*, al advertirnos que lo único que rechaza Borges del color local es lo argentino buscado como programa. Que la Argentina de Borges sea un sueño, o ficción, es ya otro problema; pero, realidad o ficción, la Argentina en su modalidad porteña está en su obra, y muy de veras, para quedarse . . . La cuestión de la legitimidad de ese sueño nacional ha sido muy bien planteada por Murena y por otros escritores más jóvenes. Pero lo importante no es cuán auténtico pueda ser el sentir criollo de Borges en relación con la realidad histórica argentina, sino cuán auténtico sea el sentimiento en sí, en el hondón del alma del autor. Por eso hay que llevar más adelante el tema: ver si es posible descubrir en el Borges poeta y cantor de la Chacarita, al Borges de *Las ruinas circulares;* o, para decirlo de una manera casi borgesiana, ver si, a pesar de todo, Borges ha sido siempre Borges.

Ramón Xirau, en su ensayo "Borges, o el elogio de la sensibilidad" (*Poesía hispanoamericana y española*, México, Imprenta Universitaria, 1961) ha explicado muy bien el problema de la dualidad borgesiana:

> Al Borges de las ficciones y los ensayos, al Borges maravilloso de la duda y la inquietud metafísica y fantástica habrá que oponer siempre —o mejor com-poner— el Borges que vive, algo monásticamente, en la tierra breve en que le ha tocado nacer. . . . Este verdadero poeta que cree en la inocencia humana y en la bondad de la tierra (*El río, el primer río. El hombre, el primer hombre.*), ha luchado siempre entre la tentación de la duda y la certidumbre sentimental de la verdad. No siempre ha permitido que su corazón hablara. Su inteligencia, filtro de libros y de lecturas imaginarias, quiso ponerle límites a la "calle con almacén rosado" que intuye dioses reales.

Como reconoce Xirau, ha sido el propio Borges el que nos ha revelado su más honda verdad, la de que en él la inteligencia ha sido arma en la lucha contra los excesos del corazón. Dice Borges (en su poema "Casi juicio final", v. 12):

> He trabado en fuertes palabras ese mi pensativo sentir,
> que pudo haberse disipado en sola ternura.

Pero, tanto de la afirmación de Borges como de la opinión de Xirau, podría llegarse a erróneas conclusiones si se interpretase el rechazo de la ternura de manera total y excluyente. No se puede sacar de contexto la frase del poeta. Y, en este caso, el contexto sería toda su obra. No hay que pensar que la obra de Borges se ha hecho exclusivamente de rigor intelectual y de antiternura. No ha llegado a ser realidad *a pesar* de los obstáculos sentimentales que el poeta se creía obligado a vencer; sino que lo que es hoy la obra de Borges lo ha sido *gracias a* esa lucha, precisamente. Lucha cotidiana y doméstica que el poeta necesitaba y necesita como el aire para respirar. Gracias a la tensión interior del alma, que se siente atrapada entre una cabeza clara y un corazón tierno, se justifica y humaniza la evasividad imaginativa, la cara más obvia y visible de la obra de Borges. Pero gracias a ella, también, adquirieron trascendencia los otros aspectos, no tan evidentes, pero que se expresaron a menudo en formas irónicas, o de confesión triste y dolorosa, o, simplemente, introduciendo en el relato, o en el poema, la pelea de compadritos, la melodía vulgar, o la anécdota vivida.

En 1921, a su regreso de la obligada peregrinación europea, escribía Borges el poema titulado "Arrabal". Al leer el poema, y, sobre todo, después de leídos los cuatro últimos versos cabría preguntarse si no serán acaso el programa de toda una vida-obra, la expresión de un reencuentro con la realidad radical, con la vida que hay que empezar a vivir después del sueño europeo. Programa que podría resumirse en una adversativa: VIVIR una y cien Europas con la imaginación; pero ESTAR (o existir) como un "pastito precario" pegado a la tierra, tratando de echar raíces, entre las piedras de una calle de Buenos Aires. Pasaba así Europa, desde aquel momento, a ser símbolo esencial, de cuya sustancia vivir, como se vive del libro, del sueño, o del mito. Y, a la vez, Buenos Aires se convertía en el símbolo existencial, reflejo de una fatiga, palpitación, polvo, sudor, cansancio del viandante de Europas o de Orbis Tertius, inseparable del viandante del arrabal y del pastito precario de la calleja.

El poema "Arrabal" se incluyó en *Fervor de Buenos Aires*, el primer libro de Borges, aparecido en 1923. Era éste, además de una declaración de fervor porteño, un manifiesto de fervor ultraísta. Está hecho, como dijo su propio autor, de aventuras del espíritu, expresadas en imágenes y metáforas desnudas, enfiladas en batería contra las "rimas barulleras" de los omnipresentes modernistas. Era poesía medular. De ahí la emoción de volver a los escenarios de la infancia, después del aprendizaje deambulatorio por Europa. De ahí el criollismo o porteñismo. Quizás no haga falta insistir en lo que es de sobra conocido; pero la insistencia tiene un propósito, y éste no se limita al deseo de señalar el papel histórico que desempeñan los libros ultraístas y criollistas de Borges en el desarrollo de las modernas corrientes literarias argentinas. Hay algo más: hay que ver *Fervor de Buenos Aires*, *Cuaderno San Martín* y *Luna de enfrente* en función del individuo Borges y de su obra personal.

Pensemos en lo que fue este primer libro, y sus dos secuelas, para el autor. Hacía, en 1923, dos años que éste había regresado a Buenos Aires. Era entonces el capitán de la vanguardia rebelde. Sabía como nadie lo que pasaba en la Europa de los *ismos*. Tanto él, como los demás poetas jóvenes que le seguían, se reían de la poesía de Leopoldo Lugones, de quien por otro lado se sentían criaturas. Era la época de las revistas murales, de las protestas escandalosas, de los manifiestos y las carcajadas, cuyo espíritu cristalizaría poco después en las revistas *Proa* y *Martín Fierro*. Era el tiempo en que la última de las generaciones felices podía aún jugar alegremente a la poesía y al arte. Sin embargo Borges era ya, además de jefe ultraísta, algo que es mucho más difícil de ser; Borges era ya Borges. Quien lea primero sus cuentos y después la poesía (precisamente en el orden contrario al cronológico, como se presentan en esta edición) se sorprenderá de encontrar en los poemas el lenguaje personalísimo de las narraciones. Lo mismo sucede con los ensayos. Quien vuelva a leer ahora los poemas mozos de Borges descubrirá en seguida las raíces ideológicas y emocionales de los relatos y de sus demás escritos. No es mera coincidencia el que los dos primeros versos del libro inicial de nuestro poeta sean la declaración de una fe profunda, alrededor de la cual creció, como la hiedra, la obra imaginativa de Borges. Se trata del principio de identidad: todas las cosas son una sola cosa, todas las almas son una sola alma. En el poema que abre *Fervor de Buenos Aires*, el poeta nos da el testimonio de este descubrimiento, consecuencia de un largo y apasionado peregrinar intelectual. Basta con citar los dos primeros versos:

> Las calles de Buenos Aires
> ya son la entraña de mi alma.

Calles y alma se identifican. Y eso le permite buscar su secreto, su esperanza última. El poeta camina por las calles de su ciudad "con voluntad heroica de engaño", tratando de alcanzar "una promesa de ventura." ¿No será éste el punto de partida? ¿No serán "las dulces calles del arrabal" porteño el lugar desde donde Borges —en secreta emulación quijotesca— se lanzó a su primera salida, para, andando el tiempo, cometer las más grandes locuras literarias? Si se lee bien este primer poema no es posible dudar que Borges sabía, desde el principio, adónde iba, cúal iba a ser la magnitud de su hazaña o empresa:

> Hacia los cuatro puntos cardinales
> se han desplegado como banderas las calles;
> ojalá en mis versos enhiestos
> vuelen esas banderas.

Deambulando por las calles de su ciudad, Borges se detiene en sus versos —como en sus prosas— a contemplar cada pequeño detalle real, a escuchar cada ruido, cada melodía. Pero al acumular pruebas de que allí hay un mundo radical, entrañable, temporal, que le ata en carne perecedera a su tierra, no hace sino elevar su espíritu más y más hacia el sueño metafísico. Así en el poema "La guitarra" nos dice que ha visto la Pampa "acurrucada en lo profundo de una brusca guitarra"; suena una melodía que le hace ver "el campo donde cabe Dios sin haber de inclinarse." La Pampa real, su evocación y su misterioso sentido —ser el no-espacio-no-tiempo en el que cabe la totalidad de Dios— se confunden en el poema. Podrían multiplicarse los ejemplos. De *Luna de enfrente*, 1925:

La llanura es un dolor pobrísimo que persiste.
La llanura es una estéril copia del alma.

Pero baste con apuntar que Borges poeta criollo estaba en camino de ser Borges poeta del sueño del intelecto y la fantasía. Las pruebas están a la vista si se lee una selección de su obra como la presente. Quien se lo proponga podrá ver que las dudas y los artificios mentales de los cuentos de Borges están ya previstos en sus poemas, y que si aquellos hacen tanta mella en el lector es porque se nos dan, no como un "pensar" a secas, sino como un "pensativo sentir" —por decirlo con la afortunada frase del propio Borges.

Por otra parte, vistos los cuentos en su relación con los poemas, nos permitirán comprender que aquellos pueden, en gran medida, interpretarse como astuta trampa del poeta para sumergirnos en una poesía en la que hoy muy pocos creen, o se atreven a creer. Se podrían publicar los cuentos de Borges bajo un título general que incluyese también a los poemas, y que podría ser indistintamente *Poesías completas* o *Ficciones completas*.

Borges ha sabido enfrentarse en su obra —tanto en la poesía como en el relato y en el ensayo— al temblor, al misterio y la grandeza del universo, sin dejar de saberse polvo, ceniza, nada. Se ha defendido del pecado del intelecto, de la fría soberbia, con un remedio de vieja campesina o arrabalera. Remedio de catecismo elemental: contra soberbia, humildad; o dicho con sus propias palabras de *Luna de enfrente*:

Seguro de mi vida y de mi muerte, miro los ambiciosos y quisiera
        entenderlos.
Su día es ávido como el lazo en el aire.
. . . .
Más silencioso que mi sombra, cruzo el tropel de su levantada codicia.
Ellos son imprescindibles, únicos, merecedores del mañana.
        Mi nombre es alguien y cualquiera.
Su verso es un requerimiento de ajena admiración.
Yo solicito de mi verso que no me contradiga, y es mucho.
Que no sea persistencia de hermosura, pero sí de certeza espiritual.
Yo solicito de mi verso que los caminos y la soledad lo atestigüen.
Gustosamente ociosa la fe, paso bordeando mi vivir.
Paso con lentitud, como quien viene de tan lejos que no espera llegar.

Por eso, para curarse de los vértigos que, andando el tiempo, iban a causarle la música de las esferas —las aventuras imaginativas de sus cuentos— volvió a la poesía. Quien haya seguido las páginas de la revista argentina *Sur* verá aparecer, de cuando en cuando, unos poemas firmados por Jorge Luis Borges que le dejarán perplejo; porque no sabrá determinar si se trata de nuevas ficciones, esta vez en verso, o de viejos poemas, que su autor ha vuelto a publicar para decirnos que la edad dorada del poeta ultraísta no ha muerto.

Quizás lo que pretende Borges sea demostrarnos en carne viva su creencia en la doctrina de los ciclos. Quizás esta vuelta a la poesía —después de largos años de ausencia latente— no sea sino la vuelta a las calles interminables, para ir otra vez desde allí a los cuatro vientos del infinito. Valga como ejemplo bien significativo el poema de 1958, titulado "El tango". En él puede verse la síntesis de todo lo dicho hasta aquí. La lectura de este poema supera todo intento de explicar el *pensativo sentir* del poeta. Comienza el tango de Borges entonando el viejísimo interrogante melancólico:

¿Dónde estarán pregunta la elegía
De quienes ya no son, como si hubiera
Una región en que el Ayer pudiera
Ser el Hoy, el Aún y el Todavía.

Pero éstos por quienes pregunta el poeta no son ni el rey don Juan, ni los infantes de Aragón,[1] ni tampoco son las nieves de antaño, sino los parias de la secta del cuchillo y del coraje, los compadritos orilleros, los detritus del vertedero cosmopolita. No fueron nada sino miseria. Pasaron por el mundo, murieron, como también murieron los grandes, los acreedores al recuerdo. Sus vidas sombrías y broncas se olvidaron; y, sin embargo, dejaron en su fugaz transcurso una huella:

En la música están, en el cordaje
De la terca guitarra trabajosa,
Que trama en la milonga venturosa
La fiesta y la inocencia del coraje.

[1] Se refiere a las "Coplas" de Jorge Manrique, poeta español de la segunda mitad del siglo XV; concretamente a la estrofa que contiene los siguientes versos:

¿Qué se hizo el Rey Don Juan?
Los Infantes de Aragón
¿qué se hicieron?

La vida toda, la tierra y las esferas del cielo giran en el tíovivo del suburbio; la música del tango le acompaña en su girar y le da sentido:

Gira en el hueco la amarilla rueda
De caballos y leones, y oigo el eco
De esos tangos de Arolas y de Greco
Que yo he visto bailar en la vereda,

En un instante que hoy emerge aislado
Sin antes ni después, contra el olvido,
Y que tiene el sabor de lo perdido,
De lo perdido y lo recuperado.

Todo gira, todo pasa. Gira el tíovivo que contempla Borges en el arrabal porteño. Gira el mundo, se va el día, viene la noche. . . ¿Volverá el sol por la mañana? Vivir —decía Azorín— es ver volver. Borges no sabe exactamente lo que es vivir. En sus cuentos se burla muchas veces de los que creen saberlo. Pero sí que sabe lo que queda, lo que permanece, al vuelo del girar de la vida; y lo que queda es el dolor, es el sentimiento. Hay un tango famoso —mas famoso que el de Borges— que produce esa angustia al oyente de un modo físico, casi animal: "Al mundo nada le importa, gira y gira. . ." Y es que puede ser que en el arrabal el dolor del tiempo sea más hondo; quizás por la misma razón que hace el recuerdo de la madreselva, o de la amapola de los trigos, más perdurable que el de la rosa.

En "El tango" descubre Borges su más íntima verdad: después de todo, el "pensativo sentir" no será más que el viejo y familiar "dolorido sentir" de tantos poetas grandes. Estuvo allí siempre, en toda su obra, discretamente disimulado, como una querella doméstica entre el corazón y su esposa la inteligencia exquisita. Sólo los fríos y eternos ambiciosos —los del corazón apagado— no comprenderán la verdad honda de Borges. Y desdeñarán, con gesto displicente, *debilidades* como ésta del tango en su proveedor de narcóticos intelectuales. Pero a los demás. . . A los demás no nos debe caber ninguna duda. Nos bastará con leer el tango de Borges:

Hecho de polvo y tiempo, el hombre dura
Menos que la liviana melodía
Que sólo es tiempo. El tango crea un turbio

Pasado irreal que de algún modo es cierto,
Un recuerdo imposible de haber muerto
Peleando, en una esquina del suburbio.

El hacedor, libro publicado en 1960, es aparentemente una miscelánea. En ella supone el autor haber reunido poemas sueltos, relatos, parábolas, esquemas, fragmentos, citas apócrifas, sin más propósito que el de mostrar lo que el tiempo acumula en el fondo de un "cajón de sastre" de escritor. Pero esta yuxtaposición de fragmentos, recortes o retazos obedece, en realidad, a un criterio poético máximo: el de crear un libro —*el* libro— espejo de una vida. Una vida en la que, según confiesa el propio Borges, "pocas cosas. . . han ocurrido más dignas de memoria que el pensamiento de Schopenhauer o la música verbal de Inglaterra." Vida que ha sido, sobre todo, vida interior, vida de "recogimiento".

Borges ha viajado mucho: unas veces, las menos, valiéndose de los medios de transporte habituales; otras, las más, con la imaginación. Desde su recogido ámbito interno ha salido, en ocasiones, con rumbo a los más ajenos espacios y a los más remotos tiempos. Se ha aventurado hasta lo absoluto (ver "El Aleph"). Pero sus salidas no han sido más que provisionales exploraciones. Absorciones amébicas del mundo exterior. Su obra —y a estas alturas ya se la puede contemplar en una perspectiva de conjunto— es toda ella obra poética, intimista, recolecta, obra de un espíritu tan "recogido" y ensimismado, que ha sido capaz de engrandecerse en el ámbito de su soledad y de ver en ella el secreto del universo entero y, a la vez, de estremecerse ante sus misterios indescifrables. El "tema" de Borges, a lo largo de toda su obra —incluyendo narraciones y ensayos— no ha sido otro, pues, que Borges mismo. Cierto es que, de todas sus excursiones —lecturas, viajes, fugaces relaciones humanas— a los recintos ajenos a su intimidad, Borges ha vuelto dentro de sí cargado de todas las dudas posibles, menos de una. En cada choque con la realidad externa, a pesar de sus defensas inteligentes, irónicas o dolorosas, se ha producido una afirmación de la conciencia del yo. Dudosa la realidad del mundo, la del hombre, y hasta la de Dios, tan sólo una certidumbre ha quedado en pie: la de estar un "alguien" —un cierto individuo, no muy fácilmente identificable, pues puede haberse llamado Homero, Shakespeare, o, más modestamente, Jorge Luis Borges— *haciéndose* en sí mismo. Este *hacedor* es el creador, el poeta, el hombre capaz de "cantar y dejar resonando cóncavamente en la memoria humana" rumores —en prosa y verso— de Ilíadas, Odiseas, amores perdidos, gestas oscuras, imposibles y desesperadas aventuras de la fantasía. La seguridad en ese "alguien", en ese *yo íntimo,* no se basa, en Borges, en una clara conciencia de su identidad, o de su destino personal; sino en la seguridad en la fuerza compulsiva, creadora, poética, que le ha llevado hasta el último tramo de su vida-obra sin desfallecer. El impreciso Homero-Borges del relato "El hacedor" sabe bien que el arma para combatir a la desilusión final de la vida, al tiempo con su peso inexorable, y a la oscuridad terrible y angustiosa, no es otra que su capacidad de ensueño y de murmullo. Soñar y cantar hacen posible, habitable, el mundo; luminosas las tinieblas. La ceguera del alma —que es la que importa— es condición natural humana y ¡ay del que no advierta a tiempo que vivimos rodeados de sombras! El poeta, el "hacedor" lo descubre un día, y se sumerge en ellas sin miedo, iluminado por su conciencia creadora: "En esta noche de sus ojos mortales, a la que ahora descendía, lo aguardaban también el amor y el riesgo." Borges y Homero saben, pues, que ahí empieza todo, en la aceptación amorosa y arriesgada de la vida y en el empeño que les impulsa a poblar de voces su oscuridad.

Soñar y cantar. Al todo y a las partes. Al universo y a cada una de sus criaturas. La criatura puede ser un hombre —gaucho, héroe, patriota irlandés, nazi impenitente, judío sacrificado— cualquiera de sus artefactos —toda una civilización, una biblioteca, un cuchillo— o, sencillamente, un animal, un tigre: "Dormido, me distrae un sueño cualquiera y de pronto sé que es un sueño. Suelo pensar entonces: Éste es un sueño, una pura diversión de mi voluntad, y ya que tengo un ilimitado poder, voy a causar un tigre."

Pero "el hacedor" debe aceptar humildemente su ministerio. Ejercer su poder, dispuesto a reconocer su impotencia última. Porque su oficio consiste, precisamente, en un querer soñar muy alto y en un intentar las resonancias más puras y perdurables, dándose cuenta, y aceptando bravamente, su incompetencia: "¡Oh, incompetencia! Nunca mis sueños saben engendrar la apetecida fiera. Aparece el tigre, eso sí, pero disecado o endeble, o con impuras variaciones de forma, o de un tamaño inadmisible, o harto fugaz, o tirando a perro o a pájaro."

Soñar y cantar; pese a incompetencias, caídas y desilusiones. Para eso nació *El hacedor.* Su misión y su mensaje no se le escaparán al lector que sepa cuándo un sueño es un sueño, y que tenga oído para recordar la melodía de una canción.

No debe confundirse el lector. La obra última de Borges, aunque compuesta de fragmentos, habrá de estimarla como si fuera un espejo múltiple, o un mosaico de minúsculos espejos. Leída a cierta distancia —digerida su lectura— se verá que los pedazos dibujan un *todo*: un autorretrato de alma y cuerpo enteros. La insinuación fulgurante, la alusión misteriosa o irónica, la pequeña incisión poética, son los medios de expresión preferidos por Borges. La novela, género que ha evitado; el ensayo, el cuento y la narración breve, formas que le dieron fama, le parecieron siempre excesos imperdonables. Por eso *El hacedor* le parece a Borges culminación de una carrera literaria, y liberación de viejas limitaciones, vanidades y prejuicios. Por eso él lo siente como *su* libro. El mayor o menor acierto en él alcanzado no es todavía tiempo para juzgarlo; pero al ansia puesta por el poeta en el intento debe de establecerse de manera clara. En *El hacedor* las formas *cuento, relato,* e incluso *poema,* se reducen a su mínima y más desnuda expresión; todo tiende a ser parábola poética, breve pero relampagueante.

Después de *El hacedor* ha publicado Borges en la Argentina una *Antología personal* (1961). En ella ha recogido, en orden de preferencia no cronológico, lo que a sus ojos puede presentarse ante el juicio de una hipotética posteridad. El experimento, según nos dice el poeta en el prólogo, no le ha valido más que para comprobar su pobreza, sus limitaciones expresivas, la mortalidad de sus escritos ante su actual criterio de exigencia. Pero, al mismo tiempo, la tarea de antologizar su propia obra le ha dado una nueva seguridad en sí mismo, una nueva fuente de energía vital, una renovada ilusión: "Esta pobreza —dice Borges— no me abate, ya que me da una ilusión de continuidad."

En realidad, las piezas diversas que componen *El hacedor* fueron coleccionadas, com-puestas, por Jorge Luis Borges cuando éste se encontraba ya arrastrado, o llevado en vilo, por esa ansia de continuidad. Para bien, o para mal —parece querer decirnos Borges en los últimos años— estos fragmentos aquí acumulados por el tiempo son todo lo que yo soy. La obra anterior ya no importa: "Los altos y soberbios volúmenes que formaban en un ángulo de la sala una penumbra de oro no eran (como su vanidad soñó) un espejo del mundo, sino una cosa más agregada al mundo." Y eso es todo lo que él, como poeta, se siente capaz de desear: poder añadirle al mundo unos pedacitos de espejo, más o menos fulgurantes, que no sean sino ilusionado reflejo, tímida ansia de inmortalidad, de lo sentido, pensado y soñado en la soledad de una de las conciencias más solitarias, inteligentes y sensibles de nuestro tiempo.

El poeta está emprendiendo, pues, su última salida. Estremece pensar con qué seguridad y con qué valor saben los poetas cuándo empieza la etapa final de una vida creadora; pero a la vez asombra contemplar cómo para ellos el caos, que es la propia vida y obra, empieza a cobrar sentido. Quizás lo ahora visto, al dirigir la mirada hacia el pasado, no sea más que otra ilusión, pero allí está. Unidos los fragmentos dispares que componen la obra —sobre todo los que aparentemente son más insignificantes— dibujan algo que el poeta contempla consolado. Las partes se organizan en un todo: "Un hombre se propone la tarea de dibujar el mundo. A lo largo de los años puebla un espacio con imágenes de provincias, de reinos, de montañas, de bahías, de navíos, de islas, de peces, de habitaciones, de instrumentos, de astros, de caballos y de personas. Poco antes de morir, descubre que ese paciente laberinto de líneas traza la imagen de su cara."

Si la cara no es otra cosa, después de todo, que el espejo del alma, no es difícil adivinar el sentido último del juego ilusorio que Jorge Luis Borges propone al lector en este libro: las diversas partes que componen *El hacedor* —narraciones, poemas, parábolas, reflejos e interpolaciones— dibujan, al leerse como un todo, la imagen de la cara del poeta: cara-espejo-imagen del alma del creador, del hacedor. Hay que insistir en estos rasgos porque el libro sirve de clave a la comprensión última y más profunda de toda la obra de Borges.

El sueño y la canción del hacedor, o sea del poeta, se ven turbados desde el principio por viejos espíritus malignos. Al conjurar sus viejos demonios, Borges quiere acabar con ellos. Pues, sin la paz y el orden interiores, el poeta no puede enfrentarse de verdad al caos de la vida, ni conseguir que las líneas del laberinto de su obra tracen la imagen de su cara.

Desde las primeras páginas de la obra de Borges aquí antologizada puede el lector descubrir adónde se dirige el poeta. Sin este esfuerzo imaginativo inicial los demonios de la frivolidad, de la lectura rutinaria, y de la pedantería erudita, podrían también impedirle al lector llegar a trazar la imagen de su propia cara. Y para llegar a este momento, piense todo lector —poeta pasivo— que debe de llegar llevado de la mano del *hacedor*, o poeta activo, y que no tiene más remedio que disponerse a soñar y a escuchar los rumores que se oyen en el sueño.

Cuentos

1

TLÖN, UQBAR, ORBIS TERTIUS

I

Debo a la conjunción de un espejo y de una enciclopedia el descubrimiento de Uqbar. El espejo inquietaba el fondo de un corredor en una quinta de la calle Gaona, en Ramos Mejía;[1] la enciclopedia falazmente se llama *The Anglo-American Cyclopaedia* (New York, 1917) y es una reimpresión literal, pero también morosa,[2] de la *Encyclopaedia Britannica* de 1902. El hecho se produjo hará unos cinco años. Bioy Casares[3] había cenado conmigo esa noche y nos demoró una vasta polémica sobre la ejecución de una novela en primera persona, cuyo narrador omitiera o desfigurara los hechos e incurriera en diversas contradicciones, que permitieran a unos pocos lectores —a muy pocos lectores— la adivinación de una realidad atroz o banal.[4] Desde el fondo remoto del corredor, el espejo nos acechaba. Descubrimos (en la alta noche ese descubrimiento es inevitable) que los espejos tienen algo monstruoso. Entonces Bioy Casares recordó que uno de los heresiarcas de Uqbar había declarado que los espejos y la cópula son abominables, porque multiplican el número de los hombres. Le pregunté el origen de esa memorable sentencia y me contestó que *The Anglo-American Cyclo-*

---

[1] **Ramos Mejía:** suburbio de Buenos Aires; también, nombre de una calle.

[2] **morosa:** tardía, retrasada.

[3] **Adolfo Bioy Casares** (1914–): escritor argentino contemporáneo. Colaborador de Borges en *Seis problemas para don Isidro Parodi* (publicada bajo el seudónimo H. Bustos Domecq) y autor de *La invención de Morel.*

[4] **banal:** trivial, vulgar. Nótese la disposición, muy característica de la prosa de Borges, de las adjetivaciones en parejas: "literal-morosa", "atroz-banal". Se trata de un recurso estilístico desrealizador: yuxtaposiciones o disyuntivas que casi se eliminan mútuamente, y que borran en el ánimo del lector los contornos precisos de su significado.

paedia la registraba, en su artículo sobre Uqbar. La quinta (que habíamos alquilado amueblada) poseía un ejemplar de esa obra. En las últimas páginas del volumen XLVI dimos con un artículo sobre Upsala; en las primeras del XLVII, con uno sobre *Ural-Altaic Languages*, pero ni una palabra sobre Uqbar. Bioy, un poco azorado, interrogó los tomos del índice. Agotó en vano todas las lecciones[5] imaginables: Ukbar, Ucbar, Ooqbar, Ookbar, Oukbahr . . . Antes de irse, me dijo que era una región del Irak o del Asia Menor. Confieso que asentí con alguna incomodidad. Conjeturé que ese país indocumentado y ese heresiarca anónimo eran una ficción improvisada por la modestia de Bioy para justificar una frase. El examen estéril de uno de los atlas de Justus Perthes[6] fortaleció mi duda.

Al día siguiente, Bioy me llamó desde Buenos Aires. Me dijo que tenía a la vista el artículo sobre Uqbar, en el volumen XLVI de la Enciclopedia. No constaba el nombre del heresiarca, pero sí la noticia de su doctrina, formulada en palabras casi idénticas a las repetidas por él, aunque —tal vez— literariamente inferiores. Él había recordado: *Copulation and mirrors are abominable*. El texto de la Enciclopedia decía: *Para uno de esos gnósticos, el visible universo era una ilusión o* (*más precisamente*) *un sofisma. Los espejos y la paternidad son abominables* (mirrors and fatherhood are abominable) *porque lo multiplican y lo divulgan*. Le dije, sin faltar a la verdad, que me gustaría ver ese artículo. A los pocos días lo trajo. Lo cual me sorprendió, porque los escrupulosos índices cartográficos de la *Erdkunde*[7] de Ritter ignoraban con plenitud el nombre de Uqbar.

El volumen que trajo Bioy era efectivamente el XLVI de la *Anglo-American Cyclopaedia*. En la falsa carátula y en el lomo, la indicación alfabética (Tor-Ups) era la de nuestro ejemplar, pero en vez de 917 páginas constaba de 921. Esas cuatro páginas adicionales comprendían el artículo sobre Uqbar; no previsto (como habrá advertido el lector) por la indicación alfabética. Comprobamos después que no hay otra diferencia entre los volúmenes. Los dos (según creo haber indicado) son reimpresiones de la décima *Encyclo-*

---

[5] **lecciones:** lecturas.

[6] **Justus Perthes** (Gotha): editorial alemana, famosa por sus excelentes mapas, atlas geográficos e históricos y por el *Almanach de Gotha,* manual genealógico de la nobleza europea.

[7] Se refiere a la famosa obra de geografía *Die Erdkunde* (19 vols., 1822–1859) del alemán Karl Ritter, iniciador de la moderna geografía humana.

paedia Britannica. Bioy había adquirido su ejemplar en uno de tantos remates.[8]

Leímos con algún cuidado el artículo. El pasaje recordado por Bioy era tal vez el único sorprendente. El resto parecía muy verosímil, muy ajustado al tono general de la obra y (como es natural) un poco aburrido. Releyéndolo, descubrimos bajo su rigurosa escritura una fundamental vaguedad. De los catorce nombres que figuraban en la parte geográfica, sólo reconocimos tres —Jorasán, Armenia, Erzerum—, interpolados en el texto de un modo ambiguo. De los nombres históricos, uno solo: el impostor Esmerdis[9] el mago, invocado más bien como una metáfora. La nota parecía precisar las fronteras de Uqbar, pero sus nebulosos puntos de referencias eran ríos y cráteres y cadenas de esa misma región. Leímos, verbigracia, que las tierras bajas de Tsai Jaldún y el delta del Axa definen la frontera del sur y que en las islas de ese delta procrean los caballos salvajes. Eso, al principio de la página 918. En la sección histórica (página 920) supimos que a raíz de las persecuciones religiosas del siglo trece, los ortodoxos buscaron amparo en las islas, donde perduran todavía sus obeliscos y donde no es raro exhumar sus espejos de piedra. La sección *idioma y literatura* era breve. Un solo rasgo memorable: anotaba que la literatura de Uqbar era de carácter fantástico y que sus epopeyas y sus leyendas no se referían jamás a la realidad, sino a las dos regiones imaginarias de Mlejnas y de Tlön . . . La bibliografía enumeraba cuatro volúmenes que no hemos encontrado hasta ahora, aunque el tercero —Silas Haslam: *History of the Land Called Uqbar*, 1874—figura en los catálogos de librería de Bernard Quaritch.* El primero, *Lesbare und lesenswerthe Bemerkungen über das Land Ukkbar in Klein-Asien*, data de 1641 y es obra de Johannes Valentinus Andreä. El hecho es significativo; un par de años después, di con ese nombre en las inesperadas páginas de De Quincey[10] (*Writings*, décimotercero volumen) y supe que era el de un teólogo

*Haslam ha publicado también *A General History of Labyrinths.* [Las notas cuya llamada se hace con asterisco pertenecen al texto original de Borges. NOTA DEL RECOPILADOR]

[8] **remates:** ventas en pública subasta.

[9] **Esmerdis:** hijo segundo (muerto hacia 528 antes de J.C.), de Ciro el Grande, rey de Persia. Fue degollado por su hermano Cambises II. Como su muerte se mantuvo en secreto hubo varios impostores que se quisieron hacer pasar por él.

[10] **Thomas De Quincey** (1785–1859): ensayista inglés, nacido en Manchester. Autor de *Confessions of an English Opium-Eater* y *Autobiographic Sketches.*

alemán que a principios del siglo XVII describió la imaginaria comunidad de la Rosa-Cruz[11] —que otros luego fundaron, a imitación de lo prefigurado por él.

Esa noche visitamos la Biblioteca Nacional. En vano fatigamos atlas, catálogos, anuarios de sociedades geográficas, memorias de viajeros e historiadores: nadie había estado nunca en Uqbar. El índice general de la enciclopedia de Bioy tampoco registraba ese nombre. Al día siguiente, Carlos Mastronardi[12] (a quien yo había referido el asunto) advirtió en una librería de Corrientes y Talcahuano[13] los negros y dorados lomos de la *Anglo-American Cyclopaedia* . . . Entró e interrogó el volumen XLVI. Naturalmente, no dió con el menor indicio de Uqbar.

II

Algún recuerdo limitado y menguante de Herbert Ashe, ingeniero de los ferrocarriles del Sur, persiste en el hotel de Adrogué,[14] entre las efusivas madreselvas y en el fondo ilusorio de los espejos. En vida padeció de irrealidad,[15] como tantos ingleses; muerto, no es siquiera el fantasma que ya era entonces. Era alto y desganado y su cansada barba rectangular había sido roja. Entiendo que era viudo, sin hijos. Cada tantos años iba a Inglaterra: a visitar (juzgo por unas fotografías que nos mostró) un reloj de sol y unos robles. Mi padre había estrechado con él (el verbo es excesivo) una de esas amistades inglesas que empiezan por excluir la confidencia y que muy pronto omiten el diálogo. Solían ejercer un intercambio de libros y de periódicos; solían batirse al ajedrez, taciturnamente . . . Lo recuerdo en el corredor del hotel, con un libro de matemáticas en la mano, mirando a veces los colores irrecuperables del cielo. Una tarde, ha-

---

[11] **Rosa-Cruz:** secta de iluminados que se originó en Alemania en el siglo XVII. Sus miembros creen que su orden existió desde la más remota antigüedad y que muchos de los grandes filósofos y científicos pertenecieron a ella.

[12] **Carlos Mastronardi** (1901–): poeta argentino. Militó, junto con Borges, en las filas del movimiento ultraísta. Autor de *Conocimiento de la noche*.

[13] **Corrientes y Talcahuano:** calles de Buenos Aires. En este barrio están las librerías de segunda mano.

[14] **Adrogué:** pueblo próximo (19 km.) a Buenos Aires; lugar de veraneo.

[15] **padeció de irrealidad:** expresión característica de Borges, de índole metafórica. Alude tanto al aspecto físico como al carácter del personaje Herbert Ashe, tan gris, apagado, tan sin carácter, que parecía un fantasma.

blamos del sistema duodecimal de numeración (en el que doce se escribe 10). Ashe dijo que precisamente estaba trasladando no sé qué tablas duodecimales a sexagesimales (en las que sesenta se escribe 10). Agregó que ese trabajo le había sido encargado por un noruego: en Río Grande do Sul.[16] Ocho años que lo conocíamos y no había mencionado nunca su estadía en esa región . . . Hablamos de vida pastoril, de *capangas*,[17] de la etimología brasilera de la palabra *gaucho*[18] (que algunos viejos orientales todavía pronuncian *gaúcho*) y nada más se dijo —Dios me perdone— de funciones duodecimales. En setiembre de 1937 (no estábamos nosotros en el hotel) Herbert Ashe murió de la rotura de un aneurisma. Días antes, había recibido del Brasil un paquete sellado y certificado. Era un libro en octavo mayor.[19] Ashe lo dejó en el bar, donde —meses después— lo encontré. Me puse a hojearlo y sentí un vértigo asombrado y ligero que no describiré, porque ésta no es la historia de mis emociones sino de Uqbar y Tlön y Orbis Tertius. En una noche del Islam que se llama la Noche de las Noches se abren de par en par las secretas puertas del cielo y es más dulce el agua en los cántaros; si esas puertas se abrieran, no sentiría lo que en esa tarde sentí. El libro estaba redactado en inglés y lo integraban 1001 páginas. En el amarillo lomo de cuero leí estas curiosas palabras que la falsa carátula repetía: *A First Encyclopaedia of Tlön. Vol. XI. Hlaer to Jangr.* No había indicación de fecha ni de lugar. En la primera página y en una hoja de papel de seda que cubría una de las láminas en colores había estampado un óvalo azul con esta inscripción: *Orbis Tertius.* Hacía dos años que yo había descubierto en un tomo de cierta enciclopedia pirática una somera descripción de un falso país; ahora me deparaba el azar algo más precioso y más arduo. Ahora tenía en las manos un vasto fragmento metódico de la historia total de un planeta desconocido, con sus arquitecturas y sus barajas, con el pavor de sus mitologías y el rumor de sus lenguas, con sus emperadores y sus mares, con sus

[16] **Río Grande do Sul:** el estado más sureño del Brasil, contiguo a la Argentina. Los nativos se llaman gauchos. Ver nota 18.

[17] **capangas:** en Brasil, guardaespaldas.

[18] **gaucho:** natural, o habitante, de la pampa (región llana del Río de la Plata, en Argentina y Uruguay). La etimología de este vocablo ha sido tema de larga y compleja controversia; a ella alude Borges en su relato.

[19] **octavo mayor:** tamaño del libro o folleto cuyas páginas han resultado de dividir un pliego en ocho partes. Se llama "mayor" cuando sobrepasa ligeramente esa dimensión.

minerales y sus pájaros y sus peces, con su álgebra y su fuego, con su controversia teológica y metafísica. Todo ello articulado, coherente, sin visible propósito doctrinal o tono paródico.

En el "onceno tomo" de que hablo hay alusiones a tomos ulteriores y precedentes. Néstor Ibarra,[20] en un artículo ya clásico de la *N. R. F.*,[21] ha negado que existen esos aláteres,[22] Ezequiel Martínez Estrada[23] y Drieu La Rochelle[24] han refutado, quizá victoriosamente, esa duda. El hecho es que hasta ahora las pesquisas más diligentes han sido estériles. En vano hemos desordenado las bibliotecas de las dos Américas y de Europa. Alfonso Reyes,[25] harto de esas fatigas subalternas de índole policial, propone que entre todos acometamos la obra de reconstruir los muchos y macizos tomos que faltan: *ex ungue leonem.*[26] Calcula, entre veras y burlas, que una generación de *tlönistas* puede bastar. Ese arriesgado cómputo nos retrae al problema fundamental: ¿Quiénes inventaron a Tlön? El plural es inevitable, porque la hipótesis de un solo inventor —de un infinito Leibniz[27] obrando en la tiniebla y en la modestia— ha sido descartada unánimemente. Se conjetura que este *brave new world*[28] es obra de una sociedad secreta de astrónomos, de biólogos, de ingenieros, de metafísicos, de poetas, de químicos, de algebristas, de moralistas, de pintores, de geómetras . . . dirigidos por un oscuro hombre de genio. Abundan individuos que dominan esas disciplinas diversas, pero no los capaces de invención y menos los capaces de subordinar la invención a un riguroso plan sistemático. Ese plan es tan visto que la contribución de cada escritor es infinitesimal. Al

---

20 **Néstor Ibarra:** escritor y crítico contemporáneo, residente en Francia.

21 **N.R.F.:** abreviatura de la *Nouvelle Revue Française*, revista literaria francesa.

22 **aláteres:** compañeros.

23 **Ezequiel Martínez Estrada** (1895–1965): poeta y ensayista argentino, autor de *Oro y piedra*, *Radiografía de la Pampa* y *La cabeza de Goliath.*

24 **Drieu La Rochelle:** crítico francés contemporáneo. Se ha ocupado de Borges con frecuencia en sus escritos.

25 **Alfonso Reyes:** (1889–1959): escritor mejicano que cultivó con éxito casi todos los géneros literarios, pero fue en el ensayo donde alcanzó un nivel distinguidísimo. Autor de *Visión de Anáhuac*, *Las vísperas de España*, etc.

26 **ex ungue leonem** (latín): se reconoce al león por la uña. En sentido figurado: la mano de un gran artista se reconoce por ciertos rasgos.

27 **Gottfried Wilhelm Leibniz** (1646–1716): filósofo y matemático alemán.

28 Alusión a la obra de Aldous Huxley, *Brave New World*, de quien el título, a su vez, remonta a *The Tempest* de Shakespeare (V: *i*, v. 181): "Oh wonder!/ How many goodly creatures there are here!/How beauteous mankind is! Oh, brave new world,/That has such people in 't!"

principio se creyó que Tlön era un mero caos, una irresponsable licencia de la imaginación; ahora se sabe que es un cosmos y las íntimas leyes que lo rigen han sido formuladas, siquiera en modo provisional. Básteme recordar que las contradicciones aparentes del Onceno Tomo son la piedra fundamental de la prueba de que existen los otros: tan lúcido y tan justo es el orden que se ha observado en él. Las revistas populares han divulgado, con perdonable exceso, la zoología y la topografía de Tlön; yo pienso que sus tigres transparentes y sus torres de sangre no merecen, tal vez, la continua atención de *todos* los hombres. Yo me atrevo a pedir unos minutos para su concepto del universo.

Hume[29] notó para siempre que los argumentos de Berkeley[30] no admitían la menor réplica y no causaban la menor convicción. Ese dictamen es del todo verídico en su aplicación a la tierra; del todo falso en Tlön. Las naciones de ese planeta son —congénitamente— idealistas. Su lenguaje y las derivaciones de su lenguaje —la religión, las letras, la metafísica— presuponen el idealismo.[31] El mundo para ellos no es un concurso de objetos en el espacio; es una serie heterogénea de actos independientes. Es sucesivo, temporal, no espacial. No hay sustantivos en la conjetural *Ursprache*[32] de Tlön, de la que proceden los idiomas "actuales" y los dialectos: hay verbos impersonales, calificados por sufijos (o prefijos) monosilábicos de valor adverbial. Por ejemplo: no hay palabra que corresponda a la palabra *luna*, pero hay un verbo que sería en español *lunecer* o *lunar*. *Surgió la luna sobre el río* se dice *hlör u fang axaxaxas mlö* o sea en su orden: hacia arriba (*upward*) detrás duradero-fluir luneció. (Xul Solar[33] traduce con brevedad: upa tras perfluyue lunó. *Upward, behind the onstreaming it mooned.*)

---

[29] **David Hume** (1711–1776): filósofo e historiador británico. Autor de *Enquiry Concerning Human Understanding.*

[30] **George Berkeley** (1685–1753): filósofo idealista irlandés. Autor del *Treatise on the Principles of Human Knowledge.*

[31] **idealismo:** método, filosofía y concepción del mundo relativamente modernos, que niegan la realidad individual de las cosas distintas del "yo" y sólo las admite como ideas.

[32] **Ursprache** (alemán): lengua primitiva.

[33] **Xul Solar:** Podría referirse a Julio Soler, lingüista español del siglo XIX. Viajó a los EE. UU. y más tarde estuvo en Cambridge. Profesor de lengua y literatura castellanas y profesor de italiano. Desempeñó el cargo de cónsul en algunas ciudades norteamericanas. Escribió libros de gramática castellana y sobre métodos para aprender idiomas.

Lo anterior se refiere a los idiomas del hemisferio austral. En los del hemisferio boreal (de cuya *Ursprache* hay muy pocos datos en el Onceno Tomo) la célula primordial no es el verbo, sino el adjetivo monosilábico. El sustantivo se forma por acumulación de adjetivos. No se dice *luna*: se dice *aéreo-claro sobre oscuro-redondo* o *anaranjado-tenue-del cielo* o cualquier otra agregación. En el caso elegido la masa de adjetivos corresponde a un objeto real; el hecho es puramente fortuito. En la literatura de este hemisferio (como en el mundo subsistente de Meinong)[34] abundan los objetos ideales, convocados y disueltos en un momento, según las necesidades poéticas. Los determina, a veces, la mera simultaneidad. Hay objetos compuestos de dos términos, uno de carácter visual y otro auditivo: el color del naciente y el remoto grito de un pájaro. Los hay de muchos: el sol y el agua contra el pecho del nadador, el vago rosa trémulo que se ve con los ojos cerrados, la sensación de quien se deja llevar por un río y también por el sueño. Esos objetos de segundo grado pueden combinarse con otros; el proceso, mediante ciertas abreviaturas, es prácticamente infinito. Hay poemas famosos compuestos de una sola enorme palabra. Esta palabra integra un *objeto poético* creado por el autor. El hecho de que nadie crea en la realidad de los sustantivos hace, paradójicamente, que sea interminable su número. Los idiomas del hemisferio boreal de Tlön poseen todos los nombres de las lenguas indoeuropeas— y otros muchos más.

No es exagerado afirmar que la cultura clásica de Tlön comprende una sola disciplina: la psicología. Las otras están subordinadas a ella. He dicho que los hombres de ese planeta conciben el universo como una serie de procesos mentales, que no se desenvuelven en el espacio sino de modo sucesivo en el tiempo. Spinoza[35] atribuye a su inagotable divinidad los atributos de la extensión y del pensamiento; nadie comprendería en Tlön la yuxtaposición del primero (que sólo es típico de ciertos estados) y del segundo— que es un sinónimo perfecto del cosmos. Dicho sea con otras palabras: no conciben que lo espacial perdure en el tiempo. La percepción de una humareda en el horizonte y después del campo incendiado y después del

---

[34] **Alexius Meinong** (1853–1920): filósofo y psicólogo austriaco; discípulo de Franz Brentano.

[35] **Baruch Spinoza** (1632–1677): filósofo sefardita holandés, autor de una *Etica* de carácter monista: todo lo existente está incluído en una sola substancia, que es Dios.

cigarro a medio apagar que produjo la quemazón es considerada un ejemplo de asociación de ideas.

Este monismo[36] o idealismo total invalida la ciencia. Explicar (o juzgar) un hecho es unirlo a otro; esa vinculación, en Tlön, es un estado posterior del sujeto, que no puede afectar o iluminar el estado anterior. Todo estado mental es irreducible: el mero hecho de nombrarlo —*id est*, de clasificarlo— importa un falseo. De ello cabría deducir que no hay ciencias en Tlön— ni siquiera razonamientos. La paradójica verdad es que existen, en casi innumerable número. Con las filosofías acontece lo que acontece con los sustantivos en el hemisferio boreal. El hecho de que toda filosofía sea de antemano un juego dialéctico, una *Philosophie des Als Ob*,[37] ha contribuído a multiplicarlas. Abundan los sistemas increíbles, pero de arquitectura agradable o de tipo sensacional. Los metafísicos de Tlön no buscan la verdad ni siquiera la verosimilitud: buscan el asombro. Juzgan que la metafísica es una rama de la literatura fantástica. Saben que un sistema no es otra cosa que la subordinación de todos los aspectos del universo a uno cualquiera de ellos. Hasta la frase "todos los aspectos" es rechazable, porque supone la imposible adición del instante presente y de los pretéritos. Tampoco es lícito el plural "los pretéritos", porque supone otra operación imposible . . . Una de las escuelas de Tlön llega a negar el tiempo: razona que el presente es indefinido, que el futuro no tiene realidad sino como esperanza presente, que el pasado no tiene realidad sino como recuerdo presente.* Otra escuela declara que ha transcurrido ya *todo el tiempo* y que nuestra vida es apenas el recuerdo o reflejo crepuscular, y sin duda falseado y mutilado, de un proceso irrecuperable. Otra, que la historia del universo —y en ellas nuestras vidas y el más tenue detalle de nuestras vidas—es la escritura que produce un dios subalterno

---

*[Bertrand] Russell (*The Analysis of Mind*, 1921, pág. 159) supone que el planeta ha sido creado hace pocos minutos, provisto de una humanidad que "recuerda" un pasado ilusorio.

[36] **monismo:** doctrina metafísica, opuesta al dualismo, según la cual la materia y el espíritu, lo físico y lo psíquico, son idénticos en su esencia, son dos aspectos de una misma sustancia.

[37] **Philosophie des Als Ob** (alemán): literalmente, *filosofía del como si*. Expresión y título de la obra capital del filósofo alemán Hans Vaihinger (1852–1933). En ella se postula la idea de que lo que el conocimiento hace es sólo, respondiendo a una finalidad biológica, crear ficciones para la comprensión y el dominio de las situaciones problemáticas.

para entenderse con un demonio. Otra, que el universo es comparable a esas criptografías en las que no valen todos los símbolos y que sólo es verdad lo que sucede cada trescientas noches. Otra, que mientras dormimos aquí, estamos despiertos en otro lado y que así cada hombre es dos hombres.

Entre las doctrinas de Tlön, ninguna ha merecido tanto escándalo como el materialismo. Algunos pensadores lo han formulado, con menos claridad que fervor, como quien adelanta una paradoja. Para facilitar el entendimiento de esa tesis inconcebible, un heresiarca del undécimo siglo* ideó el sofisma de las nueve monedas de cobre, cuyo renombre escandaloso equivale en Tlön al de las aporías eleáticas.[38] De ese "razonamiento especioso" hay muchas versiones, que varían el número de monedas y el número de hallazgos; he aquí la más común:

El martes, X atraviesa un camino desierto y pierde nueve monedas de cobre. El jueves, Y encuentra en el camino cuatro monedas, algo herrumbradas por la lluvia del miércoles. El viernes, Z descubre tres monedas en el camino. El viernes de mañana, X encuentra dos monedas en el corredor de su casa. El heresiarca quería deducir de esa historia la realidad —*id est* la continuidad— de la nueve monedas recuperadas. *Es absurdo* (afirmaba) *imaginar que cuatro de las monedas no han existido entre el martes y el jueves, tres entre el martes y la tarde del viernes, dos entre el martes y la madrugada del viernes. Es lógico pensar que han existido —siquiera de algún modo secreto, de comprensión vedada a los hombres— en todos los momentos de esos tres plazos.*

El lenguaje de Tlön se resistía a formular esa paradoja; los más no la entendieron. Los defensores del sentido común se limitaron, al principio, a negar la veracidad de la anécdota. Repitieron que era una falacia verbal, basada en el empleo temerario de dos voces neológicas, no autorizadas por el uso y ajenas a todo pensamiento severo: los verbos *encontrar y perder*, que comportaban una petición de principio, porque presuponían la identidad de las nueve primeras monedas y de las últimas. Recordaron que todo sustantivo (hombre,

---

*Siglo, de acuerdo con el sistema duodecimal, significa un período de ciento cuarenta y cuatro años.

[38] **aporías eleáticas** (griego): proposiciones sin salidas lógicas, o con dificultades lógicas insuperables; pueden llamarse también antinomias o paradojas. Las eleáticas son las particularmente propuestas por Zenón de Elea, como la famosa de Aquiles y la tortuga.

moneda, jueves, miércoles, lluvia) sólo tiene un valor metafórico. Denunciaron la pérfida circunstancia *algo herrumbradas* por *la lluvia del miércoles*, que presupone lo que se trata de demostrar: la persistencia de las cuatro monedas, entre el jueves y el martes. Explicaron que una cosa es *igualdad* y otra *identidad* y formularon una especie de *reductio ad absurdum*, o sea el caso hipotético de nueve hombres que en nueve sucesivas noches padecen un vivo dolor. ¿No sería ridículo —interrogaron— pretender que ese dolor es el mismo?* Dijeron que al heresiarca no lo movía sino el blasfematorio propósito de atribuir la divina categoría de *ser* a unas simples monedas y que a veces negaba la pluralidad y otras no. Argumentaron: si la igualdad comporta la identidad, habría que admitir asimismo que las nueve monedas son una sola.

Increíblemente, esas refutaciones no resultaron definitivas. A los cien años de enunciado el problema, un pensador no menos brillante que el heresiarca pero de tradición ortodoxa, formuló una hipótesis muy audaz. Esa conjetura feliz afirma que hay un solo sujeto, que ese sujeto indivisible es cada uno de los seres del universo y que éstos son los órganos y máscaras de la divinidad, X es Y y es Z. Z descubre tres monedas porque recuerda que se le perdieron a X; X encuentra dos en el corredor porque recuerda que han sido recuperadas las otras . . . El onceno tomo deja entender que tres razones capitales determinaron la victoria total de ese panteísmo[39] idealista. La primera, el repudio del solipsismo;[40] la segunda, la posibilidad de conservar la base psicológica de las ciencias; la tercera, la posibilidad de conservar el culto de los dioses. Schopenhauer[41] (el apasionado y lúcido Schopenhauer) formula una doctrina muy parecida en el primer volumen de *Parerga und Paralipomena.*

La geometría de Tlön comprende dos disciplinas algo distintas: la visual y la táctil. La última corresponde a la nuestra y la subordinan a la primera. La base de la geometría visual es la superficie,

---

*En el día de hoy, una de las iglesias de Tlön sostiene platónicamente que tal dolor, que tal matiz verdoso del amarillo, que tal temperatura, que tal sonido, son la única realidad. Todos los hombres, en el vertiginoso instante del coito, son el mismo hombre. Todos los hombres que repiten una línea de Shakespeare, *son* William Shakespeare.

[39] **panteísmo:** doctrina o creencia que identifica a Dios y al mundo.

[40] **solipsismo:** radicalización del subjetivismo.

[41] **Arthur Schopenhauer** (1788–1860): filósofo alemán, autor de famosas teorías sobre el pesimismo y la voluntad.

no el punto. Esta geometría desconoce las paralelas y declara que el hombre que se desplaza modifica las formas que lo circundan. La base de su aritmética es la noción de números indefinidos. Acentúan la importancia de los conceptos de mayor y menor, que nuestros matemáticos simbolizan por $>$ y por $<$. Afirman que la operación de contar modifica las cantidades y las convierte de indefinidas en definidas. El hecho de que varios individuos que cuentan una misma cantidad logran un resultado igual, es para los psicólogos un ejemplo de asociación de ideas o de buen ejercicio de la memoria. Ya sabemos que en Tlön el sujeto del conocimiento es uno y eterno.

En los hábitos literarios también es todopoderosa la idea de un sujeto único. Es raro que los libros estén firmados. No existe el concepto del plagio: se ha establecido que todas las obras son obra de un solo autor, que es intemporal y es anónimo. La crítica suele inventar autores: elige dos obras disímiles —el Tao-Teh-King[42] y las 1001 Noches, digamos—, las atribuye a un mismo escritor y luego determina con probidad la psicología de ese interesante *homme de lettres . . .*

También son distintos los libros. Los de ficción abarcan un solo argumento, con todas las permutaciones imaginables. Los de naturaleza filosófica invariablemente contienen la tesis y la antítesis, el riguroso pro y el contra de una doctrina. Un libro que no encierra su contralibro es considerado incompleto.

Siglos y siglos de idealismo no han dejado de influir en la realidad. No es infrecuente, en las regiones más antiguas de Tlön, la duplicación de objetos perdidos. Dos personas buscan un lápiz: la primera lo encuentra y no dice nada; la segunda encuentra un segundo lápiz no menos real, pero más ajustado a su expectativa. Esos objetos secundarios se llaman *hrönir* y son, aunque de forma desairada, un poco más largos. Hasta hace poco los *hrönir* fueron hijos casuales de la distracción y el olvido. Parece mentira que su metódica producción cuente apenas cien años, pero así lo declara el Onceno Tomo. Los primeros intentos fueron estériles. El *modus operandi*, sin embargo, merece recordación. El director de una de las cárceles del estado comunicó a los presos que en el antiguo lecho de un río había ciertos sepulcros y prometió la libertad a quienes trajeran un hallazgo

[42] **Tao-Teh-King:** libro atribuído a Lao-Tzu (pero escrito probablemente a mediados del siglo III antes de Cristo), del que se deriva el taoismo, filosofía y religión principal de la China.

importante. Durante los meses que precedieron a la excavación les mostraron láminas fotográficas de lo que iban a hallar. Ese primer intento probó que la esperanza y la avidez pueden inhibir; una semana de trabajo con la pala y el pico no logró exhumar otro *hrön* que una rueda herrumbrada, de fecha posterior al experimento. Éste se mantuvo secreto y se repitió después en cuatro colegios. En tres fué casi total el fracaso; en el cuarto (cuyo director murió casualmente durante las primeras excavaciones) los discípulos exhumaron —o produjeron— una máscara de oro, una espada arcaica, dos o tres ánforas de barro y el verdinoso y mutilado torso de un rey con una inscripción en el pecho que no se ha logrado aún descifrar. Así se descubrió la improcedencia de testigos que conocieran la naturaleza experimental de la busca . . . Las investigaciones en masa producen objetos contradictorios; ahora se prefiere los trabajos individuales y casi improvisados. La metódica elaboración de *hrönir* (dice el Onceno Tomo) ha prestado servicios prodigiosos a los arqueólogos. Ha permitido interrogar y hasta modificar el pasado, que ahora no es menos plástico y menos dócil que el porvenir. Hecho curioso: los *hrönir* de segundo y de tercer grado —los *hrönir* derivados de otro *hrön*, los *hrönir* dirivados del *hrön* de un *hrön*— exageran las aberraciones del inicial; los de quinto son casi uniformes; los de noveno se confunden con los de segundo; en los de undécimo hay una pureza de líneas que los originales no tienen. El proceso es periódico: el *hrön* de duodécimo grado ya empieza a decaer. Más extraño y más puro que todo *hrön* es a veces el *ur*: la cosa producida por sugestión, el objeto educido por la esperanza. La gran máscara de oro que he mencionado es un ilustre ejemplo.

Las cosas se duplican en Tlön; propenden asimismo a borrarse y a perder los detalles cuando los olvida la gente. Es clásico el ejemplo de un umbral que perduró mientras lo visitaba un mendigo y que se perdió de vista a su muerte. A veces unos pájaros, un caballo, han salvado las ruinas de un anfiteatro.

Salto Oriental, 1940

Posdata de 1947. Reproduzco el artículo anterior tal como apareció en la *Antología de la literatura fantástica*, 1940, sin otra escisión que algunas metáforas y que una especie de resumen burlón que ahora resulta frívolo. Han ocurrido tantas cosas desde esa fecha . . . Me limitaré a recordarlas.

En marzo de 1941 se descubrió una carta manuscrita de Gunnar Erfjord en un libro de Hinton que había sido de Herbert Ashe. El sobre tenía el sello postal de Ouro Preto,[43] la carta elucidaba enteramente el misterio de Tlön. Su texto corrobora las hipótesis de Martínez Estrada. A principios del siglo XVII, en una noche de Lucerna o de Londres, empezó la espléndida historia. Una sociedad secreta y benévola (que entre sus afiliados tuvo a Dalgarno[44] y después a George Berkeley) surgió para inventar un país. En el vago programa inicial figuraban los "estudios herméticos", la filantropía y la cábala. De esa primera época data el curioso libro de Andreä. Al cabo de unos años de conciliábulos y de síntesis prematuras comprendieron que una generación no bastaba para articular un país. Resolvieron que cada uno de los maestros que la integraban eligiera un discípulo para la continuación de la obra. Esa disposición hereditaria prevaleció; después de un hiato de dos siglos la perseguida fraternidad resurge en América. Hacia 1824, en Memphis (Tennessee) uno de los afiliados conversa con el ascético millonario Ezra Buckley. Éste lo deja hablar con algún desdén —y se ríe de la modestia del proyecto. Le dice que en América es absurdo inventar un país y le propone la invención de un planeta. A esa gigantesca idea añade otra, hija de su nihilismo:* la de guardar en el silencio la empresa enorme. Circulaban entonces los veinte tomos de la *Encyclopaedia Britannica*; Buckley sugiere una enciclopedia metódica del planeta ilusorio. Les dejará sus cordilleras auríferas, sus ríos navegables, sus praderas holladas por el toro y por el bisonte, sus negros, sus prostíbulos y sus dólares, bajo una condición: "La obra no pactará con el impostor Jesucristo." Buckley descree de Dios, pero quiere demostrar al Dios no existente que los hombres mortales son capaces de concebir un mundo. Buckley es envenenado en Baton Rouge en 1828; en 1914 la sociedad remite a sus colaboradores, que son trescientos, el volumen final de la Primera Enciclopedia de Tlön. La edición es secreta; los cuarenta volúmenes que comprende (la obra más vasta que han acometido los hombres) serían la base de otra más minuciosa, redactada no ya en inglés, sino en alguna de las lenguas de Tlön. Esa revisión de un mundo ilusorio se llama

---

*Buckley era librepensador, fatalista y defensor de la esclavitud.

[43] **Ouro Preto:** antes Villa Rica, ciudad del Brasil, al norte de Río de Janeiro.

[44] **George Dalgarno** (1626–1687): escritor escocés. Inventor de un lenguaje universal para sordomudos.

provisoriamente *Orbis Tertius* y uno de sus modestos demiurgos fué Herbert Ashe, no sé si como agente de Gunnar Erfjord o como afiliado. Su recepción de un ejemplar del Onceno Tomo parece favorecer lo segundo. Pero ¿y los otros? Hacia 1942 arreciaron los hechos. Recuerdo con singular nitidez uno de los primeros y me parece que algo sentí de su carácter premonitorio. Ocurrió en un departamento de la calle Laprida,[45] frente a un claro y alto balcón que miraba al ocaso. La princesa de Faucigny Lucinge[46] había recibido de Poitiers su vajilla de plata. Del vasto fondo de un cajón rubricado de sellos internacionales iban saliendo finas cosas inmóviles: platería de Utrecht y de París con dura fauna heráldica, un samovar. Entre ellas —con un perceptible y tenue temblor de pájaro dormido — latía misteriosamente una brújula. La princesa no la reconoció. La aguja azul anhelaba el norte magnético; la caja de metal era cóncava; las letras de la esfera correspondía a uno de los alfabetos de Tlön. Tal fué la primera intrusión del mundo fantástico en el mundo real. Un azar que me inquieta hizo que yo también fuera testigo de la segunda. Ocurrió unos meses después, en la pulpería[47] de un brasilero, en la Cuchilla Negra.[48] Amorim y yo regresábamos de Sant' Anna.[49] Una creciente del río Tacuarembó[50] nos obligó a probar (y a sobrellevar) esa rudimentaria hospitalidad. El pulpero nos acomodó unos catres crujientes en una pieza grande, entorpecida de barriles y cueros. Nos acostamos, pero no nos dejó dormir hasta el alba la borrachera de un vecino invisible, que alternaba denuestos inextricables con rachas de milongas[51] —más bien con rachas de una sola milonga. Como es de suponer, atribuimos a la fogosa caña[52]

---

[45] **Laprida:** calle de Buenos Aires.

[46] **La princesa de Faucigny Lucinge:** puede ser un personaje inventado por Borges sobre los siguientes datos. Faucigny es una región de Saboya (Francia) y debe su nombre al castillo de Faucigny del siglo x. Renato de Lucinge (1553–1615) fue literato saboyano y escribió obras sobre sus varias misiones diplomáticas.

[47] **pulpería:** tienda, en América del Sur, donde se venden artículos diversos de consumo; como son vino, aguardiente y licores, artículos de droguería y mercería.

[48] **Cuchilla Negra:** región montañosa del Uruguay.

[49] **Sant'Anna** (do Livramento): pueblo en la parte brasileña del norte de Uruguay, que visitó Borges en 1934 con Enrique Amorim. Esta región fronteriza tuvo especial significación para él.

[50] **Tacuarembó:** río del Uruguay.

[51] **milongas:** tonadas populares que se cantan, al son de la guitarra, en la región del Río de la Plata.

[52] **caña:** aguardiente de caña, licor fuerte muy común en la Argentina.

del patrón ese griterío insistente . . . A la madrugada, el hombre estaba muerto en el corredor. La aspereza de la voz nos había engañado: era un muchacho joven. En el delirio se le habían caído del tirador[53] unas cuantas monedas y un cono de metal reluciente, del diámetro de un dado. En vano un chico trató de recoger ese cono. Un hombre apenas acetó a levantarlo. Yo lo tuve en la palma de la mano algunos minutos: recuerdo que su peso era intolerable y que después de retirado el cono, la opresión perduró. También recuerdo el círculo preciso que me grabó en la carne. Esa evidencia de un objeto muy chico y a la vez pesadísimo dejaba una impresión desagradable de asco y de miedo. Un paisano propuso que lo tiraran al río correntoso: Amorim lo adquirió mediante unos pesos. Nadie sabía nada del muerto, salvo "que venía de la frontera". Esos conos pequeños y muy pesados (hechos de un metal que no es de este mundo) son imagen de la divinidad, en ciertas religiones de Tlön.

Aquí doy término a la parte personal de mi narración. Lo demás está en la memoria (cuando no en la esperanza o en el temor) de todos mis lectores. Básteme recordar o mencionar los hechos subsiguientes, con una mera brevedad de palabras que el cóncavo recuerdo general enriquecerá o ampliará. Hacia 1944 un investigador del diario *The American* (de Nashville, Tennessee) exhumó en una biblioteca de Memphis los cuarenta volúmenes de la Primera Enciclopedia de Tlön. Hasta el día de hoy se discute si ese descubrimiento fué casual o si lo consintieron los directores del todavía nebuloso *Orbis Tertius*. Es verosímil lo segundo. Algunos rasgos increíbles del Onceno Tomo (verbigracia, la multiplicación de los *hrönir*) han sido eliminados o atenuados en el ejemplar de Memphis; es razonable imaginar que esas tachaduras obedecen al plan de exhibir un mundo que no sea demasiado incompatible con el mundo real. La diseminación de objetos de Tlön en diversos países complementaría ese plan* . . . El hecho es que la prensa internacional voceó infinitamente el "hallazgo". Manuales, antologías, resúmenes, versiones literales, reimpresiones autorizadas y reimpresiones piráticas de la Obra Mayor de los Hombres abarrotaron y siguen abarrotando la tierra. Casi inmediatamente, la realidad cedió en más de un punto. Lo cierto es que anhelaba ceder. Hace diez años bastaba cual-

---

*Queda, naturalmente, el problema de la *materia* de algunos objetos.

[53] **tirador:** cinto de cuero, con compartimentos para llevar dinero, tabaco, etc., muy usado por los gauchos en la Argentina y el Uruguay.

quier simetría con apariencia de orden —el materialismo dialéctico, el antisemitismo, el nazismo— para embelesar a los hombres. ¿Cómo no someterse a Tlön, a la minuciosa y vasta evidencia de un planeta ordenado? Inútil responder que la realidad también está ordenada. Quizá lo esté, pero de acuerdo a leyes divinas —traduzco: a leyes inhumanas— que no acabamos nunca de percibir. Tlön será un laberinto, pero es un laberinto urdido por hombres, un laberinto destinado a que lo descifren los hombres.

El contacto y el hábito de Tlön han desintegrado este mundo. Encantada por su rigor, la humanidad olvida y torna a olvidar que es un rigor de ajedrecistas, no de ángeles. Ya ha penetrado en las escuelas el (conjetural) "idioma primitivo" de Tlön; ya la enseñanza de su historia armoniosa (y llena de episodios conmovedores) ha obliterado a la que presidió mi niñez; ya en las memorias un pasado ficticio ocupa el sitio de otro, del que nada sabemos con certidumbre —ni siquiera que es falso. Han sido reformadas la numismática, la farmocología y la arqueología. Entiendo que la biología y las matemáticas aguardan también su avatar[54] . . . Una dispersa dinastía de solitarios ha cambiado la faz del mundo. Su tarea prosigue. Si nuestras previsiones no erran, de aquí cien años alguien descubrirá los cien tomos de la Segunda Enciclopedia de Tlön.

Entonces desaparecerán del planeta el inglés y el francés y el mero[55] español. El mundo será Tlön. Yo no hago caso, yo sigo revisando en los quietos días del hotel de Adrogué una indecisa traducción quevediana[56] (que no pienso dar a la imprenta) del *Urn Burial* de Browne.[57]

---

[54] **avatar:** galicismo que se usa con el sentido de "transformación"; se deriva del sánscrito, donde era el nombre que se le daba a las encarnaciones de Vichnú.

[55] **mero:** simple; aquí se usa en sentido ponderativo, significando "y hasta el mismo español".

[56] **quevediana:** al estilo de Francisco de Quevedo.

[57] **Sir Thomas Browne** (1605–1682): médico y escritor inglés. Autor de *Hydriotaphia, Urne-Buriall*, obra a la que se refiere Borges y que es una seria meditación sobre la muerte y la inmortalidad.

EL ACERCAMIENTO A ALMOTÁSIM

Philip Guedalla[1] escribe que la novela *The Approach to Al-Mu'tasim* del abogado Mir Bahadur Alí, de Bombay, "es una combinación algo incómoda (*a rather uncomfortable combination*) de esos poemas alegóricos del Islam que raras veces dejan de interesar a su traductor y de aquellas novelas policiales que inevitablemente superan a John H. Watson[2] y perfeccionan el horror de la vida humana en las pensiones más irreprochables de Brighton". Antes, Mr. Cecil Roberts[3] había denunciado en el libro de Bahadur "la doble, inverosímil tutela de Wilkie Collins[4] y del ilustre persa del siglo doce, Ferid Eddin Attar"[5] —tranquila observación que Guedalla repite

[1] **Philip Guedalla** (1889–1944): ensayista e historiador británico, a quien Borges atribuye una cita, sin duda apócrifa, sobre la inventada novela que sirve de tema a este cuento. La razón para este artilugio literario ha sido explicada por Ana María Barrenechea en *La expresión de la irrealidad en la obra de Jorge Luis Borges*: "Muchos críticos han observado que Borges mezcla continuamente los seres históricos y los ficticios, los autores verdaderos y los apócrifos. Es fácil comprender porqué lo hace. Al analizar los cuentos fantásticos he insistido en que necesitan algún detalle concreto que les preste realidad. La realidad de Adolfo Bioy Casares, Alfonso Reyes, Ezequiel Martínez Estrada y Enrique Amorim apuntalan la fantasía de Tlön; la de Philip Guedalla, la del inventor de Almotásim . . ."

[2] **John H. Watson:** mejor conocido como doctor Watson, el confidente de Sherlock Holmes.

[3] **Cecil Roberts:** novelista y poeta inglés contemporáneo, autor de *Charing Cross* (1918).

[4] **Wilkie Collins** (1824–1889): novelista británico. Comenzó la moda del cuento sensacionalista en que la forma de maquinar un crimen está muy ingeniosamente elaborada. Combina Collins en su trabajo, el sentimiento de terror y el arte de crear una atmósfera de intensa angustia imaginaria con un cuidado meticuloso en la manifestación de los hechos y un uso exacto de su conocimiento tecnológico.

[5] **Ferid Eddin Attar** (1119–1229): poeta religioso persa, autor de *El libro de los pájaros*.

sin novedad, pero en un dialecto colérico.[6] Esencialmente, ambos escritores concuerdan: los dos indican el mecanismo policial de la obra, y su *undercurrent* místico. Esa hibridación puede movernos a imaginar algún parecido con Chesterton,[7] ya comprobaremos que no hay tal cosa.

La *editio princeps*[8] del *Acercamiento a Almotásim* apareció en Bombay, a fines de 1932. El papel era casi papel de diario; la cubierta anunciaba al comprador que se trataba de la primera novela policial escrita por un nativo de Bombay City. En pocos meses, el público agotó cuatro impresiones de mil ejemplares cada una. La *Bombay Quarterly Review*, la *Bombay Gazette*, la *Calcutta Review*, la *Hindustan Review* (de Alahabad) y el *Calcutta Englishman*, dispensaron su ditirambo. Entonces Bahadur publicó una edición ilustrada que tituló *The Conversation with the Man Called Al-Mu'tasim* y que subtituló hermosamente: *A Game with Shifting Mirrors* (Un juego con espejos que se desplazan). Esa edición es la que acaba de reproducir en Londres Victor Gollancz,[9] con prólogo de Dorothy L. Sayers[10] y con omisión —quizás misericordiosa— de las ilustraciones. La tengo a la vista; no he logrado juntarme con[11] la primera, que presiento muy superior. A ello me autoriza un apéndice, que resume la diferencia fundamental entre la versión primitiva de 1932 y la de 1934. Antes de examinarla —y de discutirla— conviene que yo indique rápidamente el curso general de la obra.

Su protagonista visible — no se nos dice nunca su nombre— es estudiante de derecho en Bombay. Blasfematoriamente, descree de la fe islámica de sus padres, pero al declinar la décima noche de la luna de muharram,[12] se halla en el centro de un tumulto civil entre musulmanes e hindúes. Es noche de tambores e invocaciones: entre la muchedumbre adversa, los grandes palios de papel de la proce-

---

[6] **dialecto colérico:** con palabras dominadas por la ira.

[7] **Gilbert Keith Chesterton** (1874–1936): novelista, crítico y ensayista británico, autor de extraordinarios relatos policiacos, que tienen como héroe al personaje Father Brown. Ha influído mucho en Borges. Véase el ensayo "Sobre Chesterton".

[8] **editio princeps** (latín): primera edición.

[9] **Victor Gollancz:** editor londinense.

[10] **Dorothy L. Sayers** (1893–   ): escritora inglesa, autora de famosas novelas detectivescas.

[11] **juntarme con:** ver, tener a mano, hacerme con.

[12] **luna de muharram:** mes del calendario lunar árabe.

sión musulmana se abren camino. Un ladrillazo hindú vuela de una azotea; alguien hunde un puñal en un vientre; alguien ¿musulmán, hindú? muere y es pisoteado. Tres mil hombres pelean: bastón contra revólver, obscenidad contra imprecación. Dios el Indivisible contra los Dioses. Atónito, el estudiante librepensador entra en el motín. Con las desesperadas manos, mata (o piensa haber matado) a un hindú. Atronadora, ecuestre, semidormida, la policía del Sirkar interviene con rebencazos[13] imparciales. Huye el estudiante, casi bajo las patas de los caballos. Busca los arrabales últimos. Atraviesa dos vías ferroviarias, o dos veces la misma vía. Escala el muro de un desordenado jardín, con una torre circular en el fondo. Una chusma de perros color de luna (*a lean and evil mob of mooncoloured hounds*) emerge de los rosales negros. Acosado, busca amparo en la torre. Sube por una escalera de fierro —faltan algunos tramos— y en la azotea, que tiene un pozo renegrido en el centro, da con un hombre escuálido, que está orinando vigorosamente en cuchillas, a la luz de la luna. Ese hombre le confía que su profesión es robar los dientes de oro de los cadáveres trajeados de blanco que los parsis dejan en esa torre. Dice otras cosas viles y menciona que hace catorce noches que no se purifica con bosta[14] de búfalo. Habla con evidente rencor de ciertos ladrones de caballos de Guzerat, "comedores de perros y de lagartos, hombres al cabo tan infames como nosotros dos". Está clareando: en el aire hay un vuelo bajo de buitres gordos. El estudiante, aniquilado, se duerme; cuando despierta, ya con el sol bien alto, ha desaparecido el ladrón. Han desaparecido también un par de cigarros de Trichinópoli[15] y unas rupias de plata. Ante las amenazas proyectadas por la noche anterior, el estudiante resuelve perderse en la India. Piensa que se ha mostrado capaz de matar un idólatra, pero no de saber con certidumbre si el musulmán tiene más razón que el idólatra. El nombre de Guzerat no lo deja, y el de una *malka-sansi* (mujer de casta de ladrones) de Palanpur, muy preferida por las imprecaciones y el odio del despojador de cadáveres. Arguye que el rencor de un hombre tan minuciosamente vil importa[16] un elogio. Resuelve —sin mayor esperanza— buscarla. Reza,

---

[13] **rebencazos:** golpes de rebenque (látigo de cuero).
[14] **bosta:** excremento de ganado.
[15] **Trichinópoli:** ciudad de la India.
[16] **importa:** lleva consigo.

y emprende con segura lentitud el largo camino. Así acaba el segundo capítulo de la obra.

Imposible trazar las peripecias de los diecinueve restantes. Hay una vertiginosa pululación de *dramatis personae* —para no hablar de una biografía que parece agotar los movimientos del espíritu humano (desde la infamia hasta la especulación matemática) y de una peregrinación que comprende la vasta geografía del Indostán. La historia comenzada en Bombay sigue en las tierras bajas de Palanpur, se demora una tarde y una noche en la puerta de piedra de Bikanir, narra la muerte de un astrólogo ciego en un albañal[17] de Benares, conspira en el palacio multiforme de Katmandú, reza y fornica en el hedor pestilencial de Calcuta, en el Machua Bazar, mira nacer los días en el mar desde una escribanía de Madrás, mira morir las tardes en el mar desde un balcón en el estado de Travancor, vacila y mata en Indapur y cierra su órbita de leguas y de años en el mismo Bombay, a pocos pasos del jardín de los perros color de luna. El argumento es éste: Un hombre, el estudiante incrédulo y fugitivo que conocemos, cae entre gente de la clase más vil y se acomoda a ellos, en una especie de certamen de infamias.[18] De golpe —con el milagroso espanto de Robinsón[19] ante la huella de un pie humano en la arena— percibe alguna mitigación de esa infamia: una ternura, una exaltación, un silencio, en uno de los hombres aborrecibles "Fué como si hubiera terciado en el diálogo un interlocutor más complejo." Sabe que el hombre vil que está conversando con él es incapaz de ese momentáneo decoro; de ahí postula que éste ha reflejado a un amigo, o amigo de un amigo. Repensando el problema, llega a una convicción misteriosa: *En algún punto de la tierra hay un hombre de quien procede esa claridad; en algún punto de la tierra está el hombre que es igual a esa claridad.* El estudiante resuelve dedicar su vida a encontrarlo.

Ya el argumento general se entrevé: la insaciable busca de un alma a través de los delicados reflejos que ésta ha dejado en otras:

---

[17] **albañal:** canal o alcantarilla.

[18] **certamen de infamias:** expresión muy característica de Borges. Quiere poner de relieve metafóricamente la competitiva maldad de los personajes.

[19] **Robinsón:** Robinson Crusoe. El personaje de Daniel Defoe ha llegado a ser tan conocido de los lectores de lengua española que ya se pronuncia y escribe a la española (Robinsón). Lo mismo sucede a la inversa en el caso de Don Quijote (Don Quixote).

en el principio, el tenue rastro de una sonrisa o de una palabra; en el fin, esplendores diversos y crecientes de la razón, de la imaginación y del bien. A medida que los hombres interrogados han conocido más de cerca a Almotásim, su porción divina es mayor, pero se entiende que son meros espejos. El tecnicismo matemático es aplicable: la cargada novela de Bahadur es una progresión ascendente, cuyo término final es el presentido "hombre que se llama Almotásim". El inmediato antecesor de Almotásim es un librero persa de suma cortesía y felicidad: el que precede a ese librero es un santo . . . Al cabo de los años, el estudiante llega a una galería "en cuyo fondo hay una puerta y una estera barata con muchas cuentas y atrás un resplandor". El estudiante golpea las manos una y dos veces y pregunta por Almotásim. Una voz de hombre —la increíble voz de Almotásim— lo insta a pasar. El estudiante descorre la cortina y avanza. En ese punto la novela concluye.

Si no me engaño, la buena ejecución de tal argumento impone dos obligaciones al escritor: una, la variada invención de rasgos proféticos; otra, la de que el héroe prefigurado por esos rasgos no sea una mera convención o fantasma. Bahadur satisface la primera; no sé hasta dónde la segunda. Dicho sea con otras palabras: el inaudito y no mirado Almotásim debería dejarnos la impresión de un carácter real, no de un desorden de superlativos insípidos. En la versión de 1932, las notas sobrenaturales ralean:[20] "el hombre llamado Almotásim" tiene su algo de símbolo, pero no carece de rasgos idiosincrásicos, personales. Desgraciadamente, esa buena conducta literaria no perduró. En la versión de 1934 —la que tengo a la vista — la novela decae en alegoría: Almotásim es emblema de Dios y los puntuales itinerarios del héroe son de algún modo los progresos del alma en el ascenso místico. Hay pormenores afligentes: un judío negro de Kochín que habla de Almotásim, dice que su piel es oscura; un cristiano lo describe sobre una torre con los brazos abiertos; un lama rojo lo recuerda sentado "como esa imagen de manteca de yak que yo modelé y adoré en el monasterio de Tashilhunpo". Esas declaraciones quieren insinuar un Dios unitario que se acomoda a las desigualdades humanas. La idea es poco estimulante, a mi ver. No diré lo mismo de esta otra: la conjetura de que también el Todopoderoso está en busca de Alguien, y ese Alguien de Alguien superior

[20] **ralean:** se hacen más escasas.

(o simplemente imprescindible e igual) y así hasta el Fin —o mejor, el Sinfín— del Tiempo, o en forma cíclica. Almotásim (el nombre de aquel octavo Abbasida que fué vencedor en ocho batallas, engendró ocho varones y ocho mujeres, dejó ocho mil esclavos y reinó durante un espacio de ocho años, de ocho lunas y de ocho días) quiere decir etimológicamente *El buscador de amparo*. En la versión de 1932, el hecho de que el objeto de la peregrinación fuera un peregrino, justificaba de oportuna manera la dificultad de encontrarlo; en la de 1934, da lugar a la teología extravagante que declaré. Mir Bahadur Alí, lo hemos visto, es incapaz de soslayer la más burda de las tentaciones del arte: la de ser un genio.

Releo lo anterior y temo no haber destacado bastante las virtudes del libro. Hay rasgos muy civilizados; por ejemplo, cierta disputa del capítulo diecinueve en la que se presiente que es amigo de Almotásim un contendor que no rebate los sofismas del otro, "para no tener razón de un modo triunfal".

* * *

Se entiende que es honroso que un libro actual derive de uno antiguo: ya que a nadie le gusta (como dijo Johnson)[21] deber nada a sus contemporáneos. Los repetidos pero insignificantes contactos del *Ulises* de Joyce con la Odisea homérica, siguen escuchando —nunca sabré por qué— la atolondrada admiración de la crítica; los de la novela de Bahadur con el venerado *Coloquio de los pájaros* de Farid ud-din Attar, conocen el no menos misterioso aplauso de Londres, y aun de Alahabad y Calcuta. Otras derivaciones no faltan. Algún inquisidor ha enumerado ciertas analogías de la primera escena de la novela con el relato de Kipling *On the City Wall*; Bahadur las admite, pero alega que sería muy anormal que dos pinturas de la décima noche de muharram no coincidieran . . . Eliot, con más justicia, recuerda los setenta cantos de la incompleta alegoría *The Faërie Queene*, en los que no aparece una sola vez la heroína, Gloriana —como lo hace notar una censura de Richard William Church[22] (*Spenser*, 1879). Yo, con toda humildad, señalo un precur-

[21] **Samuel Johnson** (1709–1784): hombre de letras británico, autor de *Lives of the Poets* y del famoso *Dictionary of the English Language*.

[22] **Richard William Church** (1815–1890): clérigo y escritor inglés, autor de *History of the Oxford Movement*.

sor lejano y posible: el cabalista de Jerusalén, Isaac Luria,[23] que en el siglo XVI propaló que el alma de un antepasado o maestro puede entrar en el alma de un desdichado, para confortarlo o instruirlo. *Ibbür* se llama esa variedad de la metempsícosis.*

1935

*En el decurso de esta noticia, me he referido al *Mantiq al-Tayr* (*Coloquio de los pájaros*) del místico persa Farid al-Din Abú Talib Muhámmad ben Ibrahim Attar, a quien mataron los soldados de Tule, hijo de Zingis Jan, cuando Nishapur fué expoliada. Quizá no huelgue resumir el poema. El remoto rey de los pájaros, el Simurg, deja caer en el centro de la China una pluma espléndida; los pájaros resuelven buscarlo, hartos de su antigua anarquía. Saben que el nombre de su rey quiere decir treinta pájaros; saben que su alcázar está en el Kaf, la montaña circular que rodea la tierra. Acometen la casi infinita aventura; superan siete valles, o mares; el nombre del penúltimo es Vértigo; el último se llama Aniquilación. Muchos peregrinos desertan; otros perecen. Treinta, purificados por los trabajos, pisan la montaña del Simurg. Lo contemplan al fin: perciben que ellos son el Simurg y que el Simurg es cada uno de ellos y todos. (También Plotino-*Enéadas*, V, 8, 4 —declara una extensión paradisíaca del principio de identidad: *Todo, en el cielo inteligible, está en todas partes. Cualquier cosa es todas las cosas. El sol es todas las estrellas, y cada estrella es todas las estrellas y el sol.*) El *Mantiq al-Tayr* ha sido vertido al francés por Garcin de Tassy; al inglés por Edward FitzGerald; para esta nota, he consultado el décimo tomo de las 1001 Noches de Burton y la monografía *The Persian Mystics: Attar* (1932) de Margaret Smith.

Los contactos de ese poema con la novela de Mir Bahadur Alí no son excesivos. En el vigésimo capítulo, unas palabras atribuídas por un librero persa a Almotásim son, quizá, la magnificación de otras que ha dicho el héroe; ésa y otras ambiguas analogías pueden significar la identidad del buscado y del buscador; pueden también significar que éste influye en aquél. Otro capítulo insinúa que Almotásim es el "hindú" que el estudiante cree haber matado.

[23] **Isaac Luria** (1534–1572): cabalista y místico hebreo.

PIERRE MENARD, AUTOR DEL QUIJOTE

A Silvina Ocampo

La obra *visible* que ha dejado este novelista es de fácil y breve enumeración. Son, por lo tanto, imperdonables las omisiones y adiciones perpetradas por Madame Henri Bachelier en un catálogo falaz que cierto diario cuya tendencia *protestante* no es un secreto ha tenido la desconsideración de inferir a sus deplorables lectores —si bien éstos son pocos y calvinistas, cuando no masones y circuncisos.[1] Los amigos auténticos de Menard han visto con alarma ese catálogo y aun con cierta tristeza. Diríase que ayer nos reunimos ante el mármol final y entre los cipreses infaustos y ya el Error trata de empañar su Memoria . . . Decididamente, una breve rectificación es inevitable.

Me consta que es muy fácil recusar mi pobre autoridad. Espero, sin embargo, que no me prohibirán mencionar dos altos testimonios. La baronesa de Bacourt (en cuyos *vendredis*[2] inolvidables tuve el honor de conocer al llorado poeta) ha tenido a bien aprobar las líneas que siguen. La condesa de Bagnoregio, uno de los espíritus más finos del principado de Mónaco (y ahora de Pittsburg, Pennsylvania, después de su reciente boda con el filántropo internacional

---

[1] **circuncisos:** Se refiere Borges, naturalmente, a los judíos. El autor no usa aquí dicho adjetivo con intención peyorativa, sino parodiando el vocabulario de gentes, que se escandalizan ante la simple mención de los términos *protestante, calvinista, masón,* o *circunciso.* El giro irónico se revela claramente en esta frase.

[2] **vendredis** (francés): los viernes. Sigue el escritor parodiando el lenguaje de cierto tipo de gentes, no difícil de encontrar en las ciudades hispanoamericanas, que imitan las costumbres socio-literarias de la burguesía francesa. Los "viernes" son en este caso las fiestas (semi-fiestas, semi-tertulias) paraliterarias que daba la baronesa precisamente ese día de la semana.

Simón Kautzsch, tan calumniado ¡ay! por las víctimas de sus desinteresadas maniobras) ha sacrificado "a la veracidad y a la muerte" (tales son sus palabras) la señoril reserva que la distingue y en una carta abierta publicada en la revista *Luxe* me concede asimismo su beneplácito. Esas ejecutorias,[3] creo, no son insuficientes.

He dicho que la obra *visible* de Menard es fácilmente enumerable. Examinado con esmero su archivo particular, he verificado que consta de las piezas que siguen:

a) Un soneto simbolista[4] que apareció dos veces (con variaciones) en la revista *La conque*[5] (números de marzo y octubre de 1899).

b) Una monografía sobre la posibilidad de construir un vocabulario poético de conceptos que no fueran sinónimos o perífrasis de los que informan el lenguaje común, "sino objetos ideales creados por una convención y esencialmente destinados a las necesidades poéticas" (Nîmes, 1901).

c) Una monografía sobre "ciertas conexiones o afinidades" del pensamiento de Descartes,[6] de Leibniz y de John Wilkins[7] (Nîmes, 1903).

---

[3] **ejecutorias:** Literalmente significa títulos o diplomas en que consta legalmente la nobleza de una persona o familia. Se usa en este caso en sentido figurado: el autor ha recibido la aprobación de la baronesa y de la condesa para escribir las líneas que siguen. Sigue el tono irónico e inflado con el que empieza el cuento.

[4] **simbolista:** adscrito al movimiento literario, nacido en Francia en la segunda mitad del siglo XIX, llamado "simbolismo". Fue una reacción, o renovación literaria, contra el realismo extremado, o sea el naturalismo. La denominación "simbolista" puede indicar —según Rémy de Gourmont— individualismo en literatura, libertad del arte, abandono de las fórmulas enseñadas, tendencia hacia lo nuevo y lo raro, aun hacia lo extravagante; puede indicar también idealismo, desdén por la anécdota social, antinaturalismo. Los poetas simbolistas crearon una nueva estética, basada, ante todo, en la musicalidad de la palabra. A la descripción oponían los simbolistas la sugestión evocadora del verso y de la imagen. Mallarmé, uno de los principales simbolistas, decía que era preferible *sugerir* a *nombrar*. Verlaine, otro de los grandes simbolistas, prefería el *matiz*, los "versos grises", a la exactitud. Baudelaire, quizás el máximo exponente del simbolismo, fue también el que formuló una "teoría simbolista", la de las "correspondencias" entre los objetos y lo que estos evocan.

[5] **La conque** (francés): la concha. Las connotaciones irónicas y hasta escatológicas del título de la revista —por otra parte muy real dentro del simbolismo— al traducirse al español de Buenos Aires encajan muy bien dentro del esquema humorístico del cuento.

[6] **René Descartes** (1596–1650); filósofo francés, iniciador de la filosofía moderna. Publicó en 1637 su *Discours de la méthode*.

[7] **John Wilkins** (1614–1672): oscuro hombre de letras inglés, inventor de un idioma universal. Borges le dedica un ensayo ("El idioma analítico de John Wilkins") de su libro *Otras inquisiciones*.

d) Una monografía sobre la *Characteristica universalis* de Leibniz (Nîmes, 1904).

e) Un artículo técnico sobre la posibilidad de enriquecer el ajedrez eliminando uno de los peones de torre. Menard propone, recomienda, discute y acaba por rechazar esa innovación.

f) Una monografía sobre el *Ars magna generalis* de Ramón Lull[8] (Nîmes, 1906).

g) Una traducción con prólogo y notas del *Libro de la invención liberal y arte del juego del axedrez* de Ruy López de Segura[9] (París, 1907).

h) Los borradores de una monografía sobre la lógica simbólica de George Boole.[10]

i) Un examen de las leyes métricas esenciales de la prosa francesa, ilustrado con ejemplos de Saint-Simon[11] (*Revue des langues romanes*, Montpellier, octubre de 1909).

j) Una réplica a Luc Durtain (que había negado la existencia de tales leyes) ilustrada con ejemplos de Luc Durtain (*Revue des langues romanes*, Montpellier, diciembre de 1909).

k) Una traducción manuscrita de la *Aguja de navegar cultos* de Quevedo, intitulada *La Boussole des précieux*.

l) Un prefacio al catálogo de la exposición de litografías de Carolus Hourcade (Nîmes, 1914).

m) La obra *Les Problèmes d'un problème* (París, 1917) que discute en orden cronológico las soluciones del ilustre problema de Aquiles y la tortuga.[12] Dos ediciones de este libro han aparecido hasta ahora; la segunda trae como epígrafe el consejo de Leibniz "Ne craignez point, monsieur, la tortue", y renueva los capítulos dedicados a Russell y a Descartes.

n) Un obstinado análisis de las "costumbres sintácticas" de Toulet[13] (*N. R. F.*, marzo de 1921). Menard —recuerdo— declaraba

---

[8] **Ramón Lull** (1236–1315): filósofo mallorquín. Creó un método para expresar todo el conocimiento por medio de símbolos.

[9] **Ruy López de Segura:** jugador español de ajedrez.

[10] **George Boole** (1815–1864): matemático y lógico inglés, autor de *An Investigation of the Laws of Thought.*

[11] **Saint-Simon** (1675–1755): cortesano de Luis XIV de Francia, autor de unas famosas memorias. Son estas una verdadera obra maestra de la prosa francesa, a pesar de su desigualdad y del aristocrático desprecio del escritor por la forma literaria e incluso por la gramática.

[12] Véase el ensayo "Avatares de la tortuga".

[13] **Pablo Juan Toulet** (1867–1920): literato francés. Entre sus obras principales figuran *Le Mariage de Don Quichotte* y *Lettres à soi-même.*

que censurar y alabar son operaciones sentimentales que nada tienen que ver con la crítica.

o) Una trasposición en alejandrinos del *Cimetière marin* de Paul Valéry[14] (*N. R. F.*, enero de 1928).

p) Una invectiva contra Paul Valéry, en las *Hojas para la supresión de la realidad* de Jacques Reboul. (Esa invectiva, dicho sea entre paréntesis, es el reverso exacto de su verdadera opinión sobre Valéry. Éste así lo entendió y la amistad antigua de los dos no corrió peligro).

q) Una "definición" de la condesa de Bagnoregio, en el "victorioso volumen" —la locución es de otro colaborador, Gabriele d'Annunzio[15]— que anualmente publica esta dama para rectificar los inevitables falseos del periodismo y presentar "al mundo y a Italia" una auténtica efigie de su persona, tan expuesta (en razón misma de su belleza y de su actuación) a interpretaciones erróneas o apresuradas.

r) Un ciclo de admirables sonetos para la baronesa de Bacourt (1934).

s) Una lista manuscrita de versos que deben su eficacia a la puntuación.*

Hasta aquí (sin otra omisión que unos vagos sonetos circunstanciales para el hospitalario, o ávido, álbum de Madame Henri Bachelier) la obra *visible* de Menard, en su orden cronológico. Paso ahora a la otra: la subterránea, la interminablemente heroica, la impar. También ¡ay de las posibilidades del hombre! la inconclusa. Esa obra, tal vez la más significativa de nuestro tiempo, consta de los capítulos noveno y trigésimo octavo de la primera parte del don Quijote y de un fragmento del capítulo veintidós. Yo sé que tal afirmación parece un dislate; justificar ese "dislate" es el objeto primordial de esta nota.†

---

*Madame Henri Bachelier enumera asimismo una versión literal de la versión literal que hizo Quevedo de la *Introduction à la vie dévote* de San Francisco de Sales.[16] En la biblioteca de Pierre Menard no hay rastros de tal obra. Debe tratarse de una broma de nuestro amigo, mal escuchada.

†Tuve también el propósito secundario de bosquejar la imagen de Pierre Menard. Pero ¿cómo atreverme a competir con las páginas áureas que me dicen prepara la baronesa de Bacourt o con el lápiz delicado y puntual de Carolus Hourcade?

[14] **Paul Valéry** (1871–1945): poeta y crítico francés, autor de *La Jeune Parque*, *Le Cimetière marin*, *Odes* y *Variété*.

[15] **Gabriele d'Annunzio** (1863–1938): poeta, novelista y dramaturgo italiano.

[16] **San Francisco de Sales** (1567–1622): prelado francés, obispo de Ginebra y fundador de la orden de la Visitación.

Dos textos de valor desigual inspiraron la empresa. Uno es aquel afragmento filológico de Novalis[17] —el que lleva el número 2005 en la edición de Dresden— que esboza el tema de la *total* identificación con un autor determinado. Otro es uno de esos libros parasitarios que sitúan a Cristo en un bulevar, a Hamlet en la Cannebière o a don Quijote en Wall Street. Como todo hombre de buen gusto, Menard abominaba de esos carnavales inútiles, sólo aptos —decía— para ocasionar el plebeyo placer del anacronismo o (lo que es peor) para embelesarnos con la idea primaria de que todas las épocas son iguales o de que son distintas. Más interesante, aunque de ejecución contradictoria y superficial, le parecía el famoso propósito de Daudet:[18] conjugar en *una* figura, que es Tartarín, al Ingenioso Hidalgo y a su escudero . . . Quienes han insinuado que Menard dedicó su vida a escribir un Quijote contemporáneo, calumnian su clara memoria.

No quería componer otro Quijote —lo cual es fácil— sino *el Quijote.* Inútil agregar que no encaró nunca una transcripción mecánica del original; no se proponía copiarlo. Su admirable ambición era producir unas páginas que coincidieran —palabra por palabra y línea por línea— con las de Miguel de Cervantes.

"Mi propósito es meramente asombroso" me escribió el 30 de setiembre de 1934 desde Bayonne. "El término final de una demostración teológica o metafísica —el mundo externo, Dios, la causalidad, las formas universales— no es menos anterior y común que mi divulgada novela. La sola diferencia es que los filósofos publican en agradables volúmenes las etapas intermediarias de su labor y que yo he resuelto perderlas". En efecto, no queda un solo borrador que atestigüe ese trabajo de años.

El método inicial que imaginó era relativamente sencillo. Conocer bien el español, recuperar la fe católica, guerrear contra los moros o contra el turco, olvidar la historia de Europa entre los años de 1602 y de 1918, *ser* Miguel de Cervantes. Pierre Menard estudió ese procedimiento (sé que logró un manejo bastante fiel del español del siglo diecisiete) pero lo descartó por fácil. ¡Más bien por imposible! dirá el lector. De acuerdo, pero la empresa era de antemano imposible y de todos los medios imposibles para llevarla a término, éste

---

[17] **Novalis:** seudónimo de Georg Friedrich Philipp von Hardenberg (1772–1801), poeta alemán, autor de la novela *Heinrich von Ofterdingen* y del libro de poemas titulado *Hymnen an die Nacht.*

[18] **Alphonse Daudet** (1840–1897): escritor y novelista francés, autor de *Lettres de mon moulin* y de *Tartarin de Tarascon.*

era el menos interesante. Ser en el siglo veinte un novelista popular del siglo diecisiete le pareció una disminución. Ser, de alguna manera, Cervantes y llegar al Quijote le pareció menos arduo —por consiguiente, menos interesante— que seguir siendo Pierre Menard y llegar al Quijote, a través de las experiencias de Pierre Menard. (Esa convicción, dicho sea de paso, le hizo excluir el prólogo autobiográfico de la segunda parte del don Quijote. Incluir ese prólogo hubiera sido crear otro personaje —Cervantes— pero también hubiera significado presentar el Quijote en función de ese personaje y no de Menard. Éste, naturalmente, se negó a esa facilidad.) "Mi empresa no es difícil, esencialmente" leo en otro lugar de la carta. "Me bastaría ser inmortal para llevarla a cabo." ¿Confesaré que suelo imaginar que la terminó y que leo el Quijote —todo el Quijote— como si lo hubiera pensado Menard? Noches pasadas, al hojear el capítulo XXVI —no ensayado nunca por él— reconocí el estilo de nuestro amigo y como su voz en esta frase excepcional: *las ninfas de los ríos, la dolorosa y húmida Eco*. Esa conjunción eficaz de un adjetivo moral y otro físico me trajo a la memoria un verso de Shakespeare, que discutimos una tarde:

Where a malignant and a turbaned Turk . . .

¿Por qué precisamente el Quijote? dirá nuestro lector. Esa preferencia, en un español, no hubiera sido inexplicable; pero sin duda lo es en un simbolista de Nîmes, devoto esencialmente de Poe, que engendró a Baudelaire, que engendró a Mallarmé, que engendró a Valéry, que engendró a Edmond Teste. La carta precitada ilumina el punto. "El Quijote", aclara Menard, "me interesa profundamente, pero no me parece ¿cómo lo diré? inevitable. No puedo imaginar el universo sin la interjección de Edgar Allan Poe:

Ah, bear in mind this garden was enchanted!

o sin el *Bateau ivre*[19] o el *Ancient Mariner*,[20] pero me sé capaz de imaginarlo sin el Quijote. (Hablo, naturalmente, de mi capacidad personal, no de la resonancia histórica de las obras.) El Quijote es un

[19] **Bateau ivre:** poema famoso de Arthur Rimbaud (1854–1891). Poeta francés de extraordinaria precocidad, a los diecinueve años Rimbaud había escrito toda su obra y llevó una vida de aventurero. Su poesía ejerció gran influencia sobre los simbolistas.

[20] **Ancient Mariner:** poema famoso de Coleridge.

libro contingente, el Quijote es innecesario. Puedo premeditar su escritura, puedo escribirlo, sin incurrir en una tautología.[21] A los doce o trece años lo leí, tal vez íntegramente. Después he releído con atención algunos capítulos, aquellos que no intentaré por ahora. He cursado asimismo los entremeses, las comedias, la Galatea, las novelas ejemplares, los trabajos sin duda laboriosos de Persiles y Segismunda y el Viaje del Parnaso.[22] Mi recuerdo general del Quijote, simplificado por el olvido y la indiferencia, puede muy bien equivaler a la imprecisa imagen anterior de un libro no escrito. Postulada esa imagen (que nadie en buena ley me puede negar) es indiscutible que mi problema es harto más difícil que el de Cervantes. Mi complaciente precursor no rehusó la colaboración del azar: iba componiendo la obra inmortal un poco *á la diable*, llevado por inercias del lenguaje y de la invención. Yo he contraído el misterioso deber de reconstruir literalmente su obra espontánea. Mi solitario juego está gobernado por dos leyes polares. La primera me permite ensayar variantes de tipo formal o psicológico; la segunda me obliga a sacrificarlas al texto 'original' y a razonar de un modo irrefutable esa aniquilación . . . A esas trabas artificiales hay que sumar otra, congénita. Componer el Quijote a principios del siglo diecisiete era una empresa razonable, necesaria, acaso fatal; a principios del veinte, es casi imposible. No en vano han transcurrido trescientos años, cargados de complejísimos hechos. Entre ellos, para mencionar uno solo: el mismo Quijote."

A pesar de esos tres obstáculos, el fragmentario Quijote de Menard es más sutil que el de Cervantes. Éste, de un modo burdo, opone a las ficciones caballerescas la pobre realidad provinciana de su país; Menard elige como "realidad" la tierra de Carmen durante el siglo de Lepanto y de Lope. ¡Qué españoladas no habría aconsejado esa elección a Maurice Barrès[23] o al doctor Rodríguez Larreta![24] Menard, con toda naturalidad, las elude. En su obra no hay gitanerías ni conquistadores ni místicos ni Felipe Segundo ni autos

---

[21] **tautología:** repetición inútil de un mismo pensamiento expresado en dos o más palabras.

[22] **entremeses . . . Viaje del Parnaso:** Se refiere aquí Menard a las demás obras de Cervantes.

[23] **Maurice Barrès** (1862–1923): novelista francés, autor de *Le Culte du Moi* y de *Le Roman de l'énergie nationale.*

[24] **Enrique Rodríguez Larreta** (1875–1961): escritor argentino, autor de *La gloria de don Ramiro.* La acción de esta obra sucede en la misma época que el *Quijote.* Larreta, escritor contemporáneo, es víctima de la ironía de Borges en este cuento.

de fe. Desatiende o proscribe el color local. Ese desdén indica un sentido nuevo de la novela histórica. Ese desdén condena a *Salammbô*,[25] inapelablemente.

No menos asombroso es considerar capítulos aislados. Por ejemplo, examinemos el XXXVIII de la primera parte, "que trata del curioso discurso que hizo don Quixote de las armas y las letras". Es sabido que D. Quijote (como Quevedo en el pasaje análogo, y posterior, de *La hora de todos*) falla el pleito contra las letras y en favor de las armas. Cervantes era un viejo militar: su fallo se explica. ¡Pero que el don Quijote de Pierre Menard —hombre contemporáneo de *La Trahison des clercs*[26] y de Bertrand Russell[27]— reincida en esas nebulosas sofisterías! Madame Bachelier ha visto en ellas una admirable y típica subordinación del autor a la psicología del héroe; otros (nada perspicazmente) una *transcripción* del Quijote; la baronesa de Bacourt, la influencia de Nietzsche.[28] A esa tercera interpretación (que juzgo irrefutable) no sé si me atreveré a añadir una cuarta, que condice muy bien con la casi divina modestia de Pierre Menard: su hábito resignado o irónico de propagar ideas que eran el estricto reverso de las preferidas por él. (Rememoremos otra vez su diatriba contra Paul Valéry en la efímera hoja superrealista de Jacques Reboul.) El texto de Cervantes y el de Menard son verbalmente idénticos, pero el segundo es casi infinitamente más rico. (Más ambiguo, dirán sus detractores; pero la ambigüedad es una riqueza.)

Es una revelación cotejar el don Quijote de Menard con el de Cervantes. Éste, por ejemplo, escribió (Don Quijote, primera parte, noveno capítulo):

> . . . la verdad, cuya madre es la historia, émula del tiempo, depósito de las acciones, testigo de lo pasado, ejemplo y aviso de lo presente, advertencia de lo por venir.

Redactada en el siglo diecisiete, redactada por el "ingenio lego" Cervantes, esa enumeración es un mero elogio retórico de la historia. Menard, en cambio, escribe:

---

[25] **Salammbô:** obra de Gustave Flaubert (1821–1880), novelista francés, más conocido por *Madame Bovary*.

[26] **La Trahison des clercs:** obra de Julien Benda (1867–1956), ensayista francés, defensor del clasicismo literario.

[27] **Bertrand Russell** (1872–): filósofo y matemático inglés, autor de numerosos ensayos. Uno de los fundadores de la lógica simbólica.

[28] **Friedrich Nietzsche** (1844–1900): filósofo alemán, autor de *Así habló Zaratustra*. Su doctrina se funda en la voluntad de fuerza y potencia humana.

> . . . la verdad, cuya madre es la historia, émula del tiempo, depósito de las acciones, testigo de lo pasado, ejemplo y aviso de lo presente, advertencia de lo por venir.

La historia, *madre* de la verdad; la idea es asombrosa. Menard, contemporáneo de William James,[29] no define la historia como una indagación de la realidad sino como su origen. La vedad histórica, para él, no es lo que sucedió; es lo que juzgamos que sucedió. Las cláusulas finales —*ejemplo y aviso de lo presente, advertencia de lo por venir*— son descaradamente pragmáticas.

También es vívido el contraste de los estilos. El estilo arcaizante de Menard —extranjero al fin— adolece de alguna afectación. No así el del precursor, que maneja con desenfado el español corriente de su época.

No hay ejercicio intelectual que no sea finalmente inútil. Una doctrina filosófica es al principio una descripción verosímil del universo; giran los años y es un mero capítulo —cuando no un párrafo o un nombre— de la historia de la filosofía. En la literatura, esa caducidad final es aun más notoria. El Quijote —me dijo Menard— fué ante todo un libro agradable; ahora es una ocasión de brindis patrióticos, de soberbia gramatical, de obscenas ediciones de lujo. La gloria es una incomprensión y quizá la peor.

Nada tienen de nuevo esas comprobaciones nihilistas; lo singular es la decisión que de ellas derivó Pierre Menard. Resolvió adelantarse a la vanidad que aguarda todas las fatigas del hombre; acometió una empresa complejísima y de antemano fútil. Dedicó sus escrúpulos y vigilias a repetir en un idioma ajeno un libro preexistente. Multiplicó los borradores; corrigió tenazmente y desgarró miles de páginas manuscritas.* No permitió que fueran examinadas por nadie y cuidó que no le sobrevivieran. En vano he procurado reconstruirlas.

He reflexionado que es lícito ver en el Quijote "final" una especie de palimpsesto, en el que deben traslucirse los rastros —tenues pero no indescifrables— de la "previa" escritura de nuestro amigo. Des-

---

*Recuerdo sus cuadernos cuadriculados, sus negras tachaduras, sus peculiares símbolos tipográficos y su letra de insecto. En los atardeceres le gustaba salir a caminar por los arrabales de Nîmes; solía llevar consigo un cuaderno y hacer una alegre fogata.

[29] **William James** (1842–1910): filósofo norteamericano, autor de *Principles of Psychology* y de *Pragmatism.*

graciadamente, sólo un segundo Pierre Menard, invirtiendo el trabajo del anterior, podría exhumar y resucitar esas Troyas . . .

"Pensar, analizar, inventar (me escribió también) no son actos anómalos, son la normal respiración de la inteligencia. Glorificar el ocasional cumplimiento de esa función, atesorar antiguos y ajenos pensamientos, recordar con incrédulo estupor que el *doctor universalis*[30] pensó, es confesar nuestra languidez o nuestra barbarie. Todo hombre debe ser capaz de todas las ideas y entiendo que en el porvenir lo será."

Menard (acaso sin quererlo) ha enriquecido mediante una técnica nueva el arte detenido y rudimentario de la lectura: la técnica del anacronismo deliberado y de las atribuciones erróneas. Esa técnica de aplicación infinita nos insta a recorrer la Odisea como si fuera posterior a la Eneida y el libro *Le Jardin du centaure* de Madame Henri Bachelier como si fuera de Madame Henri Bachelier. Esa técnica puebla de aventura los libros más calmosos. Atribuir a Louis Ferdinand Céline[31] o a James Joyce[32] la *Imitación de Cristo*[33] ¿no es una suficiente renovación de esos tenues avisos espirituales?

Nîmes, 1939

---

[30] **doctor universalis:** título honorífico dado tradicionalmente a San Alberto Magno (1206–1280).

[31] **Louis Ferdinand Céline** (1894–1961): autor francés, escribió *Voyage au bout de la nuit.*

[32] **James Joyce** (1882–1941): novelista irlandés, autor de *Ulysses,* de *Portrait of the Artist as a Young Man* y de *Finnegans Wake.*

[33] **Imitación de Cristo:** obra de Tomás de Kempis (1379–1471), escritor místico alemán.

LAS RUINAS CIRCULARES

And if he left off dreaming about you. . .
Through the Looking-Glass,[1] VI.

Nadie lo vio desembarcar en la unánime[2] noche, nadie vio la canoa de bambú sumiéndose en el fango sagrado, pero a los pocos días nadie ignoraba que el hombre taciturno venía del Sur y que su patria era una de las infinitas aldeas que están aguas arriba, en el flanco violento[3] de la montaña, donde el idioma zend[4] no está contaminado de griego y donde es infrecuente la lepra. Lo cierto es que el hombre gris besó el fango, repechó[5] la ribera sin apartar (probablemente, sin sentir) las cortaderas[6] que le dilaceraban[7] las carnes y se arrastró, mareado y ensangrentado, hasta el recinto circular que corona un tigre o caballo de piedra, que tuvo alguna vez el color del fuego y ahora el de la ceniza. Ese redondel es un templo que devoraron los incendios antiguos, que la selva palúdica ha profanado y cuyo dios no recibe honor de los hombres. El forastero se tendió bajo el pedestal. Lo despertó el sol alto. Comprobó sin asombro que las heridas habían cicatrizado; cerró los ojos pálidos y durmió, no por flaqueza de la carne sino por determinación de la voluntad. Sabía que ese templo era el lugar que requería su inven-

[1] Obra de Lewis Carroll (1832–1898).

[2] **unánime:** Borges usa aquí este adjetivo casi en el sentido literal de su etimología, *unus animus*: con un solo aire, aliento, alma.

[3] **violento:** difícil, inaccesible, hostil.

[4] **zend:** idioma antiguo del Irán, en el que se escribieron los textos (*Zend Avesta*) de la religión fundada por Zoroastro.

[5] **repechó:** retrepó.

[6] **cortaderas:** plantas gramíneas, de hoja larga y aplanada, cuyos filos aserrados cortan como una navaja.

[7] **dilaceraban:** rasgar, despedazar las carnes de personas o animales.

cible propósito; sabía que los árboles incesantes no habían logrado estrangular, río abajo, las ruinas de otro templo propicio, también de dioses incendiados y muertos; sabía que su inmediata obligación era el sueño. Hacia la medianoche lo despertó el grito inconsolable de un pájaro. Rastros de pies descalzos, unos higos y un cántaro le advirtieron que los hombres de la región habían espiado con respeto su sueño y solicitaban su amparo o temían su magia. Sintió el frío del miedo y buscó en la muralla dilapidada un nicho sepulcral y se tapó con hojas desconocidas.

El propósito que lo guiaba no era imposible, aunque sí sobrenatural. Quería soñar un hombre: quería soñarlo con integridad minuciosa e imponerlo a la realidad. Ese proyecto mágico había agotado el espacio entero de su alma; si alguien le hubiera preguntado su propio nombre o cualquier rasgo de su vida anterior, no habría acertado a responder. Le convenía el templo inhabitado y despedazado, porque era un mínimo de mundo visible; la cercanía de los labradores también, porque éstos se encargaban de subvenir a sus necesidades frugales. El arroz y las frutas de su tributo eran pábulo suficiente para su cuerpo, consagrado a la única tarea de dormir y soñar.

Al principio, los sueños eran caóticos: poco después, fueron de naturaleza dialéctica. El forastero se soñaba en el centro de un anfiteatro circular que era de algún modo el templo incendiado: nubes de alumnos[8] taciturnos fatigaban las gradas;[9] las caras de los últimos pendían a muchos siglos de distancia y a una altura estelar,[10] pero eran del todo precisas. El hombre les dictaba lecciones de anatomía, de cosmografía, de magia: los rostros escuchaban con ansiedad y procuraban responder con entendimiento, como si adivinaran la importancia de aquel examen, que redimiría a uno de ellos de su condición de vana apariencia y lo interpolaría en el mundo real. El hombre, en el sueño y en la vigilia, consideraba las

---

[8] **nubes de alumnos:** muchísimos alumnos (como "nubes de insectos", o "nubes de polvo").

[9] **fatigaban las gradas:** Eran tantos los alumnos que pesaban sobre las gradas del anfiteatro y éstas "se fatigaban". Borges incluye a lo largo de su prosa innumerables construcciones que son, en realidad, complejas metáforas. Borges cuentista no ha dejado de ser poeta.

[10] **pendían . . . estelar:** Esta metáfora sirve para expresar la sensación de eternidad e infinitud que siente el forastero al contemplar las caras de los alumnos soñados; es tan típica de estilo de Borges como la anterior.

respuestas de sus fantasmas, no se dejaba embaucar por los impostores, adivinaba en ciertas perplejidades una inteligencia creciente. Buscaba un alma que mereciera participar en el universo.

A las nueve o diez noches comprendió con alguna amargura que nada podía esperar de aquellos alumnos que aceptaban con pasividad su doctrina y sí de aquellos que arriesgaban, a veces, una contradicción razonable. Los primeros, aunque dignos de amor y de buen afecto, no podían ascender a individuos; los últimos preexistían un poco más. Una tarde (ahora también las tardes eran tributarias del sueño, ahora no velaba sino un par de horas en el amanecer) licenció para siempre el vasto colegio ilusorio y se quedó con un solo alumno. Era un muchacho taciturno, cetrino, díscolo a veces, de rasgos afilados que repetían los de su soñador. No lo desconcertó por mucho tiempo la brusca eliminación de los condiscípulos; su progreso, al cabo de unas pocas lecciones particulares, pudo maravillar al maestro. Sin embargo, la catástrofe sobrevino. El hombre, un día, emergió del sueño como de un desierto viscoso, miró la vana luz de la tarde que al pronto confundió con la aurora y comprendió que no había soñado. Toda esa noche y todo el día, la intolerable lucidez del insomnio se abatió contra él. Quiso explorar la selva, extenuarse; apenas alcanzó entre la cicuta[11] unas rachas de sueño débil, veteadas fugazmente de visiones de tipo rudimental: inservibles. Quiso congregar el colegio y apenas hubo articulado unas breves palabras de exhortación, éste se deformó, se borró. En la casi perpetua vigilia, lágrimas de ira le quemaban los viejos ojos.

Comprendió que el empeño de modelar la materia incoherente y vertiginosa de que se componen los sueños es el más arduo que puede acometer un varón, aunque penetre todos los enigmas del orden superior y del inferior: mucho más arduo que tejer una cuerda de arena o que amonedar el viento sin cara. Comprendió que un fracaso inicial era inevitable. Juró olvidar la enorme alucinación que lo había desviado al principio y buscó otro método de trabajo. Antes de ejercitarlo, dedicó un mes a la reposición de las fuerzas que había malgastado el delirio. Abandonó toda premeditación de soñar y casi acto continuo logró dormir un trecho razonable del día. Las raras veces que soñó durante ese período, no reparó en los sueños. Para reanudar la tarea, esperó que el disco de la luna fuera perfecto. Luego, en la tarde, se purificó en las aguas del río, adoró los dioses

[11] **cicuta:** planta cuyo zumo cocido hasta la consistencia de miel dura es venenoso.

planetarios, pronunció las sílabas lícitas de un nombre poderoso y durmió. Casi inmediatamente, soñó con un corazón que latía.

Lo soñó activo, caluroso, secreto, del grandor de un puño cerrado, color granate en la penumbra de un cuerpo humano aun sin cara ni sexo; con minucioso amor lo soñó, durante catorce lúcidas noches. Cada noche, lo percibía con mayor evidencia. No lo tocaba: se limitaba a atestiguarlo, a observarlo, tal vez a corregirlo con la mirada. Lo percibía, lo vivía, desde muchas distancias y muchos ángulos. La noche catorcena rozó la arteria pulmonar con el índice y luego todo el corazón, desde afuera y adentro. El examen lo satisfizo. Deliberadamente no soñó durante una noche: luego retomó el corazón, invocó el nombre de un planeta y emprendió la visión de otro de los órganos principales. Antes de un año llegó al esqueleto, a los párpados. El pelo innumerable fue tal vez la tarea más difícil. Soñó un hombre íntegro, un mancebo, pero éste no se incorporaba ni hablaba ni podía abrir los ojos. Noche tras noche, el hombre lo soñaba dormido.

En las cosmogonías gnósticas,[12] los demiurgos[13] amasan un rojo Adán que no logra ponerse de pie; tan inhábil y rudo y elemental como ese Adán de polvo era el Adán de sueño que las noches del mago habían fabricado. Una tarde, el hombre casi destruyó toda su obra, pero se arrepintió. (Más le hubiera valido destruirla.) Agotados los votos a los númenes[14] de la tierra y del río, se arrojó a los pies de la efigie que tal vez era un tigre y tal vez un potro, e imploró su desconocido socorro. Ese crepúsculo, soñó con la estatua. La soñó viva, trémula: no era un atroz bastardo de tigre y potro, sino a la vez esas dos criaturas vehementes y también un toro, una rosa, una tempestad. Ese múltiple dios le reveló que su nombre terrenal era Fuego, que en ese templo circular (y en otros iguales) le habían rendido sacrificios y culto y que mágicamente animaría al fantasma soñado, de suerte que todas las criaturas, excepto el Fuego mismo y el soñador, lo pensaran un hombre de carne y hueso. Le ordenó que una vez instruído en los ritos, lo enviara al otro templo despedazado

[12] **cosmogonías gnósticas** (griego): ideas del mundo de los gnósticos. El gnosticismo era un sistema de filosofía religiosa, cuyos partidarios pretendían poseer un conocimiento completo y transcendental de la naturaleza y los atributos de Dios. El gnosticismo se relaciona a la vez con el platonismo y el maniqueísmo.

[13] **demiurgos:** En la filosofía platónica se daba este nombre a los dioses creadores.

[14] **númenes:** divinidades inspiradoras.

cuyas pirámides persisten aguas abajo, para que alguna voz lo glorificara en aquel edificio desierto. En el sueño del hombre que soñaba, el soñado se despertó.

El mago ejecutó esas órdenes. Consagró un plazo (que finalmente abarcó dos años) a descubrirle los arcanos del universo y del culto del fuego. Intimamente, le dolía apartarse de él. Con el pretexto de la necesidad pedagógica, dilataba cada día las horas dedicadas al sueño. También rehizo el hombro derecho, acaso deficiente. A veces, lo inquietaba una impresión de que ya todo eso había acontecido . . . En general, sus días eran felices; al cerrar los ojos pensaba: *Ahora estaré con mi hijo.* O, más raramente: *El hijo que he engendrado me espera y no existirá si no voy.*

Gradualmente, lo fue acostumbrando a la realidad. Una vez le ordenó que embanderara una cumbre lejana. Al otro día, flameaba la bandera en la cumbre. Ensayó otros experimentos análogos, cada vez más audaces. Comprendió con cierta amargura que su hijo estaba listo para nacer —y tal vez impaciente. Esa noche lo besó por primera vez y lo envió al otro templo cuyos despojos blanquean río abajo, a muchas leguas de inextricable selva y de ciénaga. Antes (para que no supiera nunca que era un fantasma, para que se creyera un hombre como los otros) le infundió el olvido total de sus años de aprendizaje.

Su victoria y su paz quedaron empañadas de hastío. En los crepúsculos de la tarde y del alba, se prosternaba ante la figura de piedra, tal vez imaginando que su hijo irreal ejecutaba idénticos ritos, en otras ruinas circulares, aguas abajo; de noche no soñaba, o soñaba como lo hacen todos los hombres. Percibía con cierta palidez los sonidos y formas del universo: el hijo ausente se nutría de esas disminuciones de su alma. El propósito de su vida estaba colmado; el hombre persistió en una suerte de éxtasis. Al cabo de un tiempo que ciertos narradores de su historia prefieren computar en años y otros en lustros, lo despertaron dos remeros a medianoche: no pudo ver sus caras, pero le hablaron de un hombre mágico en un templo del Norte, capaz de hollar el fuego y de no quemarse. El mago recordó bruscamente las palabras del dios. Recordó que de todas las criaturas que componen el orbe, el fuego era la única que sabía que su hijo era un fantasma. Ese recuerdo, apaciguador al principio, acabó por atormentarlo. Temió que su hijo meditara en ese privilegio anormal y descubriera de algún modo su condición de mero simulacro. No ser un hombre, ser la proyección del sueño de otro hombre ¡qué humillación incomparable, qué vértigo! A todo padre le interesan los hijos que ha procreado (que ha permitido) en una mera confusión o felicidad; es natural que el mago temiera por el porvenir de aquel hijo, pensado entraña por entraña y rasgo por rasgo, en mil y una noches secretas.

El término de sus cavilaciones fue brusco, pero lo prometieron algunos signos. Primero (al cabo de una larga sequía) una remota nube en un cerro, liviana como un pájaro; luego, hacia el Sur, el cielo que tenía el color rosado de la encía de los leopardos; luego las humaredas que herrumbraron el metal de las noches; después la fuga pánica de las bestias. Porque se repitió lo acontecido hace muchos siglos. Las ruinas del santuario del dios del fuego fueron destruídas por el fuego. En un alba sin pájaros el mago vio cernirse contra los muros el incendio concéntrico. Por un instante, pensó refugiarse en las aguas, pero luego comprendió que la muerte venía a coronar su vejez y a absolverlo de sus trabajos. Caminó contra los jirones de fuego. Éstos no mordieron su carne, éstos lo acariciaron y lo inundaron sin calor y sin combustión. Con alivio, con humillación, con terror, comprendió que él también era una apariencia, que otro estaba soñándolo.

LA LOTERÍA EN BABILONIA

Como todos los hombres de Babilonia, he sido procónsul; como todos, esclavo; también he conocido la omnipotencia, el oprobio, las cárceles. Miren: a mi mano derecha le falta el índice. Miren: por este desgarrón de la capa se ve en mi estómago un tatuaje bermejo: es el segundo símbolo, Beth.[1] Esta letra, en las noches de

[1] **Beth:** la segunda letra del alfabeto hebreo.

luna llena, me confiere poder sobre los hombres cuya marca es Ghimel,[2] pero me subordina a los de Aleph,[3] que en las noches sin luna deben obediencia a los de Ghimel. En el crepúsculo del alba, en un sótano, he yugulado ante una piedra negra toros sagrados. Durante un año de la luna, he sido declarado invisible: gritaba y no me respondían, robaba el pan y no me decapitaban. He conocido lo que ignoran los griegos: la incertidumbre. En una cámara de bronce, ante el pañuelo silencioso del estrangulador, la esperanza me ha sido fiel; en el río de los deleites, el pánico. Heraclides Póntico[4] refiere con admiración que Pitágoras[5] recordaba haber sido Pirro[6] y antes Euforbo[7] y antes algún otro mortal; para recordar vicisitudes análogas yo no preciso recurrir a la muerte ni aún a la impostura.

Dabo esa variedad casi atroz a una institución que otras repúblicas ignoran o que obra en ellas de modo imperfecto y secreto: la lotería. No he indagado su historia; sé que los magos no logran ponerse de acuerdo; sé de sus poderosos propósitos lo que puede saber de la luna el hombre no versado en astrología. Soy de un país vertiginoso donde la lotería es parte principal de la realidad: hasta el día de hoy, he pensado tan poco en ella como en la conducta de los

---

[2] **Ghimel:** la tercera letra del alfabeto hebreo.

[3] **Aleph:** la primera letra del alfabeto hebreo.

[4] **Heraclides Póntico:** filósofo griego, así llamado por haber nacido en Heraclea del Ponto, hacia 360 antes de J.C. Vivió en Atenas y siguió la filosofía de los pitagóricos. Hoy se le considera como uno de los miembros de la antigua Academia platónica. Heraclides creía, como los atomistas, que el mundo estaba compuesto de partículas separadas por el espacio vacío. Pero, contrariamente a los atomistas afirmó que la divinidad, y no la necesidad mecánica, constituye el principio del movimiento.

[5] **Pitágoras:** filósofo griego, natural de Samos, vivió hacia 532 antes de J.C. La vida de Pitágoras así como sus doctrinas están rodeadas de leyenda. Algunos autores incluso dudan de la existencia de Pitágoras. Lo cierto es que todo relato de las doctrinas pitagóricas así como de las prácticas religiosas y ascéticas de los pitagóricos se basa en datos insuficientes o discutibles. Concepto fundamental en el pitagorismo es la idea de armonía. Pitágoras derivó este concepto de la observación de la octava o escala musical, aplicándolo después a todas las esferas de la realidad: los astros, los números, los seres de la naturaleza, incluído el hombre.

[6] **Pirro:** Pirrón, el primero de los grandes escépticos griegos, natural de Elis, vivió hacia 365–275 antes de J.C. Creía que no es posible llegar a conocer nada porque se puede mantener con la misma certidumbre cualquier afirmación y su contraria. De aquí que su actitud filosófica sea la imperturbabilidad y el juicio provisional.

[7] **Euforbo:** personaje mitológico troyano, muerto por Menelao, cuya alma, según Pitágoras, había pasado a informar el cuerpo de éste por medio de la transmigración.

dioses indescifrables o de mi corazón. Ahora, lejos de Babilonia y de sus queridas costumbres, pienso con algún asombro en la lotería y en las conjeturas blasfemas que en el crepúsculo murmuran los hombres velados.

Mi padre refería que antiguamente —¿cuestión de siglos, de años?— la lotería en Babilonia era un juego de carácter plebeyo. Refería (ignoro si con verdad) que los barberos despachaban por monedas de cobre rectángulos de hueso o de pergamino adornados de símbolos. En pleno día se verificaba un sorteo: los agraciados recibían, sin otra corroboración del azar, monedas acuñadas de plata. El procedimiento era elemental, como ven ustedes.

Naturalmente, esas "loterías" fracasaron. Su virtud moral era nula. No se dirigían a todas las facultades del hombre: únicamente a su esperanza. Ante la indiferencia pública, los mercaderes que fundaron esas loterías venales,[8] comenzaron a perder el dinero. Alguien ensayó una reforma: la interpolación de unas pocas suertes adversas en el censo de números favorables. Mediante esa reforma, los compradores de rectángulos numerados corrían el doble albur de ganar una suma y de pagar una multa a veces cuantiosa. Ese leve peligro (por cada treinta números favorables había un número aciago) despertó, como es natural, el interés del público. Los babilonios se entregaron al juego. El que no adquiría suertes[9] era considerado un pusilánime, un apocado. Con el tiempo, ese desdén justificado se duplicó. Era despreciado el que no jugaba, pero también eran despreciados los perdedores que abonaban la multa. La Compañía (así empezó a llamársela entonces) tuvo que velar por los ganadores, que no podían cobrar los premios si faltaba en las cajas el importe casi total de las multas. Entabló una demanda a los perdedores: el juez los condenó a pagar la multa original y las costas o a unos días de cárcel. Todos optaron por la cárcel, para defraudar a la Compañía. De esa bravata de unos pocos nace el todopoder de la Compañía: su valor eclesiástico, metafísico.

Poco después, los informes de los sorteos omitieron las enumeraciones de multas y se limitaron a publicar los días de prisión que designaba cada número adverso. Ese laconismo,[10] casi inadvertido

---

[8] **loterías venales:** loterías donde se podían comprar diversas suertes.

[9] **El que no adquiría suertes:** el que no compraba números.

[10] **laconismo:** adjetivo que ha pasado a significar brevedad y economía expresivas. Se deriva de "lacedemonio", nombre dado a los habitantes de Esparta.

en su tiempo, fue de importancia capital. *Fue la primera aparición en la lotería de elementos no pecuniarios*. El éxito fue grande. Instada por los jugadores, la Compañía se vio precisada a aumentar los números adversos.

Nadie ignora que el pueblo de Babilonia es muy devoto de la lógica, y aun de la simetría. Era incoherente que los números faustos se computaran en redondas monedas y los infaustos en días y noches de cárcel. Algunos moralistas razonaron que la posesión de monedas no siempre determina la felicidad y que otras formas de la dicha son quizá más directas.

Otra inquietud cundía en los barrios bajos. Los miembros del colegio sacerdotal multiplicaban las puestas y gozaban de todas las vicisitudes del terror y de la esperanza; los pobres (con envidia razonable o inevitable) se sabían excluídos de ese vaivén, notoriamente delicioso. El justo anhelo de que todos, pobres y ricos, participasen por igual en la lotería, inspiró una indignada agitación, cuya memoria no han desdibujado los años. Algunos obstinados no comprendieron (o simularon no comprender) que se trataba de un orden nuevo, de una etapa histórica necesaria . . . Un esclavo robó un billete carmesí, que en el sorteo lo hizo acreedor a que le quemaran la lengua. El código fijaba esa misma pena para el que robaba un billete. Algunos babilonios argumentaban que merecía el hierro candente, en su calidad de ladrón; otros, magnánimos, que el verdugo debía aplicárselo porque así lo había determinado el azar . . . Hubo disturbios, hubo efusiones lamentables de sangre; pero la gente babilónica impuso finalmente su voluntad, contra la oposición de los ricos. El pueblo consiguió con plenitud sus fines generosos. En primer término, logró que la Compañía aceptara la suma del poder público. (Esa unificación era necesaria, dada la vastedad y complejidad de las nuevas operaciones.) En segundo término, logró que la lotería fuera secreta, gratuita y general. Quedó abolida la venta mercenaria de suertes. Ya iniciado en los misterios de Bel,[11] todo hombre libre automáticamente participaba en los sorteos sagrados, que se efectuaban en los laberintos del dios cada sesenta noches y que determinaban su destino hasta el otro ejercicio. Las consecuencias eran incalculables. Una jugada feliz

[11] **Bel:** Baal, divinidad semítica mencionada en la Biblia, en los monumentos cuneiformes y en los textos griegos y latinos. Fue adorada por diversos pueblos de Asia Menor.

podía motivar su elevación al concilio de magos o la prisión de un enemigo (notorio o íntimo) o el encontrar, en la pacífica tiniebla del cuarto, la mujer que empieza a inquietarnos o que no esperábamos rever; una jugada adversa: la mutilación, la variada infamia, la muerte. A veces un solo hecho —el tabernario asesinato de C, la apoteosis misteriosa de B— era la solución genial de treinta o cuarenta sorteos. Combinar las jugadas era difícil; pero hay que recordar que los individuos de la Compañía eran (y son) todopoderosos y astutos. En muchos casos, el conocimiento de que ciertas felicidades eran simple fábrica del azar, hubiera aminorado su virtud; para eludir ese inconveniente, los agentes de la Compañía usaban de las sugestiones y de la magia. Sus pasos, sus manejos, eran secretos. Para indagar las íntimas esperanzas y los íntimos terrores de cada cual, disponían de astrólogos y de espías. Había ciertos leones de piedra, había una letrina sagrada llamada Qaphqa, había unas grietas en un polvoriento acueducto que, según opinión general, *daban a la Compañía*; las personas malignas o benévolas depositaban delaciones en esos sitios. Un archivo alfabético recogía esas noticias de variable veracidad.

Increíblemente, no faltaron murmuraciones. La Compañía, con su discreción habitual, no replicó directamente. Prefirió borrajear[12] en los escombros de una fábrica de caretas un argumento breve, que ahora figura en las escrituras sagradas. Esa pieza doctrinal observaba que la lotería es una interpolación del azar en el orden del mundo y que aceptar errores no es contradecir el azar: es corroborarlo. Observaba asimismo que esos leones y ese recipiente sagrado, aunque no desautorizados por la Compañía (que no renunciaba al derecho de consultarlos), funcionaban sin garantía oficial.

Esa declaración apaciguó las inquietudes públicas. También produjo otros efectos, acaso no previstos por el autor. Modificó hondamente el espíritu y las operaciones de la Compañía. Poco tiempo me queda; nos avisan que la nave está por zarpar; pero trataré de explicarlo.

Por inverosímil que sea, nadie había ensayado hasta entonces una teoría general de los juegos. El babilonio es poco especulativo. Acata los dictámenes del azar, les entrega su vida, su esperanza, su terror pánico, pero no se le ocurre investigar sus leyes laberínticas,

---

[12] **borrajear:** escribir sin asunto determinado, escribir en borrador.

ni las esferas giratorias que lo revelan. Sin embargo, la declaración oficiosa que he mencionado inspiró muchas discusiones de carácter jurídico-matemático. De alguna de ellas nació la conjetura siguiente: Si la lotería es una intensificación del azar, una periódica infusión del caos en el cosmos ¿no convendría que el azar interviniera en todas las etapas del sorteo y no en una sola? ¿No es irrisorio que el azar dicte la muerte dc alguien y que las circunstancias de esa muerte —la reserva, la publicidad, el plazo de una hora o de un siglo— no estén sujetas al azar? Esos escrúpulos tan justos provocaron al fin una considerable reforma, cuyas complejidades (agravadas por un ejercicio de siglos) no entienden sino algunos especialistas, pero que intentaré resumir, siquiera de modo simbólico.

Imaginemos un primer sorteo, que dicta la muerte de un hombre. Para su cumplimiento se procede a un otro sorteo, que propone (digamos) nueve ejecutores posibles. De esos ejecutores, cuatro pueden iniciar un tercer sorteo que dirá el nombre del verdugo, dos pueden reemplazar la orden adversa por una orden feliz (el encuentro de un tesoro, digamos), otro exacerbará la muerte (es decir la hará infame o la enriquecerá de torturas), otros pueden negarse a cumplirla . . . Tal es el esquema simbólico. En la realidad *el número de sorteos es infinito*. Ninguna decisión es final, todas se ramifican en otras. Los ignorantes suponen que infinitos sorteos requieren un tiempo infinito; en realidad basta que el tiempo sea infinitamente subdivisible, como lo enseña la famosa parábola del Certamen con la Tortuga.[13] Esa infinitud condice de admirable manera con los sinuosos números del Azar y con el Arquetipo Celestial de la Lotería, que adoran los platónicos . . . Algún eco deforme de nuestros ritos parece haber retumbado en el Tíber: Ello Lampridio,[14] en la *Vida de Antonino Heliogábalo*,[15] refiere que este emperador escribía en conchas las suertes que destinaba a los convidados, de manera que uno recibía diez libras de oro y otro diez moscas, diez lirones, diez osos. Es lícito recordar que Heliogábalo se educó en el Asia Menor, entre los sacerdotes del dios epónimo.[16]

---

[13] Véase el ensayo "Avatares de la tortuga".

[14] **Ello Lampridio:** escritor latino de la segunda mitad del siglo IV; fue uno de los colaboradores de la *Historia de Augusto*.

[15] **Heliogábalo** (204–222): emperador romano que fue, en efecto, uno de los tiranos más crueles e imbéciles que sufrió Roma. Tenía unas ideas religiosas muy diferentes de las del pueblo.

[16] **dios epónimo:** dios que da el nombre a una comarca o a una época.

También hay sorteos impersonales, de propósito indefinido: uno decreta que se arroje a las aguas del Éufrates un zafiro de Taprobana;[17] otro, que desde el techo de una torre se suelte un pájaro; otro, que cada siglo se retire (o se añada) un gramo de arena de los innumerables que hay en la playa. Las consecuencias son, a veces, terribles.

Bajo el influjo bienhechor de la Compañía, nuestras costumbres están saturadas de azar. El comprador de una docena de ánforas de vino damasceno[18] no se maravillará si una de ellas encierra un talismán o una víbora; el escribano que redacta un contrato no deja casi nunca de introducir algún dato erróneo; yo mismo, en esta apresurada declaración, he falseado algún esplendor, alguna atrocidad. Quizá, también, alguna misteriosa monotonía . . . Nuestros historiadores, que son los más perspicaces del orbe, han inventado un método para corregir el azar; es fama que las operaciones de ese método son (en general) fidedignas; aunque, naturalmente, no se divulgan sin alguna dosis de engaño. Por lo demás, nada tan contaminado de ficción como la historia de la Compañía . . . Un documento paleográfico, exhumado en un templo, puede ser obra del sorteo de ayer o de un sorteo secular. No se publica un libro sin alguna divergencia entre cada uno de los ejemplares. Los escribas prestan juramento secreto de omitir, de interpolar, de variar. También se ejerce la mentira indirecta.

La Compañía, con modestia divina, elude toda publicidad. Sus agentes, como es natural, son secretos; las órdenes que imparte continuamente (quizá incesantemente) no difieren de las que prodigan los impostores. Además ¿quién podrá jactarse de ser un mero impostor? El ebrio que improvisa un mandato absurdo, el soñador que se despierta de golpe y ahoga con las manos a la mujer que duerme a su lado ¿no ejecutan, acaso, una secreta decisión de la Compañía? Ese funcionamiento silencioso, comparable al de Dios, provoca toda suerte de conjeturas. Alguna abominablemente insinúa que hace ya siglos que no existe la Compañía y que el sacro desorden de nuestras vidas es puramente hereditario, tradicional; otra la juzga eterna y enseña que perdurará hasta la última noche, cuando el último dios anonade el mundo. Otra declara que la Compañía es omnipotente, pero que sólo influye en cosas minúsculas: en el grito de un pájaro,

[17] **Taprobana:** antiguo nombre de la isla de Ceylán.
[18] **damasceno:** de Damasco.

en los matices de la herrumbre y del polvo, en los entresueños del alba. Otra, por boca de heresiarcas enmascarados, *que no ha existido nunca y no existirá.* Otra, no menos vil, razona que es indiferente afirmar o negar la realidad de la tenebrosa corporación, porque Babilonia no es otra cosa que un infinito juego de azares.

LA BIBLIOTECA DE BABEL

> By this art you may contemplate the variation of the 23 letters. . .
>
> *The Anatomy of Melancholy,*[1] part 2, II, mem. iv.

El universo (que otros llaman la Biblioteca) se compone de un número indefinido, y tal vez infinito, de galerías hexagonales, con vastos pozos de ventilación en el medio, cercados por barandas bajísimas. Desde cualquier hexágono, se ven los pisos inferiores y superiores: interminablemente. La distribución de las galerías es invariable. Veinte anaqueles, a cinco largos anaqueles por lado, cubren todos los lados menos dos; su altura, que es la de los pisos, excede apenas la de un bibliotecario normal. Una de las caras libres da a un angosto zaguán, que desemboca en otra galería, idéntica a la primera y a todas. A izquierda y a derecha del zaguán hay dos gabinetes minúsculos. Uno permite dormir de pie; otro, satisfacer las necesidades fecales. Por ahí pasa la escalera espiral, que se abisma y se eleva hacia lo remoto. En el zaguán hay un espejo, que fielmente duplica las apariencias. Los hombres suelen inferir de ese espejo que la Biblioteca no es infinita (si lo fuera realmente ¿a qué esa duplica-

[1] Obra de Robert Burton (1577–1640), clérigo y erudito inglés.

ción ilusoria?"; yo prefiero soñar que las superficies bruñidas figuran y prometen el infinito . . . La luz procede de unas frutas esféricas que llevan el nombre de lámparas. Hay dos en cada hexágono: transversales. La luz que emiten es insuficiente, incesante.

Como todos los hombres de la Biblioteca, he viajado en mi juventud; he peregrinado en busca de un libro, acaso del catálogo de catálogos; ahora que mis ojos casi no pueden descifrar lo que escribo, me preparo a morir a unas pocas leguas del hexágono en que nací. Muerto, no faltarán manos piadosas que me tiren por la baranda; mi sepultura será el aire insondable: mi cuerpo se hundirá largamente y se corromperá y disolverá en el viento engendrado por la caída, que es infinita. Yo afirmo que la Biblioteca es interminable. Los idealistas arguyen que las salas hexagonales son una forma necesaria del espacio absoluto o, por lo menos, de nuestra intuición del espacio. Razonan que es inconcebible una sala triangular o pentagonal. (Los místicos pretenden que el éxtasis les revela una cámara circular con un gran libro circular de lomo continuo, que da toda la vuelta de las paredes; pero su testimonio es sospechoso; sus palabras, oscuras. Ese libro cíclico es Dios.) Básteme, por ahora, repetir el dictamen clásico: *La Biblioteca es una esfera cuyo centro cabal es cualquier hexágono, cuya circunferencia es inaccesible.*

A cada uno de los muros de cada hexágono corresponden cinco anaqueles; cada anaquel encierra treinta y dos libros de formato uniforme; cada libro es de cuatrocientas diez páginas; cada página, de cuarenta renglones, cada renglón, de unas ochenta letras de color negro. También hay letras en el dorso de cada libro; esas letras no indican o prefiguran lo que dirán las páginas. Sé que esa inconexión, alguna vez, pareció misteriosa. Antes de resumir la solución (cuyo descubrimiento, a pesar de sus trágicas proyecciones, es quizá el hecho capital de la historia) quiero rememorar algunos axiomas.

El primero: La Biblioteca existe *ab aeterno.*[2] De esa verdad cuyo colorario inmediato es la eternidad futura del mundo, ninguna mente razonable puede dudar. El hombre, el imperfecto bibliotecario, puede ser obra del azar o de los demiurgos malévolos; el universo, con su elegante dotación de anaqueles, de tomos enigmáticos, de infatigables escaleras para el viajero y de letrinas para el biliotecario sentado, sólo puede ser obra de un dios. Para percibir la dis-

[2] **ab aeterno** (latín): desde la eternidad.

tancia que hay entre lo divino y lo humano, basta comparar estos rudos símbolos trémulos que mi falible mano garabatea en la tapa de un libro, con las letras orgánicas del interior: puntuales, delicadas, negrísimas, inimitablemente simétricas.

El segundo: *El número de símbolos ortográficos es veinticinco.** Esa comprobación permitió, hace trescientos años, formular una teoría general de la Biblioteca y resolver satisfactoriamente el problema que ninguna conjetura había descifrado: la naturaleza informe y caótica de casi todos los libros. Uno, que mi padre vió en un hexágono del circuito quince noventa y cuatro, constaba de las letras M C V, perversamente repetidas desde el renglón primero hasta el último. Otro (muy consultado en esta zona) es un mero laberinto de letras, pero la página penúltima dice *Oh tiempo tus pirámides.* Ya se sabe: por una línea razonable o una recta noticia hay leguas de insensatas cacofonías, de fárragos verbales y de incoherencias. (Yo sé de una región cerril cuyos bibliotecarios repudian la supersticiosa y vana costumbre de buscar sentido en los libros y la equiparan a la de buscarlo en los sueños o en las líneas caóticas de la mano . . . Admiten que los inventores de la escritura imitaron los veinticinco símbolos naturales, pero sostienen que esa aplicación es casual y que los libros nada significan en sí. Ese dictamen, ya veremos, no es del todo falaz.)

Durante mucho tiempo se creyó que esos libros impenetrables correspondían a lenguas preteritas o remotas. Es verdad que los hombres más antiguos, los primeros bibliotecarios, usaban un lenguaje asaz diferente del que hablamos ahora; es verdad que unas millas a la derecha la lengua es dialectal y que noventa pisos más arriba, es incomprensible. Todo eso, lo repito, es verdad, pero cuatrocientas diez páginas de inalterables M C V no pueden corresponder a ningún idioma, por dialectal o rudimentario que sea. Algunos insinuaron que cada letra podía influir en la subsiguiente y que el valor de M C V en la tercera línea de la página 71 no era el que puede tener la misma serie en otra posición de otra página, pero esa vaga tesis no prosperó. Otros pensaron en criptografías; universalmente

---

*El manuscrito original no contiene guarismos o mayúsculas. La puntuación ha sido limitada a la coma y al punto. Esos dos signos, el espacio y las veintidós letras del alfabeto son los veinticinco símbolos suficientes que enumera el desconocido. (*Nota del Editor.*)[3]

[3] El paréntesis "Nota del Editor" forma parte del juego literario del autor.

esa conjetura ha sido aceptada, aunque no en el sentido en que la formularon sus inventores.

Hace quinientos años, el jefe de un hexágono superior* dió con un libro tan confuso como los otros, pero que tenía casi dos hojas de líneas homogéneas. Mostró su hallazgo a un descifrador ambulante, que le dijo que estaban redactadas en portugués; otros le dijeron que en yiddish. Antes de un siglo pudo establecerse el idioma: un dialecto samoyedo-lituano del guaraní, con inflexiones de árabe clásico. También se descifró el contenido: nociones de análisis combinatorio, ilustradas por ejemplos de variaciones con repetición ilimitada. Esos ejemplos permitieron que un bibliotecario de genio descubiera la ley fundamental de la Biblioteca. Este pensador observó que todos los libros, por diversos que sean, constan de elementos iguales: el espacio, el punto, la coma, las veintidós letras de alfabeto. También alegó un hecho que todos los viajeros han confirmado: *No hay, en la vasta Biblioteca, dos libros idénticos.* De esas premisas incontrovertibles dedujo que la Biblioteca es total y que sus anaqueles registran todas las posibles combinaciones de los veintitantos símbolos ortográficos (número, aunque vastísimo, no infinito) o sea todo lo que es dable expresar: en todos los idiomas. Todo: la historia minuciosa del porvenir, las autobiografías de los arcángeles, el catálogo fiel de la Biblioteca, miles y miles de catálogos falsos, la demostración de la falacia de esos catálogos, la demostración de la falacia del catálogo verdadero, el evangelio gnóstico de Basílides,[4] el comentario de ese evangelio, el comentario del comentario de ese evangelio, la relación verídica de tu muerte, la versión de cada libro a todas las lenguas, las interpolaciones de cada libro en todos los libros.

Cuando se proclamó que la Biblioteca abarcaba todos los libros, la primera impresión fué de extravagante felicidad. Todos los hombres se sintieron señores de un tesoro intacto y secreto. No había problema personal o mundial cuya elocuente solución no existiera: en algún hexágono. El universo estaba justificado, el universo bruscamente usurpó las dimensiones ilimitadas de la esperanza. En aquel

*Antes, por cada tres hexágonos había un hombre. El suicidio y la enfermedades pulmonares han destruído esa proporción. Memoria de indecible melancolía: a veces he viajado muchas noches por corredores y escaleras pulidas sin hallar un solo bibliotecario.

[4] **Basílides** (vivió en Alejandría hacia 130): uno de los principales representantes de la filosofía gnóstica especulativa. Predicó la existencia de un Dios supremo. Véase el ensayo de Borges "Una vindicación de falso Basílides" en *Discusión*.

tiempo se habló mucho de las Vindicaciones: libros de apología y de profecía, que para siempre vindicaban los actos de cada hombre del universo y guardaban arcanos prodigiosos para su porvenir. Miles de codiciosos abandonaron el dulce hexágono natal y se lanzaron escaleras arriba, urgidos por el vano propósito de encontrar su Vindicación. Esos peregrinos disputaban en los corredores estrechos, proferían oscuras maldiciones, se estrangulaban en las escaleras divinas, arrojaban los libros engañosos al fondo de los túneles, morían despeñados por los hombres de regiones remotas. Otros se enloquecieron . . . Las Vindicaciones existen (yo he visto dos que se refieren a personas del porvenir, a personas acaso no imaginarias) pero los buscadores no recordaban que la posibilidad de que un hombre encuentre la suya, o alguna pérfida variación de la suya, es computable en cero.

También se esperó entonces la aclaración de los misterios básicos de la humanidad: el origen de la Biblioteca y del tiempo. Es verosímil que esos graves misterios puedan explicarse en palabras: si no basta el lenguaje de los filósofos, la multiforme Biblioteca habrá producido el idioma inaudito que se requiere y los vocabularios y gramáticas de ese idioma. Hace ya cuatro siglos que los hombres fatigan los hexágonos . . . Hay buscadores oficiales, *inquisidores.* Yo los he visto en el desempeño de su función: llegan siempre rendidos; hablan de una escalera sin peldaños que casi los mató; hablan de galerías y de escaleras con el bibliotecario; alguna vez, toman el libro más cercano y lo hojean, en busca de palabras infames. Visiblemente, nadie espera descubrir nada.

A la desaforada esperanza, sucedió, como es natural, una depresión excesiva. La certidumbre de que algún anaquel en algún hexágono encerraba libros preciosos y de que esos libros preciosos eran inaccesibles, pareció casi intolerable. Una secta blasfema sugirió que cesaran las buscas y que todos los hombres barajaran letras y símbolos, hasta construir, mediante un improbable don del azar, esos libros canónicos. Las autoridades se vieron obligadas a promulgar órdenes severas. La secta desapareció, pero en mi niñez he visto hombres viejos que largamente se ocultaban en las letrinas, con unos discos de metal en un cubilete prohibido, y débilmente remedaban el divino desorden.

Otros, inversamente, creyeron que lo primordial era eliminar las obras inútiles. Invadían los hexágonos, exhibían credenciales no siempre falsas, hojeaban con fastidio un volumen y condenaban anaqueles enteros: a su furor higiénico, ascético, se debe la insensata perdición de millones de libros. Su nombre es execrado, pero quienes deploran los "tesoros" que su frenesí destruyó, negligen dos hechos notorios. Uno: la Biblioteca es tan enorme que toda reducción de origen humano resulta infinitesimal. Otro: cada ejemplar es único, irreemplazable, pero (como la Biblioteca es total) hay siempre varios centenares de miles de facsímiles imperfectos: de obras que no difieren sino por una letra o por una coma. Contra la opinión general, me atrevo a suponer que las consecuencias de las depredaciones cometidas por los Purificadores, han sido exageradas por el horror que esos fanáticos provocaron. Los urgía el delirio de conquistar los libros del Hexágono Carmesí: libros de formato menor que los naturales; omnipotentes, ilustrados y mágicos.

También sabemos de otra superstición de aquel tiempo: la del Hombre del Libro. En algún anaquel de algún hexágono (razonaron los hombres) debe existir un libro que sea la cifra y el compendio perfecto *de todos los demás*: algún bibliotecario lo ha recorrido y es análogo a un dios. En el lenguaje de esta zona persisten aún vestigios del culto de ese funcionario remoto. Muchos peregrinaron en busca de Él. Durante un siglo fatigaron en vano los más diversos rumbos. ¿Cómo localizar el venerado hexágono secreto que lo hospedaba? Alguien propuso un método regresivo: Para localizar el libro A, consultar previamente un libro B que indique el sitio de A; para localizar el libro B, consultar previamente un libro C, y así hasta lo infinito . . . En aventuras de ésas, he prodigado y consumido mis años. No me parece inverosímil que en algún anaquel del universo haya un libro total;* ruego a los dioses ignorados que un hombre —¡uno solo, aunque sea, hace miles de años!— lo haya examinado y leído. Si el honor y la sabiduría y la felicidad no son para mí, que sean para otros. Que el cielo exista, aunque mi lugar sea el infierno. Que yo sea ultrajado y aniquilado, pero que en un instante, en un ser, Tu enorme Biblioteca se justifique.

Afirman los impíos que el disparate es normal en la Biblioteca y que lo razonable (y aun la humilde y pura coherencia) es una casi

*Lo repito: basta que un libro sea posible para que exista. Sólo está excluído lo imposible. Por ejemplo: ningún libro es también una escalera, aunque sin duda hay libros que discuten y niegan y demuestran esa posibilidad y otros cuya estructura corresponde a la de una escalera.

milagrosa excepción. Hablan (lo sé) de "la Biblioteca febril, cuyos azarosos volúmenes corren el incesante albur de cambiarse en otros y que todo lo afirman, lo niegan y lo confunden como una divinidad que delira". Esas palabras, que no sólo denuncian el desorden sino que lo ejemplifican también, notoriamente prueban su gusto pésimo y su desesperada ignorancia. En efecto, la Biblioteca incluye todas las estructuras verbales, todas las variaciones que permiten los veinticinco símbolos ortográficos, pero no un solo disparate absoluto. Inútil observar que el mejor volumen de los muchos hexágonos que administro se titula *Trueno peinado*, y otro *El calambre de yeso* y otro *Axaxaxas mlö*. Esas proposiciones, a primera vista incoherentes, sin duda son capaces de una justificación criptográfica o alegórica; esa justificación es verbal y, *ex hypothesi*,[5] ya figura en la Biblioteca. No puedo combinar unos caracteres

dhcmrlchtdj

que la divina Biblioteca no haya previsto y que en alguna de sus lenguas secretas no encierren un terrible sentido. Nadie puede articular una sílaba que no esté llena de ternuras y de temores; que no sea en alguno de esos lenguajes el nombre poderoso de un dios. Hablar es incurrir en tautologías. Esta epístola inútil y palabrera ya existe en uno de los treinta volúmenes de los cinco anaqueles de uno de los incontables hexágonos —y también su refutación. (Un número *n* de lenguajes posibles usa el mismo vocabulario; en algunos el símbolo *biblioteca* admite la correcta definición *ubicuo y perdurable sistema de galerías hexagonales*, pero *biblioteca* es *pan* o *pirámide* o cualquier otra cosa, y las siete palabras que la definen tienen otro valor. Tú, que me lees, ¿estás seguro de entender mi lenguaje?)

La escritura metódica me distrae de la presente condición de los hombres. La certidumbre de que todo está escrito nos anula o nos afantasma. Yo conozco distritos en que los jóvenes se prosternan ante los libros y besan con barbarie las páginas, pero no saben descifrar una sola letra. Las epidemias, las discordias heréticas, las peregrinaciones que inevitablemente degeneran en bandolerismo, han diezmado la población. Creo haber mencionado los suicidios, cada año más frecuentes. Quizá me engañen la vejez y el temor, pero sospecho que la especie humana —la única— está por extinguirse y que

[5] **ex hypothesi** (latín): hipotéticamente.

la Biblioteca perdurará: iluminada, solitaria, infinita, perfectamente inmóvil, armada de volúmenes preciosos, inútil, incorruptible, secreta.

Acabo de escribir *infinita.* No he interpolado ese adjetivo por una costumbre retórica; digo que no es ilógico pensar que el mundo es infinito. Quienes lo juzgan limitado, postulan que en lugares remotos los corredores y escaleras y hexágonos pueden inconcebiblemente cesar —lo cual es absurdo. Quienes lo imaginan sin límites, olvidan que los tiene el número posible de libros. Yo me atrevo a insinuar esta solución del antiguo problema: *La Biblioteca es ilimitada y periódica.* Si un eterno viajero la atravesara en cualquier dirección, comprobaría al cabo de los siglos que los mismos volúmenes se repiten en el mismo desorden (que, repetido, sería un orden: el Orden). Mi soledad se alegra con esa elegante esperanza.*

Mar del Plata, 1941

FUNES EL MEMORIOSO

Lo recuerdo (yo no tengo derecho a pronunciar ese verbo sagrado, sólo un hombre en la tierra tuvo derecho y ese hombre ha muerto) con una oscura pasionaria[1] en la mano, viéndola como nadie la ha visto, aunque la mirara desde el crepúsculo del día hasta

---

*Letizia Álvarez de Toledo ha observado que la vasta Biblioteca es inútil; en rigor, bastaría *un solo volumen,* de formato común, impreso en cuerpo nueve o en cuerpo diez, que constara de un número infinito de hojas infinitamente delgadas. (Cavalieri a principios del siglo XVII, dijo que todo cuerpo sólido es la superposición de un número infinito de planos.) El manejo de ese *vademecum* sedoso no sería cómodo: cada hoja aparente se desdoblaría en otras análogas; la inconcebible hoja central no tendría revés.

[1] **pasionaria:** flor de color guinda subido —a veces matizado de morado oscuro— de la planta del mismo nombre; originaria del Brasil.

el de la noche, toda una vida entera. Lo recuerdo, la cara taciturna y aindiada[2] y singularmente *remota*,[3] detrás del cigarrillo. Recuerdo (creo) sus manos afiladas de trenzador.[4] Recuerdo cerca de esas manos un mate,[5] con las armas de la Banda Oriental;[6] recuerdo en la ventana de la casa una estera amarilla, con un vago paisaje lacustre. Recuerdo claramente su voz; la voz pausada, resentida y nasal del orillero[7] antiguo, sin los silbidos italianos[8] de ahora. Más de tres veces no lo vi; la última, en 1887 . . . Me parece muy feliz el proyecto de que todos aquellos que lo trataron escriban sobre él; mi testimonio será acaso el más breve y sin duda el más pobre, pero no el menos imparcial del volumen que editarán ustedes. Mi deplorable condición de argentino me impedirá incurrir en el ditirambo —género obligatorio en el Uruguay, cuando el tema es un uruguayo. *Literato, cajetilla,*[9] *porteño*;[10] Funes no dijo esas injuriosas palabras, pero de un modo suficiente me consta que yo representaba para él esas desventuras. Pedro Leandro Ipuche ha escrito que Funes era un precursor de los superhombres, "un Zarathustra[11] cimarrón[12] y vernáculo";[13] no lo discuto, pero no hay que olvidar que

[2] **aindiada:** de facciones semejantes a las del indio.

[3] **remota** (fig.)**:** que no es verosímil, o está muy distante de suceder.

[4] **trenzador:** el que hace trenzas ristras o sartas.

[5] **mate:** vasija para tomar la infusión de yerba mate. Se usa en la Argentina, Uruguay y Paraguay. Se hace con la corteza de ciertas calabazas o del coco. Algunos mates se labran y pintan primorosamente.

[6] **Banda Oriental:** El mate del personaje Funes tenía labrado en su corteza el escudo de la Banda Oriental, territorio que se extendía desde la margen izquierda de los ríos de la Plata y Uruguay hasta las posesiones portugueses. Su extensión varió según fueron avanzando los portugueses hacia el Sur y el Oeste. Cuando la Banda Oriental (hoy Uruguay) se constituyó en estado independiente fijó sus límites con el imperio del Brasil en el Río Cuareim.

[7] **orillero:** En la Argentina se llama así al que vive en las orillas o arrabales de una población. El adjetivo tiene connotaciones peyorativas: persona de los bajos fondos o del hampa.

[8] **los silbidos italianos:** Alusión a la enorme influencia étnica y por consiguiente lingüística de la inmigración italiana en las tierras del Plata.

[9] **cajetilla:** En la Argentina y en Uruguay, nombre que dan los campesinos, en sentido despectivo, a los habitantes de la ciudad, presumidos y remilgados.

[10] **porteño:** Se llama así a los naturales de Buenos Aires, y también a los de su provincia. Para algunas gentes del campo, como en este caso, el apelativo puede tener un sentido peyorativo.

[11] **Zarathustra:** legendario fundador de la religión de los magos o Zoroastrismo. El filósofo alemán Nietzsche utiliza el personaje en una de sus obras más famosas como vocero de su filosofía del nuevo ideal del superhombre.

[12] **cimarrón:** salvaje, montaraz.

[13] **vernáculo:** propio del país.

era también un compadrito de Fray Bentos,[14] con ciertas incurables limitaciones.

Mi primer recuerdo de Funes es muy perspicuo.[15] Lo veo en un atardecer de marzo o febrero del año ochenta y cuatro. Mi padre, ese año, me había llevado a veranear a Fray Bentos. Yo volvía con mi primo Bernardo Haedo de la estancia de San Francisco. Volvíamos cantando, a caballo, y ésa no era la única circunstancia de mi felicidad. Después de un día bochornoso, una enorme tormenta color pizarra había escondido el cielo. La alentaba el viento del Sur, ya se enloquecían los árboles; yo tenía el temor (la esperanza) de que nos sorprendiera en un descampado el agua elemental. Corrimos una especie de carrera con la tormenta. Entramos en un callejón que se ahondaba entre dos veredas altísimas de ladrillo. Había oscurecido de golpe; oí rápidos y casi secretos pasos en lo alto; alcé los ojos y vi un muchacho que corría por la estrecha y rota vereda como por una estrecha y rota pared. Recuerdo la bombacha,[16] las alpargatas, recuerdo el cigarrillo en el duro rostro, contra el nubarrón ya sin límites. Bernardo le gritó imprevisiblemente: *¿Qué horas son, Ireneo?* Sin consultar el cielo, sin detenerse, el otro respondió: *Faltan cuatro minutos para las ocho, joven Bernardo Juan Francisco.* La voz era aguda, burlona.

Yo soy tan distraído que el diálogo que acabo de referir no me hubiera llamado la atención si no lo hubiera recalcado mi primo, a quien estimulaban (creo) cierto orgullo local, y el deseo de mostrarse indiferente a la réplica tripartita del otro.

Me dijo que el muchacho del callejón era un tal Ireneo Funes, mentado[17] por algunas rarezas como la de no darse con nadie[18] y la de saber siempre la hora, como un reloj. Agregó que era hijo de una planchadora del pueblo, María Clementina Funes, y que algunos decían que su padre era un médico del saladero, un inglés O'Connor, y otros un domador o rastreador del departamento del Salto. Vivía con su madre, a la vuelta de la quinta de los Laureles.

Los años ochenta y cinco y ochenta y seis veraneamos en la ciudad de Montevideo. El ochenta y siete volví a Fray Bentos. Pregunté,

---

[14] **Fray Bentos:** ciudad del Uruguay, capital del departamento de Río Negro.

[15] **perspicuo:** claro, transparente.

[16] **bombacha:** pantalón muy ancho, ceñido por la parte inferior. Usado en el campo argentino y uruguayo.

[17] **mentado:** que tiene fama.

[18] **no darse con nadie:** no confiar en nadie.

como es natural, por todos los conocidos y, finalmente, por el "cronométrico Funes". Me contestaron que lo había volteado[19] un redomón[20] en la estancia de San Francisco, y que había quedado tullido, sin esperanza. Recuerdo la impresión de incómoda magia que la noticia me produjo: la única vez que yo lo vi, veníamos a caballo de San Francisco y él andaba en un lugar alto; el hecho, en boca de mi primo Bernardo, tenía mucho de sueño elaborado con elementos anteriores. Me dijeron que no se movía del catre, puestos los ojos en la higuera del fondo o en una telaraña. En los atardeceres, permitía que lo sacaran a la ventana. Llevaba la soberbia hasta el punto de simular que era benéfico el golpe que lo había fulminado . . . Dos veces lo vi atrás de la reja, que burdamente recalcaba su condición de eterno prisionero: una, inmóvil, con los ojos cerrados; otra, inmóvil también, absorto en la contemplación de un oloroso gajo de santonina.[21]

No sin alguna vanagloria yo había iniciado en aquel tiempo el estudio metódico del latín. Mi valija incluía el *De viris illustribus* de Lhomond, el *Thesaurus* de Quicherat, los comentarios de Julio César y un volumen impar de la *Naturalis historia* de Plinio,[22] que excedía (y sigue excediendo) mis módicas virtudes de latinista. Todo se propala en un pueblo chico; Ireneo, en su rancho de las orillas, no tardó en enterarse del arribo de esos libros anómalos. Me dirigió una carta florida y ceremoniosa, en la que recordaba nuestro encuentro, desdichadamente fugaz, "del día siete de febrero del año ochenta y cuatro", ponderaba los gloriosos servicios que don Gregorio Haedo, mi tío, finado[23] ese mismo año, "había prestado a las dos patrias en la valerosa jornada de Ituzaingó",[24] y me solicitaba el préstamo de cualquiera de los volúmenes, acompañado de un diccionario "para la buena inteligencia del texto original, porque todavía ignoro el latín". Prometía devolverlos en buen estado, casi inmediatamente. La letra era perfecta, muy perfilada; la ortografía,

---

19 **volteado:** derribado violentamente.

20 **redomón:** caballo no domado por completo.

21 **santonina:** substancia neutra blanca, cristalina, amarga y acre, usada en medicina como vermífugo. Se extrae de la cabezuela de la planta santónica.

22 **Plinio** (23–79): naturalista romano. Su *Naturalis historia* enciclopedia en 37 libros, fue de gran valor para la historia de la ciencia antigua. Murió en la famosa erupción del Vesubio del año 79.

23 **finado:** muerto.

24 **Ituzaingó:** batalla ganada en 1827 por los argentinos y uruguayos, el mando de Alvear, frente a los brasileños.

del tipo que Andrés Bello[25] preconizó: *i* por *y*, *j* por *g*. Al principio, temí naturalmente una broma. Mis primos me aseguraron que no, que eran cosas de Ireneo. No supe si atribuir a descaro, a ignorancia o a estupidez la idea de que el arduo latín no requería mas instrumento que un diccionario; para desengañarlo con plenitud le mandé el *Gradus ad Parnassum* de Quicherat y la obra de Plinio.

El catorce de febrero me telegrafiaron de Buenos Aires que volviera inmediatamente, porque mi padre no estaba "nada bien". Dios me perdone; el prestigio de ser el destinatario de un telegrama urgente, el deseo de comunicar a todo Fray Bentos la contradicción entre la forma negativa de la noticia y el perentorio adverbio, la tentación de dramatizar mi dolor, fingiendo un viril estoicismo, tal vez me distrajeron de toda posibilidad de dolor. Al hacer la valija, noté que me faltaban el *Gradus* y el primer tomo de la *Naturalis historia*. El "Saturno" zarpaba al día siguiente, por la mañana; esa noche, después de cenar, me encaminé a casa de Funes. Me asombró que la noche fuera no menos pesada que el día.

En el decente rancho, la madre de Funes me recibió.

Me dijo que Ireneo estaba en la pieza del fondo y que no me extrañara encontrarla a oscuras, porque Ireneo sabía pasarse las horas muertas sin encender la vela. Atravesé el patio de baldosa, el corredorcito; llegué al segundo patio. Había una parra; la oscuridad pudo parecerme total. Oí de pronto la alta y burlona voz de Ireneo. Esa voz hablaba en latín; esa voz (que venía de la tiniebla) articulaba con moroso deleite un discurso o plegaria o incantación. Resonaron las sílabas romanas en el patio de tierra; mi temor las creía indescifrables, interminables; después, en el enorme diálogo de esa noche, supe que formaban el primer párrafo del vigésimocuarto capítulo del libro séptimo de la *Naturalis historia*. La materia de ese capítulo es la memoria; las palabras últimas fueron *ut nihil non iisdem verbis readeretur auditum*.[26]

Sin el menor cambio de voz, Ireneo me dijo que pasara. Estaba en el catre, fumando. Me parece que no le vi la cara hasta el alba; creo rememorar el ascua momentánea del cigarrillo. La pieza olía va-

---

[25] **Andrés Bello** (1781–1864): escritor venezolano, gran filólogo, autor de la *Gramática de la lengua castellana*, que, con las notas añadidas por el colombiano Rufino J. Cuervo, es una de las obras fundamentales para el estudio de la gramática española.

[26] **ut nihil . . . auditum** (latín): para que se pueda repetir lo oído palabra por palabra.

gamente a humedad. Me senté; repetí la historia del telegrama y de la enfermedad de mi padre.

Arribo, ahora, al más difícil punto de mi relato. Éste (bueno es que ya lo sepa el lector) no tiene otro argumento que ese diálogo de hace ya medio siglo. No trataré de reproducir sus palabras, irrecuperables ahora. Prefiero resumir con veracidad las muchas cosas que me dijo Ireneo. El estilo indirecto es remoto y débil; yo sé que sacrifico la eficacia de mi relato; que mis lectores se imaginen los entrecortados períodos que me abrumaron esa noche.

Ireneo empezó por enumerar, en latín y español, los casos de memoria prodigiosa registrados por la *Naturalis historia*: Ciro, rey de los persas, que sabía llamar por su nombre a todos los soldados de sus ejércitos; Mitrídates Eupator, que administraba la justicia en los 22 idiomas de su imperio; Simónides, inventor de la mnemotecnia; Metrodoro, que profesaba el arte de repetir con fidelidad lo escuchado una sola vez. Con evidente buena fe se maravilló de que tales casos maravillaran. Me dijo que antes de esa tarde lluviosa en que lo volteó el azulejo,[27] él había sido lo que son todos los cristianos: un ciego, un sordo, un abombado,[28] un desmemoriado. (Traté de recordarle su percepción exacta del tiempo, su memoria de nombres propios; no me hizo caso.) Diez y nueve años había vivido como quien sueña: miraba sin ver, oía sin oír, se olvidaba de todo, de casi todo. Al caer, perdió el conocimiento; cuando lo recobró, el presente era casi intolerable de tan rico y tan nítido, y también las memorias más antiguas y más triviales. Poco después averiguó que estaba tullido. El hecho apenas le interesó. Razonó (sintió) que la inmovilidad era un precio mínimo. Ahora su percepción y su memoria eran infalibles.

Nosotros, de un vistazo, percibimos tres copas en una mesa; Funes, todos los vástagos y racimos y frutos que comprende una parra. Sabía las formas de las nubes australes del amanecer del treinta de abril de mil ochocientos ochenta y dos y podía compararlas en el recuerdo con las vetas de un libro en pasta española que sólo había mirado una vez y con las líneas de la espuma que un remo levantó en el Río Negro[29] la víspera de la acción del Quebracho.[30] Esos recuerdos no eran simples; cada imagen visual estaba ligada a sensa-

[27] **azulejo:** caballo de color azulejo o azulino.

[28] **abombado:** aturdido.

[29] **Río Negro:** río de la república del Uruguay, afluente del Río Uruguay.

[30] **Quebracho:** batalla dada en ese lugar del Uruguay.

ciones musculares, térmicas, etc. Podía reconstruir todos los sueños, todos los entresueños. Dos o tres veces había reconstruído un día entero; no había dudado nunca, pero cada reconstrucción había requerido un día entero. Me dijo: *Más recuerdos tengo yo solo que los que habrán tenido todos los hombres desde que el mundo es mundo.* Y también: *Mis sueños son como la vigilia de ustedes.* Y también, hacia el alba: *Mi memoria, señor, es como vaciadero de basuras.* Una circunferencia en un pizarrón, un triángulo rectángulo, un rombo, son formas que podemos intuir plenamente; lo mismo le pasaba a Ireneo con las aborrascadas crines de un potro, con una punta[31] de ganado en una cuchilla,[32] con el fuego cambiante y con la innumerable ceniza, con las muchas caras de un muerto en un largo velorio. No sé cuántas estrellas veía en el cielo.

Esas cosas me dijo; ni entonces ni después las he puesto en duda. En aquel tiempo no había cinematógrafos ni fonógrafos; es, sin embargo, inverosímil y hasta increíble que nadie hiciera un experimento con Funes. Lo cierto es que vivimos postergando todo lo postergable; tal vez todos sabemos profundamente que somos inmortales y que tarde o temprano, todo hombre hará todas las cosas y sabrá todo.

La voz de Funes, desde la oscuridad, seguía hablando.

Me dijo que hacia 1886 había discurrido un sistema original de numeración y que en muy pocos días había rebasado el veinticuatro mil. No lo había escrito, porque lo pensado una sola vez ya no podía borrársele. Su primer estímulo, creo, fué el desagrado de que los treinta y tres orientales[33] requirieran dos signos y tres palabras, en lugar de una sola palabra y un solo signo. Aplicó luego ese disparatado principio a los otros números. En lugar de siete mil trece, decía (por ejemplo) *Máximo Pérez*; en lugar de siete mil catorce, *El Ferrocarril*; otros números eran *Luis Melián Lafinur*, *Olimar*, *azufre*, *los bastos*, *la ballena*, *el gas*, *la caldera*, *Napoleón*, *Agustín de Vedia*. En lugar de quinientos, decía *nueve*. Cada palabra tenía un signo particular, una especie de marca; las últimas eran muy complicadas . . . Yo traté de explicarle que esa rapsodia de voces inconexas era preci-

[31] **punta:** multitud de animales que siguen a otros o marchan conjuntamente.

[32] **cuchilla:** en Sudamérica, loma, cumbre, o meseta muy prolongadas o alargadas.

[33] **los treinta y tres orientales:** los 33 patriotas que en abril de 1825 iniciaron la independencia del Uruguay frente al Brasil.

samente lo contrario de un sistema de numeración. Le dije que decir 365 era decir tres centenas, seis decenas, cinco unidades; análisis que no existe en los "números" *El Negro Timoteo* o *manta de carne.* Funes no me entendió o no quiso entenderme.

Locke,[34] en el siglo XVII, postuló (y reprobó) un idioma imposible en el que cada cosa individual, cada piedra, cada pájaro y cada rama tuviera un nombre propio; Funes proyectó alguna vez un idioma análogo, pero lo desechó por parecerle demasiado general, demasiado ambiguo. En efecto, Funes no sólo recordaba cada hoja de cada árbol de cada monte, sino cada una de las veces que la había percibido o imaginado. Resolvió reducir cada una de sus jornadas pretéritas a unos setenta mil recuerdos, que definiría luego por cifras. Lo disuadieron dos consideraciones: la conciencia de que la tarea era interminable, la conciencia de que era inútil. Pensó que en la hora de la muerte no habría acabado aún de clasificar todos los recuerdos de la niñez.

Los dos proyectos que he indicado (un vocabulario infinito para la serie natural de los números, un inútil catálogo mental de todas las imágenes del recuerdo) son insensatos, pero revelan cierta balbuciente grandeza. Nos dejan vislumbrar o inferir el vertiginoso mundo de Funes. Éste, no lo olvidemos, era casi incapaz de ideas generales, platónicas. No sólo le costaba comprender que el símbolo genérico *perro* abarcara tantos individuos dispares de diversos tamaños y diversa forma; le molestaba que el perro de las tres y catorce (visto de perfil) tuviera el mismo nombre que el perro de las tres y cuarto (visto de frente). Su propia cara en el espejo, sus propias manos, lo sorprendían cada vez. Refiere Swift[35] que el emperador de Lilliput discernía el movimiento del minutero; Funes discernía continuamente los tranquilos avances de la corrupción, de las caries, de la fatiga. Notaba los progresos de la muerte, de la humedad. Era el solitario y lúcido espectador de un mundo multiforme, instantáneo y casi intolerablemente preciso. Babilonia, Londres y Nueva York han abrumado con feroz esplendor la imaginación de los hombres; nadie, en sus torres populosas o en sus avenidas urgentes, ha sentido el calor y la presión de una realidad tan infatigable como la que día y noche convergía sobre el infeliz Ireneo, en su pobre arrabal suda-

---

[34] **John Locke** (1632–1704): filósofo inglés, autor del *Essay Concerning Human Understanding.*

[35] **Jonathan Swift** (1667–1745): escritor inglés, autor de *Gulliver's Travels.*

mericano. Le era muy difícil dormir. Dormir es distraerse del mundo; Funes, de espaldas en el catre, en la sombra, se figuraba cada grieta y cada moldura de las casas precisas que lo rodeaban. (Repito que el menos importante de sus recuerdos era más minucioso y más vivo que nuestra percepción de un goce físico o de un tormento físico.) Hacia el Este, en un trecho no amanzanado,[36] había casas nuevas, desconocidas. Funes las imaginaba negras, compactas, hechas de tiniebla homogénea; en esa dirección volvía la cara para dormir. También solía imaginarse en el fondo del río, mecido y anulado por la corriente.

Había aprendido sin esfuerzo el inglés, el francés, el portugués, el latín. Sospecho, sin embargo, que no era muy capaz de pensar. Pensar es olvidar diferencias, es generalizar, abstraer. En el abarrotado mundo de Funes no había sino detalles, casi inmediatos.

La recelosa claridad de la madrugada entró por el patio de tierra.

Entonces vi la cara de la voz que toda la noche había hablado. Ireneo tenía diecinueve años; había nacido en 1868; me pareció monumental como el bronce, más antiguo que Egipto, anterior a las profecías y a las pirámides. Pensé que cada una de mis palabras (que cada uno de mis gestos) perduraría en su implacable memoria; me entorpeció el temor de multiplicar ademanes inútiles.

Ireneo Funes murió en 1889, de una congestión pulmonar.

1942

---

[36] **amanzanado:** dividido en manzanas o cuadras de edificios.

LA MUERTE Y LA BRÚJULA

A Mandie Molina Vedia

De los muchos problemas que ejercitaron la temeraria perspicacia de Lönnrot, ninguno tan extraño —tan rigurosamente extraño, diremos— como la periódica serie de hechos de sangre que culminaron en la quinta de Triste-le-Roy, entre el interminable olor de los eucaliptos. Es verdad que Erik Lönnrot no logró impedir el último crimen, pero es indiscutible que lo previó. Tampoco adivinó la identidad del infausto asesino de Yarmolinksy, pero sí la secreta morfología de la malvada serie y la participación de Red Scharlach, cuyo segundo apodo es Scharlach el Dandy. Ese criminal (como tantos) había jurado por su honor la muerte de Lönnort, pero éste nunca se dejó intimidar. Lönnrot se creía un puro razonador, un Auguste Dupin,[1] pero algo de aventurero había en él y hasta de tahur.[2]

El primer crimen ocurrió en le Hôtel du Nord —ese alto prisma que domina el estuario cuyas aguas tienen el color del desierto. A esa torre (que muy notoriamente reúne la aborrecida blancura de un sanatorio, la numerada divisibilidad de una cárcel y la apariencia general de una casa mala) arribó el día tres de diciembre el delegado de Podólsk al Tercer Congreso Talmúdico, doctor Marcelo Yarmolinsky, hombre de barba gris y ojos grises. Nunca sabremos si el Hôtel du Nord le agradó: lo aceptó con la antigua resignación que le había permitido tolerar tres años de guerra en los Cárpatos y tres

[1] **Auguste Dupin:** personaje del cuento de Edgar Allan Poe "The Murders in the Rue Morgue", que ha servido de modelo para incontables héroes-detectives en la novela policíaca moderna.

[2] **tahur:** jugador.

mil años de opresión y de pogroms. Le dieron un dormitorio en el piso R, frente a la *suite* que no sin esplendor ocupaba el Tetrarca de Galilea. Yarmolinsky cenó, postergó para el día siguiente el examen de la desconocida ciudad, ordenó en un *placard*[3] sus muchos libros y sus muy pocas prendas, y antes de media noche apagó la luz. (Así lo declaró el *chauffeur* del Tetrarca, que dormía en la pieza contigua.) El cuatro, a las 11 y 3 minutos a.m., lo llamó por teléfono un redactor de la *Yidische Zaitung*;[4] el doctor Yarmolinsky no respondió, lo hallaron en su pieza, ya levelmente oscura la cara, casi desnudo bajo una gran capa anacrónica. Yacía no lejos de la puerta que daba al corredor; una puñalada profunda le había partido el pecho. Un par de horas después, en el mismo cuarto, entre periodistas, fotógrafos y gendarmes, el comisario. Treviranus y Lönnrot debatían con serenidad el problema.

—No hay que buscarle tres pies al gato —decía Treviranus, blandiendo un imperioso cigarro—. Todos sabemos que el Tetrarca de Galilea posee los mejores zafiros del mundo. Alguien, para robarlos, habrá penetrado aquí por error. Yarmolinsky se ha levantado; el ladrón ha tenido que matarlo. ¿Qué le parece?

—Posible, pero no interesante —respondió Lönnrot—. Usted replicará que la realidad no tiene la menor obligación de ser interesante. Yo le replicaré que la realidad puede prescindir de esa obligación, pero no las hipótesis. En la que usted ha improvisado, interviene copiosamente el azar. He aquí un rabino muerto; yo preferiría una explicación puramente rabínica, no los imaginarios percances de un imaginario ladrón.

Treviranus repuso con mal humor:

—No me interesan las explicaciones rabínicas; me interesa la captura del hombre que apuñaló a este desconocido.

—No tan desconocido —corrigió Lönnrot—. Aquí están sus obras completas. —Indicó en el *placard* una fila de altos volúmenes: una *Vindicación de la cábala*;[5] un *Examen de la filosofía de Robert Fludd*;[6] una

---

[3] **placard** (francés): armario.
[4] **Yidische Zaitung:** periódico judío.
[5] **cábala:** interpretación mística de la Biblia por los judíos.
[6] **Robert Fludd** (1574–1637): filósofo místico inglés, estudió a Paracelso (médico suizo) y de su estudio derivó la teoría de que la verdad espiritual y la física son idénticas.

traducción literal del *sepher Yezirah*;[7] una *Biografía del Baal Shem*;[8] una *Historia de la secta de los Hasidim*;[9] un monografía (en alemán) sobre el Tetragrámaton;[10] otra, sobre la nomenclatura divina del Pentateuco. El comisario los miró con temor, casi con repulsión. Luego, se echó a reír.

—Soy un pobre cristiano —repuso—. Llévese todos esos mamotretos, si quiere; no tengo tiempo que perder en supersticiones judías.

—Quizá este crimen pertenece a la historia de las supersticiones judías —murmuró Lönnrot.

—Como el cristianismo —se atrevió a completar el redactor de la *Yidische Zaitung*. Era miope, ateo y muy tímido.

Nadie le contestó. Uno de los agentes había encontrado en la pequeña máquina de escribir una hoja de papel con esta sentencia inconclusa:

La primera letra del Nombre ha sido articulada.

Lönnrot se abstuvo de sonreír. Bruscamente bibliófilo o hebraísta, ordenó que le hicieran un paquete con los libros del muerto y los llevó a su departamento. Indiferente a la investigación policial, se dedicó a estudiarlos. Un libro en octavo mayor le reveló las enseñanzas de Israel Baal Shem Tobh, fundador de la secta de los Piadosos; otro, las virtudes y terrores del Tetragrámaton, que es el inefable Nombre de Dios; otro, la tesis de que Dios tiene un nombre secreto, en el cual está compendiado (como en la esfera de cristal que los persas atribuyen a Alejandro de Macedonia) su noveno atributo, la eternidad —es decir, el conocimiento inmediato de todas las cosas que serán, que son y que han sido en el universo. La tradición enumera noventa y nueve nombres de Dios; los hebraístas atribuyen ese imperfecto número al mágico temor de las cifras pares; los Hasidim

---

[7] **Sepher Yezirah:** el libro de la Formación, escritura hebrea redactada en Siria, o en Palestina, hacia el siglo VI. Véase el ensayo "Del culto de los libros".

[8] **Baal Shem:** Se llamaban así los hebreos que hiciesen milagros usando el nombre de Dios.

[9] **Hasidim:** secta hebrea, que se formó entre los años 300 y 175 antes de Cristo; sus miembros pretenden alcanzar un estado de santidad tan perfecto que pueden servir de mediadores entre Dios y la gente común.

[10] **Tetragrámaton** (griega): teniendo cuatro letras; son éstas los consonantes JHVH con que los hebreos indican el nombre de Dios (Jahveh).

razonan que ese hiato señala un centésimo nombre —el Nombre Absoluto.

De esa erudición lo distrajo, a los pocos días, la aparición del redactor de la *Yidische Zaitung*. Éste quería hablar del asesinato; Lönnrot prefirió hablar de los diversos nombres de Dios; el periodista declaró en tres columnas que el investigador Erik Lönnrot se había dedicado a estudiar los nombres de Dios para dar con el nombre del asesino. Lönnrot, habituado a las simplificaciones del periodismo, no se indignó. Uno de esos tenderos que han descubierto que cualquier hombre se resigna a comprar cualquier libro, publicó una edición popular de la *Historia de la secta de los Hasidim.*

El segundo crimen ocurrió la noche del tres de enero, en el más desamparado y vacío de los huecos suburbios occidentales de la capital. Hacia el amanecer, uno de los gendarmes que vigilan a caballo esas soledades vió en el umbral de una antigua pinturería[11] un hombre emponchado;[12] yacente. El duro rostro estaba como enmascarado de sangre; una puñalada profunda le había rajado el pecho. En la pared, sobre los rombos amarillos y rojos, había unas palabras en tiza. El gendarme las deletreó . . . Esa tarde, Treviranus y Lönnrot se dirigieron a la remota escena del crimen. A izquierda y a derecha del automóvil, la ciudad se desintegraba; crecía el firmamento y ya importaban poco las casas y mucho un horno de ladrillos o un álamo. Llegaron a su pobre destino: un callejón final de tapias rosadas que parecían reflejar de algún modo la desaforada puesta de sol. El muerto ya había sido identificado. Era Daniel Simón Azevedo hombre de alguna fama en los antiguos arrabales del Norte, que había ascendido de carrero a guapo[13] electoral, para degenerar después en ladrón y hasta en delator. (El singular estilo de su muerte les pareció adecuado: Azevedo era el último representante de una generación de bandidos que sabía el manejo del puñal, pero no del revólver.) Las palabras de tiza eran las siguientes:

La segunda letra del Nombre ha sido articulada.

---

[11] **pinturería:** término de uso vulgar en la Argentina para designar una tienda donde se venden pinturas y artículos varios para pintores.

[12] **emponchado:** cubierto con un poncho, prenda muy usada en Sud América y que consiste en una manta con un abertura central por la que se mete la cabeza.

[13] **guapo:** hombre pendenciero y reñidor.

El tercer crimen ocurrió la noche del tres de febrero. Poco antes de la una, el teléfono resonó en la oficina del comisario Treviranus. Con ávido sigilo, habló un hombre de voz gutural; dijo que se llamaba Ginzberg (o Ginsburg) y que estaba dispuesto a comunicar, por una remuneración razonable, los hechos de los dos sacrificios de Azevedo y de Yarmolinsky. Una discordia de silbidos y de cornetas ahogó la voz del delator. Después, la comunicación se cortó. Sin rechazar aún la posibilidad de una broma (al fin, estaban en carnaval) Treviranus indagó que le habían hablado desde *Liverpool House*, taberna de la Rue de Toulon —esa calle salobre en la que conviven el cosmorama y la lechería, el burdel y los vendedores de biblias. Treviranus habló con el patrón. Éste (Black Finnegan, antiguo criminal irlandés, abrumado y casi anulado por la decencia) le dijo que la última persona que había empleado el teléfono de la casa era un inquilino, un tal Gryphius, que acababa de salir con unos amigos. Treviranus fue en seguida a *Liverpool House*. El patrón le comunicó lo siguiente: Hace ocho días, Gryphius había tomado una pieza en los altos del bar. Era un hombre de rasgos afilados, de nebulosa barba gris, trajeado pobremente de negro; Finnegan (que destinaba esa habitación a un empleo que Treviranus adivinó) le pidió un alquiler sin duda excesivo; Gryphius inmediatamente pagó la suma estipulada. No salía casi nunca; cenaba y almorzaba en su cuarto; apenas si le conocían la cara en el bar. Esa noche, bajó a telefonear al despacho de Finnegan. Un cupé cerrado se detuvo ante la taberna. El cochero no se movió del pescante; algunos parroquianos recordaron que tenía máscara de oso. Del cupé bajaron dos arlequines; eran de reducida estatura y nadie pudo no observar que estaban muy borrachos. Entre balidos de cornetas, irrumpieron en el escritorio de Finnegan; abrazaron a Gryphius, que pareció reconocerlos, pero que les respondió con frialdad; cambiaron unas palabras en yiddish —él en voz baja, gutural, ellos con voces falsas, agudas— y subieron a la pieza del fondo. Al cuarto de hora bajaron los tres, muy felices; Gryphius, tambaleante, parecía tan borracho como los otros. Iba, alto y vertiginoso, en el medio, entre los arlequines enmascarados. (Una de las mujeres del bar recordó los losanges amarillos, rojos y verdes.) Dos veces tropezó; dos veces lo sujetaron los arlequines. Rumbo a la dársena inmediata, de agua rectangular, los tres subieron al cupé y desaparecieron. Ya en el estribo del cupé, el último arlequín garabateó una figura obscena y una sentencia en una de las pizarras de la recova.[14]

Treviranus vio la sentencia. Era casi previsible: decía:

La última de las letras del Nombre ha sido articulada.

Examinó, después, la piecita de Gryphius-Ginzberg. Había en el suelo una brusca estrella de sangre; en los rincones, restos de cigarrillos de marca húngara; en un armario, un libro en latín—el *Philologus hebraeograecus* (1739) de Leusden— con varias notas manuscritas. Treviranus lo miró con indignación e hizo buscar a Lönnrot. Éste, sin sacarse el sombrero, se puso a leer, mientras el comisario interrogaba a los contradictorios testigos del secuestro posible. A las cuatro salieron. En la torcida Rue de Toulon, cuando pisaban las serpentinas muertas del alba, Treviranus dijo:

—¿Y si la historia de esta noche fuera un simulacro!

Erik Lönnrot sonrió y le leyó con toda gravedad un pasaje (que estaba subrayado) de la disertación trigésima tercera del *Philologus*: *Dies Judacorum incipit a solis occasu usque ad solis occasum diei sequentis.* Esto quiere decir —agregó—, *El día hebreo empieza al anochecer y dura el siguiente anochecer.*

El otro ensayó una ironía.

—¿Ese dato es el más valioso que usted ha recogido esta noche?

—No. Más valiosa es una palabra que dijo Ginzberg.

Los diarios de la tarde no descuidaron esas desapariciones periódicas. *La Cruz de la Espada* las contrastó con la admirable disciplina y el orden del último Congreso Eremítico; Ernst Palast, en *El Mártir*, reprobó "las demoras intolerables de un pogrom clandestino y frugal, que ha necesitado tres meses para liquidar tres judíos"; la *Yidische Zaitung* rechazó la hipótesis horrorosa de un complot antisemita, "aunque muchos espíritus penetrantes no admiten otra solución del triple misterio"; el más ilustre de los pistoleros del Sur, Dandy Red Scharlach, juró que en su distrito nunca se producirían crímenes de ésos y acusó de culpable negligencia al comisario Franz Treviranus.

Éste recibió, la noche del primero de marzo, un imponente sobre sellado. Lo abrió: el sobre contenía una carta firmada *Baruj Spinoza* y un minucioso plano de la ciudad, arrancado notoriamente de un

[14] **recova:** puesto, generalmente al aire libre, donde se venden comestibles (principalmente gallinas y aves domésticas).

Baedeker. La carta profetizaba que el tres de marzo no habría un cuarto crimen, pues la pinturería del Oeste, la taberna de la Rue de Toulon y el Hôtel du Nord eran "los vértices perfectos de un triángulo equilátero y místico"; el plano demostraba en tinta roja la regularidad de ese triángulo. Treviranus leyó con resignación ese argumento *more geometrico*[15] y mandó la carta y el plano a casa de Lönnrot —indiscutible merecedor de tales locuras.

Erik Lönnrot las estudió. Los tres lugares, en efecto, eran equidistantes. Simetría en el tiempo. (3 de diciembre, 3 de enero, 3 de febrero); simetría en el espacio, también . . . Sintió, de pronto, que estaba por descifrar el misterio. Un compás y una brújula completaron esa brusca intuición. Sonrió, pronunció la palabra *Tetragrámaton* (de adquisición reciente) y llamó por teléfono al comisario. Le dijo:

—Gracias por ese triángulo equilátero que usted anoche me mandó. Me ha permitido resolver el problema. Mañana viernes los criminales estarán en la cárcel; podemos estar muy tranquilos.

—Entonces ¿no planean un cuarto crimen?

—Precisamente porque planean un cuarto crimen, podemos estar muy tranquilos. —Lönnrot colgó el tubo. Una hora después, viajaba en un tren de los Ferrocarriles Australes, rumbo a la quinta abandonada de Triste-le-Roy. Al sur de la ciudad de mi cuento[16] fluye un ciego riachuelo de aguas barrosas, infamado de curtiembres y de basuras. Del otro lado hay un suburbio fabril donde, al amparo de un caudillo barcelonés, medran los pistoleros. Lönnrot sonrió al pensar que el más afamado —Red Scharlach— hubiera dado cualquier cosa por conocer esa clandestina visita. Azevedo fue compañero de Scharlach; Lönnrot consideró la remota posibilidad de que la cuarta víctima fuera Scharlach. Después, la desechó . . . Virtualmente, había descifrado el problema; las meras circunstancias, la realidad (nombres, arrestos, caras, trámites judiciales y carcelarios), apenas le interesaban ahora. Quería pasear, quería descansar de tres meses de sedentaria investigación. Reflexionó que la explicación de los crímenes estaba en un triángulo anónimo y en una polvorienta palabra griega. El misterio casi le pareció cristalino; se abochornó de haberle dedicado cien días.

[15] **more geometrico** (latín): a la manera de geometría.

[16] La ciudad imaginaria donde sucede la acción del cuento está inspirada por la ciudad real que es Buenos Aires.

El tren paró en una silenciosa estación de cargas. Lönnrot bajó. Era una de esas tardes desiertas que parecen amaneceres. El aire de la turbia llanura era húmedo y frío. Lönnrot echó a andar por el campo. Vio perros, vio un furgón en una vía muerta, vio el horizonte, vio un caballo plateado que bebía el agua crapulosa de un charco. Oscurecía cuando vio el mirador rectangular de la quinta de Triste-le-Roy, casi tan alto como los negros eucaliptos que lo rodeaban. Pensó que apenas un amanecer y un ocaso (un viejo resplandor en el oriente y otro en el occidente) lo separaban de la hora anhelada por los buscadores del Nombre.

Una herrumbrada verja definía el perímetro irregular de la quinta. El portón principal estaba cerrado. Lönnrot, sin mucha esperanza de entrar, dio toda la vuelta. De nuevo ante el portón infranqueable, metió la mano entre los barrotes, casi maquinalmente, y dio con el pasador. El chirrido del hierro lo sorprendió. Con una pasividad laboriosa, el portón entero cedió.

Lönnrot avanzó entre los eucaliptos, pisando confundidas generaciones de rotas hojas rígidas. Vista de cerca, la casa de la quinta de Triste-le-Roy abundaba en inútiles simetrías y en repeticiones maniáticas: a una Diana glacial en un nicho lóbrego correspondía en un segundo nicho otra Diana; un balcón se reflejaba en otro balcón; dobles escalinatas se abrían en doble balaustrada. Un Hermes[17] de dos caras proyectaba una sombra monstruosa. Lönnrot rodeó la casa como había rodeado la quinta. Todo lo examinó; bajo el nivel de la terraza vio una estrecha persiana.

La empujó: unos pocos escalones de mármol descendían a un sótano. Lönnrot, que ya intuía las preferencias del arquitecto, adivinó que en el opuesto muro del sótano había otros escalones. Los encontró, subió, alzó las manos y abrió la trampa de salida.

Un resplandor lo guió a una ventana. La abrió: una luna amarilla y circular definía en el triste jardín dos fuentes cegadas. Lönnrot exploró la casa. Por antecomedores y galería salió a patios iguales y repetidas veces al mismo patio. Subió por escaleras polvorientas a antecámaras circulares; infinitamente se multiplicó en espejos opuestos; se cansó de abrir o entreabrir ventanas que le revelaban, afuera, el mismo desolado jardín desde varias alturas y varios ángulos; adentro, muebles con fundas amarillas y arañas embaladas en tar-

[17] **Hermes:** dios griego de la Elocuencia, del Comercio y de los Ladrones, y mensajero de los dioses.

latán.[18] Un dormitorio lo detuvo; en ese dormitorio, una sola flor en una copa de porcelana; al primer roce los pétalos antiguos se deshicieron. En el segundo piso, en el último, la casa le pareció infinita y creciente. *La casa no es tan grande*, pensó. *La agrandan la penumbra, la simetría, los espejos, los muchos años, mi desconocimiento, la soledad.*

Por una escalera espiral llegó al mirador. La luna de esa tarde atravesaba los losanges de las ventanas; eran amarillos, rojos y verdes. Lo detuvo un recuerdo asombrado y vertiginoso.

Dos hombres de pequeña estatura, feroces y fornidos, se arrojaron sobre él y lo desarmaron; otro, muy alto, lo saludó con gravedad y le dijo:

—Usted es muy amable. Nos ha ahorrado una noche y un día.

Era Red Scharlach. Los hombres maniataron a Lönnrot. Éste, al fin, encontró su voz.

—Scharlach ¿usted busca el Nombre Secreto?

Scharlach seguía de pie, indiferente. No había participado en la breve lucha, apenas si alargó la mano para recibir el revólver de Lönnrot. Habló; Lönnrot oyó en su voz una fatigada victoria, un odio del tamaño del universo, una tristeza no menor que aquel odio.

—No —dijo Scharlach—. Busco algo más efímero y deleznable, busco a Erik Lönnrot. Hace tres años, en un garito de la Rue de Toulon, usted mismo arrestó, e hizo encarcelar a mi hermano. En un cupé, mis hombres me sacaron del tiroteo con una bala policial en el vientre. Nueve días y nueve noches agonicé en esta desolada quinta simétrica; me arrasaba la fiebre, el odioso Jano[19] bifronte que mira los ocasos y las auroras daba horror a mi ensueño y a mi vigilia. Llegué a abominar de mi cuerpo, llegué a sentir que dos ojos, dos manos, dos pulmones, son tan monstruosos como dos caras. Un irlandés trató de convertirme a la fe de Jesús; me repetía la sentencia de los *goím*:[20] Todos los caminos llevan a Roma. De noche, mi delirio se alimentaba de esa metáfora: yo sentía que el mundo es un laberinto, del cual era imposible huir, pues todos los caminos, aun-

---

[18] **tarlatán:** tela de algodón muy ligera y muy rara.

[19] **Jano:** personaje mítico latino. Saturno le concedió la facultad de mirar al pasado y al porvenir simultaneamente; por eso se le representa con dos caras.

[20] **goím** (hebreo): los cristianos.

que fingieran ir al norte o al sur, iban realmente a Roma, que era también la cárcel cuadrangular donde agonizaba mi hermano y la quinta de Triste-le-Roy. En esas noches yo juré por el dios que ve con dos caras y por todos los dioses de la fiebre y de los espejos tejer un laberinto en torno del hombre que había encarcelado a mi hermano. Lo he tejido y es firme: los materiales son un heresiólogo muerto, una brújula, una secta del siglo XVIII, una palabra griega, un puñal, los rombos de una pinturería.

El primer término de la serie me fue dado por el azar. Yo había tramado con algunos colegas —entre ellos, Daniel Azevedo— el robo de los zafiros del Tetrarca. Azevedo nos traicionó: se emborrachó con el dinero que le habíamos adelantado y acometió la empresa el día antes. En el enorme hotel se perdió; hacia las dos de la mañana irrumpió en el dormitorio de Yarmolinsky. Éste, acosado por el insomnio, se había puesto a escribir. Verosímilmente, redactaba unas notas o un artículo sobre el Nombre de Dios; había escrito ya las palabras *La primera letra del Nombre ha sido articulada.* Azevedo le intimó silencio; Yarmolinsky alargó la mano hacia el timbre que despertaría todas la fuerzas del hotel; Azevedo le dio una sola puñalada en el pecho. Fue casi un movimiento reflejo; medio siglo de violencia le había enseñado que lo más fácil y seguro es matar . . . A los diez días yo supe por la *Yidische Zaitung* que usted buscaba en los escritos de Yarmolinsky la clave de la muerte de Yarmolinsky. Leí la *Historia de la secta de los Hasidim*; supe que el miedo reverente de pronunciar el Nombre de Dios había originado la doctrina de que ese Nombre es todopoderoso y recóndito. Supe que algunos Hasidim, en busca de ese Nombre secreto, habían llegado a cometer sacrificios humanos . . . Comprendí que usted conjeturaba que los Hasidim habían sacrificado al rabino; me dediqué a justificar esa conjetura.

Mercelo Yarmolinsky murió la noche del tres de diciembre; para el segundo "sacrificio" elegí la del tres de enero. Murió en el Norte; para el segundo "sacrificio" nos convenía un lugar del Oeste. Daniel Azevedo fue la víctima necesaria. Merecía la muerte: era un impulsivo, un traidor; su captura podía aniquilar todo el plan. Uno de los nuestros lo apuñaló; para vincular su cadáver al anterior, yo escribí encima de los rombos de la pinturería *La segunda letra del Nombre ha sido articulada.*

El tercer "crimen" se produjo el tres de febrero. Fue, como Treviranus adivinó, un mero simulacro. Gryphius-Ginzberg-Ginsburg soy yo; una semana interminable sobrellevé (suplementado por una tenue barba postiza) en ese perverso cubículo de la Rue de Toulon, hasta que los amigos me secuestraron. Desde el estribo del cupé, uno de ellos escribió en un pilar *La última de las letras del Nombre ha sido articulada.* Esa escritura divulgó que la serie de crímenes era *triple.* Así lo entendió el público; yo, sin embargo, intercalé repetidos indicios para que usted, el razonador Erik Lönnrot, comprendiera que es *cuádruple.* Un prodigio en el Norte, otros en el Este y en el Oeste, reclaman un cuarto prodigio en el Sur; el Tetragrámaton —el Nombre de Dios, JHVH— consta de *cuatro* letras; los arlequines y la muestra del pinturero sugieren *cuatro* términos. Yo subrayé cierto pasaje en el manual de Leusden; ese pasaje manifiesta que los hebreos computaban el día de ocaso a ocaso; ese pasaje da a entender que las muertes ocurrieron el *cuatro* de cada mes. Yo mandé el triángulo equilátero a Treviranus. Yo presentí que usted agregaría el punto que falta. El punto que determina un rombo perfecto, el punto que prefija el lugar donde una exacta muerte lo espera. Todo lo he premeditado, Erik Lönnrot, para atraerlo a usted a las soledades de Triste-le-Roy.

Lönnrot evitó los ojos de Scharlach. Miró los árboles y el cielo subdivididos en rombos turbiamente amarillos, verdes y rojos. Sintió un poco de frío y una tristeza impersonal, casi anónima. Ya era de noche; desde el polvoriento jardín subió el grito inútil de un pájaro. Lönnrot consideró por última vez el problema de las muertes simétricas y periódicas.

—En su laberinto sobran tres líneas —dijo por fin—. Yo sé de un laberinto griego que es una línea única, recta. En esa línea se han perdido tantos filósofos que bien puede perderse un mero *detective.* Scharlach, cuando en otro avatar usted me dé caza, finja (o cometa) un crimen en A, luego un segundo crimen en B, a 8 kilómetros de A, luego un tercer crimen en C, a 4 kilómetros de A y de B, a mitad de camino entre los dos. Aguárdeme después en D, a 2 kilómetros de A y de C, de nuevo a mitad de camino. Máteme en D, como ahora va a matarme en Triste-le-Roy.

—Para la otra vez que lo mate —replicó Scharlach— le prometo ese laberinto, que consta de una sola línea recta y que es invisible, incesante.

Retrocedió unos pasos. Después, muy cuidadosamente, hizo fuego.

1942

EL MILAGRO SECRETO

> Y Dios lo hizo morir durante cien años
> y luego lo animó y le dijo:
> —¿Cuánto tiempo has estado aquí?
> —Un día o parte de un día, respondió.
>
> *Alcorán*, II, 261.

La noche del catorce de marzo de 1939, en un departamento de la Zeltnergasse de Praga, Jaromir Hladík, autor de la inconclusa tragedia *Los enemigos*, de una *Vindicación de la eternidad* y de un examen de las indirectas fuentes judías de Jakob Boehme,[1] soñó con un largo ajedrez. No lo disputaban dos individuos sino dos familias ilustres; la partida había sido entablada hace muchos siglos; nadie era capaz de nombrar el olvidado premio, pero se murmuraba que era enorme y quizá infinito; las piezas y el tablero estaban en una torre secreta; Jaromir (en el sueño) era el primogénito de una de las familias hostiles; en los relojes resonaba la hora de la impostergable jugada; el soñador corría por las arenas de un desierto lluvioso y no lograba recordar las figuras ni las leyes del ajedrez. En ese punto, se despertó. Cesaron los estruendos de la lluvia y de los terribles relojes. Un ruido acompasado y unánime, cortado por algunas voces de mando, subía de la Zeltnergasse. Era el amanecer; las blindadas vanguardias del Tercer Reich entraban en Praga.

El diecinueve, las autoridades recibieron una denuncia; el mismo diecinueve, al atardecer, Jaromir Hladík fue arrestado. Lo condujeron a un cuartel aséptico y blanco, en la ribera opuesta del Mol-

[1] **Jakob Boehme** (1575–1624): místico alemán, estudioso de la Biblia y discípulo del médico suizo Paracelso.

dau.[2] No pudo levantar uno solo de los cargos de la Gestapo:[3] su apellido materno era Jaroslavski, su sangre era judía, su estudio sobre Boehme era judaizante, su firma dilataba el censo final de una protesta contra el Anschluss.[4] En 1928, había traducido el *Sepher Yezirah*[5] para la editorial Hermann Barsdorf; el efusivo catálogo de esa casa había exagerado comercialmente el renombre del traductor; ese catálogo fué hojeado por Julius Rothe, uno de los jefes en cuyas manos estaba la suerte de Hladík. No hay hombre que, fuera de su especialidad, no sea crédulo; dos o tres adjetivos en letra gótica bastaron para que Julius Rothe admitiera la preeminencia de Hladík y dispusiera que lo condenaran a muerte, *pour encourager les autres.* Se fijó el día veintinueve de marzo, a las nueve a.m. Esa demora (cuya importancia apreciará después el lector) se debía al deseo administrativo de obrar impersonal y pausadamente, como los vegetales y los planetas.

El primer sentimiento de Hladík fue de mero terror. Pensó que no lo hubieran arredrado la horca, la decapitación o el degüello, pero que morir fusilado era intolerable. En vano se redijo que el acto puro y general de morir era lo temible, no las circunstancias concretas. No se cansaba de imaginar esas circunstancias: absurdamente procuraba agotar todas las variaciones. Anticipaba infinitamente el proceso, desde el insomne amanecer hasta la misteriosa descarga. Antes del día prefijado por Julius Rothe, murió centenares de muertes, en patios cuyas formas y cuyos ángulos fatigaban la geometría, ametrallado por soldados variables, en número cambiante, que a veces lo ultimaban desde lejos; otras, desde muy cerca. Afrontaba con verdadero temor (quizá con verdadero coraje) esas ejecuciones imaginarias; cada simulacro duraba unos pocos segundos; cerrado el círculo, Jaromir interminablemente volvía a las trémulas vísperas de su muerte. Luego reflexionó que la realidad no suele coincidir con las previsiones; con lógica perversa infirió que prever un detalle circunstancial es impedir que éste suceda. Fiel a esa débil magia, inventaba, *para que no sucedieran,* rasgos atroces; naturalmente, acabó por temer que esos rasgos fueran proféticos. Miserable en la noche,

[2] **Moldau:** río de Checoeslovaquia, que pasa por Praga y desemboca en el Río Elba.
[3] **Gestapo:** policía secreta del estado nazi alemán.
[4] **Anschluss:** unión de Austria con Alemania en 1938.
[5] **Sepher Yezirah:** Véase la nota 7 de "La muerte y la brújula".

procuraba afirmarse de algún modo en la sustancia fugitiva del tiempo. Sabía que éste se precipitaba hacia el alba del día veintinueve; razonaba en voz alta: *Ahora estoy en la noche del veintidós; mientras dure esta noche* (*y seis noches más*) *soy invulnerable, inmortal.* Pensaba que las noches de sueño eran piletas hondas y oscuras en las que podía sumergirse. A veces anhelaba con impaciencia la definitiva descarga, que lo redimiría, mal o bien, de su vana tarea de imaginar. El veintiocho, cuando el último ocaso reverberaba en los altos barrotes, lo desvió de esas consideraciones abyectas la imagen de su drama *Los enemigos.*

Hladík había rebasado los cuarenta años. Fuera de algunas amistades y de muchas costumbres, el problemático ejercicio de la literatura constituía su vida; como todo escritor, medía las virtudes de los otros por lo ejecutado por ellos y pedía que los otros lo midieran por lo que vislumbraba o planeaba. Todos los libros que había dado a la estampa le infundían un complejo arrepentimiento. En sus exámenes de la obra de Boehme, de Abenesra[6] y de Fludd,[7] había intervenido esencialmente la mera aplicación; en su traducción del *Sepher Yezirah,* la negligencia, la fatiga y la conjetura. Juzgaba menos deficiente, tal vez, la *Vindicación de la eternidad*: el primer volumen historia las diversas eternidades que han ideado los hombres, desde el inmóvil Ser de Parménides[8] hasta el pasado modificable de Hinton;[9] el segundo niega (con Francis Bradley)[10] que todos los hechos del universo integran una serie temporal. Arguye que no es infinita la cifra de las posibles experiencias del hombre y que basta una sola "repetición" para demostrar que el tiempo es una falacia . . . Desdichadamente, no son menos falaces los argumentos que demuestran esa falacia; Hladík solía recorrerlos con cierta desdeñosa perplejidad. También había redactado una serie de poemas expresionistas; éstos, para confusión del poeta, figuraron en una antología de 1924 y no hubo antología posterior que no los heredara. De todo ese pasado equívoco y lánguido quería redimirse Hladík con el drama en verso

---

6 **Abenesra** (1092?–1167): poeta, gramático, filósofo y astrónomo judío, nacido en Toledo, principalmente conocido como crítico de la Biblia.

7 **Fludd:** Véase la nota 6 de "La muerte y la brújula".

8 **Parménides** (nacido hacia 514 antes de J.C): filósofo griego, natural de Elea, que postulaba la unidad e inmovilidad del mundo.

9 **Charles H. Hinton** (1853–1907): matemático inglés.

10 **Francis Bradley** (1846–1924): filósofo inglés. Su posición desemboca en una concepción declaradamente totalista del conocimiento y de la realidad.

Los enemigos. (Hladík preconizaba el verso, porque impide que los espectadores olviden la irrealidad, que es condición del arte.)

Este drama observaba las unidades de tiempo, de lugar y de acción; transcurría en Hradcany, en la biblioteca del barón de Roemerstadt, en una de las últimas tardes del siglo diecinueve. En la primera escena del primer acto, un desconocido visita a Roemerstadt. (Un reloj da las siete, una vehemencia de último sol exalta los cristales, el aire trae una apasionada y reconocible música húngara.) A esta visita siguen otras; Roemerstadt no conoce las personas que lo importunan, pero tiene la incómoda impresión de haberlos visto ya, tal vez en un sueño. Todos exageradamente lo halagan, pero es notorio —primero para los espectadores del drama, luego para el mismo barón— que son enemigos secretos, conjurados para perderlo. Roemerstadt logra detener o burlar sus complejas intrigas; en el diálogo, aluden a su novia, Julia de Weidenau, y a un tal Jaroslav Kubin, que alguna vez la importunó con su amor. Éste, ahora, se ha enloquecido y cree ser Roemerstadt . . . Los peligros arrecian; Roemerstadt, al cabo del segundo acto, se ve en la obligación de matar a un conspirador. Empieza el tercer acto, el último. Crecen gradualmente las incoherencias: vuelven actores que parecían descartados ya de la trama; vuelve, por un instante, el hombre matado por Roemerstadt. Alguien hace notar que no ha atardecido: el reloj da las seite, en los altos cristales reverbera el sol occidental, el aire trae una apasionada música húngara. Aparece el primer interlocutor y repite las palabras que pronunció en la primera escena del primer acto. Roemerstadt le habla sin asombro; el espectador entiende que Roemerstadt es el miserable Jaroslav Kubin. El drama no ha ocurrido: es el delirio circular que interminablemente vive y revive Kubin.

Nunca se había preguntado Hladík si esa tragicomedia de errores era baladí o admirable, rigurosa o casual. En el argumento que he bosquejado intuía la invención más apta para disimular sus defectos y para ejercitar sus felicidades, la posibilidad de rescatar (de manera simbólica) lo fundamental de su vida. Había terminado ya el primer acto y alguna escena del tercero; el carácter métrico de la obra le permitía examinarla continuamente, rectificando los hexámetros, sin el manuscrito a la vista. Pensó que aun le faltaban dos actos y que muy pronto iba a morir. Habló con Dios en la oscuridad. *Si de algún modo existo, si no soy una de tus repeticiones y erratas, existo como autor de*

Los enemigos. *Para llevar a término ese drama, que puede justificarme y justificarte, requiero un año más. Otórgame esos días, Tú de quien son los siglos y el tiempo.* Era la última noche, la más atroz, pero diez minutos después el sueño lo anegó como un agua oscura.

Hacia el alba, soñó que se había ocultado en una de las naves de la biblioteca del Clementinum.[11] Un bibliotecario de gafas negras le preguntó: *¿Qué busca?* Hladík le replicó: *Busco a Dios.* El bibliotecario le dijo: *Dios está en una de las letras de una de las páginas de uno de los cuatrocientos mil tomos del Clementinum. Mis padres y los padres de mis padres han buscado esa letra; yo me he quedado ciego buscándola.* Se quitó las gafas y Hladík vió los ojos, que estaban muertos. Un lector entró a devolver un atlas. *Este atlas es inútil,* dijo, y se lo dio a Hladík. Éste lo abrió al azar. Vio un mapa de la India, vertiginoso. Bruscamente seguro, tocó una de las mínimas letras. Una voz ubicua le dijo: *El tiempo de tu labor ha sido otorgado.* Aquí Hladík se despertó.

Recordó que los sueños de los hombres pertenecen a Dios y que Maimónides[12] ha escrito que son divinas las palabras de un sueño, cuando son distintas y claras y no se puede ver quién las dijo. Se vistió; dos soldados entraron en la celda y le ordenaron que los siguiera.

Del otro lado de la puerta, Hladík había previsto un laberinto de galerías, escaleras y pabellones. La realidad fue menos rica: bajaron a un traspatio por una sola escalera de fierro. Varios soldados —alguno de uniforme desabrochado— revisaban una motocicleta y la discutían. El sargento miró el reloj: eran las ocho y cuarenta y cuatro minutos. Había que esperar que dieran las nueve. Hladík, más insignificante que desdichado, se sentó en un montón de leña. Advirtió que los ojos de los soldados rehuían los suyos. Para aliviar la espera, el sargento le entregó un cigarrillo. Hladík no fumaba; lo aceptó por cortesía o por humildad. Al encenderlo, vio que le temblaban las manos. El día se nubló; los soldados hablaban en voz baja como si él ya estuviera muerto. Vanamente, procuró recordar a la mujer cuyo símbolo era Julia de Weidenau . . .

El piquete se formó, se cuadró. Hladík, de pie contra la pared del cuartel, esperó la descarga. Alguien temió que la pared quedara maculada de sangre; entonces le ordenaron al reo que avanzara

---

[11] **Clementinum:** la biblioteca de Viena.

[12] **Maimónides** (1135–1204): sabio, rabino, médico y filósofo judío, nacido en Córdoba, España. Su obra principal es la *Guía de los indecisos.*

unos pasos. Hladík, absurdamente, recordó las vacilaciones preliminares de los fotógrafos. Una pesada gota de lluvia rozó una de las sienes de Hladík y rodó lentamente por su mejilla; el sargento vociferó la orden final.

El universo físico se detuvo.

Las armas convergían sobre Hladík, pero los hombres que iban a matarlo estaban inmóviles. El brazo del sargento eternizaba un ademán inconcluso. En una baldosa del patio una abeja proyectaba una sombra fija. El viento había cesado, como en un cuadro. Hladík ensayó un grito, una sílaba, la torsión de una mano. Comprendió que estaba paralizado. No le llegaba ni el más tenue rumor del impedido mundo. Pensó *estoy en el infierno, estoy muerto.* Pensó *estoy loco.* Pensó *el tiempo se ha detenido.* Luego reflexionó que en tal caso, también se hubiera detenido su pensamiento. Quiso ponerlo a prueba: repitió (sin mover los labios) la misteriosa cuarta égloga de Virgilio. Imaginó que los ya remotos soldados compartían su angustia; anheló comunicarse con ellos. Le asombró no sentir ninguna fatiga, ni siquiera el vértigo de su larga inmovilidad. Durmió, al cabo de un plazo indeterminado. Al despertar, el mundo seguía inmóvil y sordo. En su mejilla perduraba la gota de agua; en el patio, la sombra de la abeja; el humo del cigarrillo que había tirado no acababa nunca de dispersarse. Otro "día" pasó, antes que Hladík entendiera.

Un año entero había solicitado de Dios para terminar su labor: un año le otorgaba su omnipotenica. Dios operaba para él un milagro secreto: lo mataría el plomo germánico, en la hora determinada, pero en su mente un año transcurriría entre la orden y la ejecución de la orden. De la perplejidad pasó al estupor, del estupor a la resignación, de la resignación a la súbita gratitud.

No disponía de otro documento que la memoria; el aprendizaje de cada hexámetro que agregaba le impuso un afortunado rigor que no sospechan quienes aventuran y olvidan párrafos interinos y vagos. No trabajó para la posteridad ni aun para Dios, de cuyas preferencias literarias poco sabía. Minucioso, inmóvil, secreto, urdió en el tiempo su alto laberinto invisible. Rehizo el tercer acto dos veces. Borró algún símbolo demasiado evidente: las repetidas campanadas, la música. Ninguna circunstancia lo importunaba. Omitió, abrevió, amplificó; en algún caso, optó por la versión primitiva. Llegó a querer el patio, el cuartel; uno de los rostros que lo enfrentaban modificó su concepción del carácter de Roemerstadt. Descubrió que las arduas cacofonías que alarmaron tanto a Flaubert son meras supersticiones visuales: debilidades y molestias de la palabra escrita, no de la palabra sonora . . . Dió término a su drama: no le faltaba ya resolver sino un solo epíteto. Lo encontró; la gota de agua resbaló en su mejilla. Inició un grito enloquecido, movió la cara, la cuádruple descarga lo derribó.

Jaromir Hladík murió el veintinueve de marzo, a las nueve y dos minutos de la mañana.

1943

TRES VERSIONES DE JUDAS

> There seemed a certainty in degradation.
> T. E. Lawrence: *Seven Pillars of Wisdom*, CIII.

En el Asia Menor o en Alejandría, en el segundo siglo de nuestra fe, cuando Basílides[1] publicaba que el cosmos era una temeraria o malvada improvisación de ángeles deficientes, Nils Runeberg hubiera dirigido con singular pasión intelectual, uno de los conventículos gnósticos.[2] Dante le hubiera destinado, tal vez, un sepulcro de fuego; su nombre aumentaría los catálogos de heresiarcas menores, entre Satornilo[3] y Carpócrates,[4] algún fragmento de sus

[1] **Basílides:** Véase la nota 4 de "La biblioteca de Babel".

[2] El gnosticismo fue un movimiento filosófico y religioso del final de la época helenística y de principios de la era cristiana. Los gnósticos creían que la salvación debía de buscarse en el conocimiento, más que en la fe, los ritos, o las buenas obras.

[3] **Satornilo:** uno de los gnósticos más conocidos.

[4] **Carpócrates** (130–150): filósofo de Alejandría; fundador, junto con su hijo Epífanes, de una secta helenística relacionada con el gnosticismo.

prédicas, exornado de injurias, perduraría en el apócrifo *Liber adversus omnes haereses* o habría perecido cuando el incendio de una biblioteca monástica devoró el último ejemplar del *Syntagma.*[5] En cambio, Dios le deparó el siglo XX y la ciudad universitaria de Lund.[6] Ahí, en 1904, publicó la primera edición de *Kristus och*[7] *Judas*; ahí, en 1909, su libro capital *Den hemlige Frälsaren.*[8] (Del último hay versión alemana, ejecutada en 1912 por Emil Schering: se llama *Der heimliche Heiland.*)

Antes de ensayar un examen de los precitados trabajos, urge repetir que Nils Runeberg, miembro de la Unión Evangélica Nacional, era hondamente religioso. En un cenáculo de París o aun de Buenos Aires, un literato podría muy bien redescubrir las tesis de Runeberg; esas tesis, propuestas en un cenáculo, serán ligeros ejercicios inútiles de la negligencia o de la blasfemia. Para Runeberg, fueron la clave que descifra un misterio central de la teología; fueron materia de meditación y de análisis, de controversia histórica y filológica, de soberbia, de júbilo y de terror. Justificaron y desbarataron su vida. Quienes recorran este artículo, deben asimismo considerar que no registra sino las conclusiones de Runeberg, no su dialéctica y sus pruebas. Alguien observará que la conclusión precedió sin duda a las "pruebas". ¿Quién se resigna a buscar pruebas de algo no creído por él o cuya prédica no le importa?

La primera edición de *Kristus och Judas* lleva este categórico epígrafe, cuyo sentido, años después, monstruosamente dilataría el propio Nils Runeberg: *No una cosa, todas las cosas que la tradición atribuye a Judas Iscariote son falsas* (De Quincey, 1857). Precedido por algún alemán, De Quincey especuló que Judas entregó a Jesucristo para forzarlo a declarar su divinidad y a encender una vasta rebelión contra el yugo de Roma; Runeberg sugiere una vindicación de índole metafísica. Hábilmente, empieza por destacar la superfluidad del acto de Judas. Observa (como Robertson) que para identificar a un maestro que diariamente predicaba en la sinagoga y que obraba milagros ante concursos de miles de hombres, no se requiere la traición de un apóstol. Ello, sin embargo, ocurrió. Suponer un error en la Escritura es intolerable; no menos intolerable es

[5] **Syntagma:** antigua colección de escritos religiosos.
[6] **Lund:** ciudad de Suecia, famosa por su universidad y por sus casas editoriales.
[7] **och** (sueco): y.
[8] **Den hemlige Frälsaren** (sueco): El secreto Salvador.

admitir un hecho casual en el más precioso acontecimiento de la historia del mundo. *Ergo*, la traición de Judas no fue casual; fue un hecho prefijado que tiene su lugar misterioso en la economía de la redención. Prosigue Runeberg: El Verbo, cuando fue hecho carne, pasó de la ubicuidad al espacio, de la eternidad a la historia, de la dicha sin límites a la mutación y a la muerte; para corresponder a tal sacrificio, era necesario que un hombre, en representación de todos los hombres, hiciera un sacrificio condigno. Judas Iscariote fue ese hombre. Judas, único entre los apóstoles, intuyó la secreta divinidad y el terrible propósito de Jesús. El Verbo se había rebajado a mortal; Judas, discípulo del Verbo, podía rebajarse a delator (el peor delito que la infamia soporta) y a ser huésped del fuego que no se apaga. El orden inferior es un espejo del orden superior; las formas de la tierra corresponden a las formas del cielo; las manchas de la piel son un mapa de las incorruptibles constelaciones; Judas refleja de algún modo a Jesús. De ahí los treinta dineros y el beso; de ahí la muerte voluntaria, para merecer aun más la Reprobación. Así dilucidó Nils Runeberg el enigma de Judas.

Los teólogos de todas las confesiones lo refutaron. Lars Peter Engström lo acusó de ignorar, o de preterir, la unión hispostática;[9] Axel Borelius, de renovar la herejía de los docetas,[10] que negaron la humanidad de Jesús; el acerado obispo de Lund, de contradecir el tercer versículo del capítulo veintidós del evangelio de San Lucas.[11]

Estos variados anatemas influyeron en Runeberg, que parcialmente reescribió el reprobado libro y modificó su doctrina. Abandonó a sus adversarios el terreno teológico y propuso oblicuas razones de orden moral. Admitió que Jesús, "que disponía de los considerables recursos que la Omnipotencia puede ofrecer", no necesitaba de un hombre para redimir a todos los hombres. Rebatió, luego, a quienes afirman que nada sabemos del inexplicable traidor; sabemos, dijo, que fue uno de los apóstoles, uno de los elegidos para anunciar el reino de los cielos, para sanar enfermos, para limpiar leprosos, para resucitar muertos y para echar fuera demonios (Mateo

[9] **unión hipostática:** se llama teológicamente a la unión de dos naturalezas en la única Persona del Hijo.

[10] **docetas:** primitivos herejes cristianos, que negaban la humanidad de Cristo, afirmando que su única realidad era la divina. Por consiguiente, su apariencia era fantasmal y su vida y su sufrimiento simulados.

[11] San Lucas, 22: 3 dice: "Entró Satanás en Judas, llamado Iscariote, que era del número de los doce."

10: 7–8; Lucas 9:1). Un varón a quien ha distinguido así el Redentor merece de nosotros la mejor interpretación de sus actos. Imputar su crimen a la codicia (como lo han hecho algunos, alegando a Juan 12: 6) es resignarse al móvil más torpe. Nils Runeberg propone el móvil contrario: un hiperbólico y hasta ilimitado ascetismo. El asceta, para mayor gloria de Dios, envilece y mortifica la carne; Judas hizo lo propio con el espíritu. Renunció al honor, al bien, a la paz, al reino de los cielos, como otros, menos heroicamente, al placer.* Premeditó con lucidez terrible sus culpas. En el adulterio suelen participar la ternura y la abnegación; en el homicidio, el coraje; en las profanaciones y la blasfemia, cierto fulgor satánico. Judas eligió aquellas culpas no visitadas por ninguna virtud: el abuso de confianza (Juan 12:6) y la delación. Obró con gigantesca humildad, se creyó indigno de ser bueno. Pablo ha escrito: *El que se gloría, gloríese en el Señor* (I Corintios 1:31); Judas buscó el Infierno, porque la dicha del Señor le bastaba. Pensó que la felicidad, como el bien, es un atributo divino y que no deben usurparlo los hombres.†

Muchos han descubierto, *post factum*, que en los justificables comienzos de Runeberg está su extravagante fin y que *Den hemlige Frälsaren* es una mera perversión o exasperación de *Kristus och Judas.* A fines de 1907, Runeberg terminó y revisó el texto manuscrito; casi dos años transcurrieron sin que lo entregara a la imprenta. En octubre de 1909, el libro apareció con un prólogo (tibio hasta lo enigmático) del hebraísta dinamarqués Erik Erfjord y con este pérfido epígrafe: *En el mundo estaba y el mundo fué hecho por él, y el mundo no lo conoció* (Juan 1:10). El argumento general no es complejo, si bien la conclusión es monstruosa. Dios, arguye Nils Runeberg, se rebajó a ser hombre para la redención del género humano; cabe conjeturar que fue perfecto el sacrificio obrado por él, no invalidado o atenuado por omisiones. Limitar lo que padeció a la agonía de una

---

*Borelius interroga con burla: *¿Por qué no renunció a renunciar? ¿Por qué no a renunciar a renunciar?*

†Euclydes da Cunha, en un libro ignorado por Runeberg, anota que para el heresiarca de Canudos, Antonio Conselheiro, la virtud "era una casi impiedad". El lector argentino recordará pasajes análogos en la obra de Almafuerte. Runeberg publicó, en la hoja simbólica *Sju insegel*, un asiduo poema descriptivo, *El agua secreta*; las primeras estrofas narran los hechos de un tumultuoso día; las últimas, el hallazgo de un estanque glacial; el poeta sugiere que la perduración de esa agua silenciosa corrige nuestra inútil violencia y de algún modo la permite y la absuelve. El poema concluye así: *El agua de la selva es feliz; podemos ser malvados y dolorosos.*

tarde en la cruz es blasfematorio.* Afirmar que fue hombre y que fue incapaz de pecado encierra contradicción; los atributos de *impeccabilitas* y de *humanitas* no son compatibles. Kemnitz admite que el Redentor pudo sentir fatiga, frío, turbación, hambre y sed; también cabe admitir que pudo pecar y perderse. El famoso texto *Brotará como raíz de tierra sedienta; no hay buen parecer en él, ni hermosura; despreciado y el último de los hombres; varón de dolores, experimentado en quebrantos* (Isaías 53:2–3), es para muchos una previsión del crucificado, en la hora de su muerte; para algunos (verbigracia Hans Lassen Martensen),[13] una refutación de la hermosura que el consenso vulgar atribuye a Cristo; para Runeberg, la puntual profecía no de un momento sino de todo el atroz porvenir, en el tiempo y en la eternidad, del Verbo hecho carne. Dios totalmente se hizo hombre pero hombre hasta la infamia, hombre hasta la reprobación y el abismo. Para salvarnos, pudo elegir *cualquiera* de los destinos que traman la perpleja red de la historia; pudo ser Alejandro o Pitágoras o Rurik[14] o Jesús; eligió un ínfimo destino: fue Judas.

En vano propusieron esa revelación las librerías de Estocolmo y de Lund. Los incrédulos la consideraron, *a priori*, un insípido y laborioso juego teológico; los teologos la desdeñaron. Runeberg intuyó en esa indiferencia ecuménica una casi milagrosa confirmación. Dios ordenaba esa indiferencia; Dios no quería que se propalara en la tierra Su terrible secreto. Runeberg comprendió que no era llegada la hora. Sintió que estaban convergiendo sobre él antiguas mal-

---

*Maurice Abramowicz observa: "Jésus, d'après ce scandinave, a toujours le beau rôle; ses déboires, grâce à la science des typographes, jouissent d'une réputation polyglotte; sa résidence de trente-trois ans parmi les humains ne fut, en somme, qu'une villégiature". Erfjord, en el tercer apéndice de la *Christelige Dogmatik,* refuta ese pasaje. Anota que la crucifixión de Dios no ha cesado, porque lo acontecido una sola vez en el tiempo se repite sin tregua en la eternidad. Judas, *ahora,* sigue cobrando las monedas de plata; sigue besando a Jesucristo; sigue arrojando las monedas de plata en el templo; sigue anudando el lazo de la cuerda en el campo de sangre. (Erfjord, para justificar esa afirmación, invoca el último capítulo del primer tomo de la *Vindicación de la eternidad,* de Jaromir Hladík.)[12]

[12] Véase el cuento "El milagro secreto", en el cual aparece el personaje Jaromir Hladík.

[13] **Hans Lassen Martensen** (1808–1884): teólogo protestante dinamarqués. Su teología era racionalismo de Hegel, la tendencia mística de Heckehard, y la teosófica de Boehme. Sus obras incluyen *Catolicismo y protestantismo, Socialismo y Cristianismo, Ética social* y *El bautismo.*

[14] **Rurik** (muerto en 879): se le dice fundador de Rusia. Sus sucesores —la casa de Rurik— gobernaron en Rusia hasta 1598.

diciones divinas; recordó a Elías y a Moisés, que en la montaña se taparon la cara para no ver a Dios; a Isaías, que se aterró cuando sus ojos vieron a Aquel cuya gloria llena la tierra; a Saúl, cuyos ojos quedaron ciegos en el camino de Damasco; al rabino Simeón ben Azaí, que vio el Paraíso y murió; al famoso hechicero Juan de Viterbo, que enloqueció cuando pudo ver a la Trinidad; a los Midrashim,[15] que abominan de los impíos que pronuncian el *shem Hamephorash*, el Secreto Nombre de Dios. ¿No era él, acaso, culpable de ese crimen oscuro? ¿No sería ésa la blasfemia contra el Espíritu, la que no será perdonada (Mateo 12:31)? Valerio Sorano murió por haber divulgado el oculto nombre de Roma; ¿qué infinito castigo sería el suyo, por haber descubierto y divulgado el horrible nombre de Dios?

Ebrio de insomnio y de vertiginosa dialéctica, Nils Runeberg erró por las calles de Malmö, rogando a voces que le fuera deparada la gracia de compartir con el Redentor el Infierno.

Murió de la rotura de un aneurisma, el primero de marzo de 1912. Los heresiólogos tal vez lo recordarán; agregó al concepto del Hijo, que parecía agotado, las complejidades del mal y del infortunio.

1944

EL SUR

El hombre que desembarcó en Buenos Aires en 1871 se llamaba Johannes Dahlmann y era pastor de la iglesia evangélica; en 1939, uno de sus nietos, Juan Dahlmann, era secretario de una biblioteca municipal en la calle Córdoba y se sentía hondamente ar-

---

[15] **Midrashim:** conjunto de interpretaciones y comentarios rabínicos de las Sagradas Escrituras, que se viene haciendo desde el año 200 después de Cristo.

gentino. Su abuelo materno había sido aquel Francisco Flores, del 2 de infantería de línea, que murió en la frontera de Buenos Aires, lanceado por indios de Catriel;[1] en la discordia de sus dos linajes, Juan Dalhmann (tal vez a impulso de la sangre germánica) eligió el de ese antepasado romántico, o de muerte romántica. Un estuche con el daguerrotipo de un hombre inexpresivo y barbado, una vieja espada, la dicha y el coraje de ciertas músicas, el hábito de estrofas del *Martín Fierro*,[2] los años, el desgano y la soledad, fomentaron ese criollismo algo voluntario, pero nunca ostentoso. A costa de algunas privaciones, Dahlmann había logrado salvar el casco de una estancia[3] en el Sur, que fue de los Flores; una de las costumbres de su memoria era la imagen de los eucaliptos balsámicos y de la larga casa rosada que alguna vez fue carmesí. Las tareas y acaso la indolencia lo retenían en la ciudad. Verano tras verano se contentaba con la idea abstracta de posesión y con la certidumbre de que su casa estaba esperándolo, en un sitio preciso de la llanura. En los últimos días de febrero de 1939, algo le aconteció.

Ciego a las culpas, el destino puede ser despiadado con las mínimas distracciones. Dahlmann había conseguido, esa tarde, un ejemplar descabalado de las *Mil y Una Noches* de Weil; ávido de examinar ese hallazgo, no esperó que bajara el ascensor y subió con apuro las escaleras; algo en la oscuridad le rozó la frente ¿un murciélago, un pájaro? En la cara de la mujer que le abrió la puerta vio grabado el horror, y la mano que se pasó por la frente salió roja de sangre. La arista de un batiente[4] recién pintado que alguien se olvidó de cerrar le había hecho esa herida. Dahlmann logró dormir, pero a la madrugada estaba despierto y desde aquella hora el sabor de todas las cosas fué atroz. La fiebre lo gastó y las ilustraciones de las *Mil y Una Noches* sirvieron para decorar pesadillas. Amigos y parientes lo visitaban y con exagerada sonrisa le repetían que lo hallaban muy bien. Dahlmann los oía con una especie de débil estupor y le maravillaba que no supieran que estaba en el infierno. Ocho días pasaron, como ocho siglos. Una tarde, el médico habitual se presentó con un médico nuevo y lo condujeron a un sanatorio de la calle

[1] **Catriel:** jefe indio.
[2] **Martín Fierro:** poema épico-narrativo (1872) de José Hernández, poeta argentino.
[3] **estancia:** hacienda de campo destinada al cultivo y a la ganadería.
[4] **batiente:** hoja de una puerta.

Ecuador, porque era indispensable sacarle una radiografía. Dahlmann, en el coche de plaza que los llevó, pensó que en una habitación que no fuera la suya podría, al fin, dormir. Se sintió feliz y conversador; en cuanto llegó, lo desvistieron, le raparon la cabeza, lo sujetaron con metales a una camilla, lo iluminaron hasta la ceguera y el vértigo, lo auscultaron y un hombre enmascarado le clavó una aguja en el brazo. Se despertó con náuseas, vendado, en una celda que tenía algo de pozo y, en los días y noches que siguieron a la operación pudo entender que apenas había estado, hasta entonces, en un arrabal del infierno. El hielo no dejaba en su boca el menor rastro de frescura. En esos días, Dahlmann minuciosamente se odió; odió su identidad, sus necesidades corporales, su humillación, la barba que le erizaba la cara. Sufrió con estoicismo las curaciones, que eran muy dolorosas, pero cuando el cirujano le dijo que había estado a punto de morir de una septicemia, Dahlmann se hechó a llorar, condolido de su destino. Las miserias físicas y la incesante previsión de las malas noches no le habían dejado pensar en algo tan abstracto como la muerte. Otro día, el cirujano le dijo que estaba reponiéndose y que, muy pronto, podría ir a convalecer a la estancia. Increíblemente, el día prometido llegó.

A la realidad le gustan las simetrías y los leves anacronismos; Dahlmann había llegado al sanatorio en un coche de plaza y ahora un coche de plaza lo llevaba a Constitución. La primera frescura del otoño, después de la opresión del verano, era como un símbolo natural de su destino rescatado de la muerte y la fiebre. La ciudad, a las siete de la mañana, no había perdido ese aire de casa vieja que le infunde la noche; las calles eran como largos zaguanes, las plazas como patios. Dahlmann la reconocía con felicidad y con un principio de vértigo; unos segundos antes de que las registraran sus ojos, recordaba las esquinas, las carteleras, las modestas diferencias de Buenos Aires. En la luz amarilla del nuevo día, todas las cosas regresaban a él.

Nadie ignora que el Sur empieza del otro lado de Rivadavia. Dahlmann solía repetir que ello no es una convención y que quien atraviesa esa calle entra en un mundo más antiguo y más firme. Desde el coche buscaba entre la nueva edificación, la ventana de rejas, el llamador, el arco de la puerta, el zaguán, el íntimo patio.

En el *hall* de la estación advirtió que faltaban treinta minutos. Recordó bruscamente que en un café de la calle Brasil (a pocos metros de la casa de Yrigoyen)[5] había un enorme gato que se dejaba acariciar por la gente, como una divinidad desdeñosa. Entró. Ahí estaba el gato, dormido. Pidió una taza de café, la endulzó lentamente, la probó (ese placer le había sido vedado en la clínica) y pensó, mientras alisaba el negro pelaje, que aquel contacto era ilusorio y que estaban como separados por un cristal, porque el hombre vive en el tiempo, en la sucesión, y el mágico animal, en la actualidad, en la eternidad del instante.

A lo largo del penúltimo andén el tren esperaba. Dahlmann recorrió los vagones y dió con uno casi vacío. Acomodó en la red la valija; cuando los coches arrancaron, la abrió y sacó, tras alguna vacilación, el primer tomo de las *Mil y Una Noches*. Viajar con este libro, tan vinculado a la historia de su desdicha, era una afirmación de que esa desdicha había sido anulada y un desafío alegre y secreto a las frustradas fuerzas del mal.

A los lados del tren, la ciudad se desgarraba en suburbios; esta visión y luego la de jardines y quintas demoraron el principio de la lectura. La verdad es que Dahlmann leyó poco; la montaña de piedra imán y el genio que ha jurado matar a su bienhechor eran, quién lo niega, maravillosos, pero no mucho más que la mañana y que el hecho de ser. La felicidad lo distraía de Shahrazad y de sus milagros superfluos; Dahlmann cerraba el libro y se dejaba simplemente vivir.

El almuerzo (con el caldo servido en boles[6] de metal reluciente, como en los ya remotos veraneos de la niñez) fue otro goce tranquilo y agradecido.

Mañana me despertaré en la estancia, pensaba, y era como si a un tiempo fuera dos hombres: el que avanzaba por el día otoñal y por la geografía de la patria, y el otro, encarcelado en un sanatorio y sujeto a metódicas servidumbres. Vio casas de ladrillo sin revocar, esquinadas y largas, infinitamente mirando pasar los trenes; vio jinetes en los terrosos caminos; vio zanjas y lagunas y hacienda; vio largas nubes luminosas que parecían de mármol, y todas estas cosas eran casuales, como sueños de la llanura. También creyó reconocer árboles y sembrados que no hubiera podido nombrar, porque su directo conocimiento de la campaña era harto inferior a su conocimiento nostálgico y literario.

---

[5] **Hipólito Yrigoyen** (1850–1933): político argentino, presidente de la república en 1916–1922 y en 1928–1930.

[6] **boles:** plural de bol, anglicismo derivado de *bowl*.

Alguna vez durmió y en sus sueños estaba el ímpetu del tren. Ya el blanco sol intolerable de las doce del día era el sol amarillo que precede al anochecer y no tardaría en ser rojo. También el coche era distinto; no era el que fue en Constitución, al dejar el andén: la llanura y las horas lo habían atravesado y transfigurado. Afuera la móvil sombra del vagón se alargaba hacia el horizonte. No turbaban la tierra elemental ni poblaciones ni otros signos humanos. Todo era vasto, pero al mismo tiempo era íntimo y, de alguna manera, secreto. En el campo desaforado, a veces no había otra cosa que un toro. La soledad era perfecta y tal vez hostil, y Dahlmann pudo sospechar que viajaba al pasado y no sólo al Sur. De esa conjetura fantástica lo distrajo el inspector, que, al ver su boleto, le advirtió que el tren no lo dejaría en la estación de siempre sino en otra, un poco anterior y apenas conocida por Dahlmann. (El hombre añadió una explicación que Dahlmann no trató de entender ni siquiera de oír, porque el mecanismo de los hechos no le importaba.)

El tren laboriosamente se detuvo, casi en medio del campo. Del otro lado de las vías quedaba la estación, que era poco más que un andén con un cobertizo. Ningún vehículo tenían, pero el jefe opinó que tal vez pudiera conseguir uno en un comercio que le indicó a unas diez, doce, cuadras.

Dahlmann aceptó la caminata como una pequeña aventura. Ya se había hundido el sol, pero un esplendor final exaltaba la viva y silenciosa llanura, antes de que la borrara la noche. Menos para no fatigarse que para hacer durar esas cosas, Dahlmann caminaba despacio, aspirando con grave felicidad el olor del trébol.

El almacén, alguna vez, había sido punzó,[7] pero los años habían mitigado para su bien ese color violento. Algo en su pobre arquitectura le recordó un grabado en acero, acaso de una vieja edición de *Pablo y Virginia*.[8] Atados al palenque[9] había unos caballos. Dahlmann, adentro, creyó reconocer al patrón; luego comprendió que lo

---

[7] **punzó:** color rojo muy vivo (se deriva de la palabra francesa *ponceau*, con que se denomina la amapola silvestre). Fue el color que utilizaban como divisa los partidarios de don Juan Manuel de Rosas durante las guerras civiles argentinas entre unitarios y federales. Borges es descendiente de unitarios, el partido ilustrado anti-rosista, y para él el color punzó simboliza la grosería y la violencia de los federales. De ahí el giro irónico al fin de la frase.

[8] **Pablo y Virginia:** *Paul et Virginie*, novela pastoril del escritor francés Bernardin de Saint-Pierre (1737–1814); narra el idilio inocente de dos niños, en medio de la hermosa naturaleza de l'Île de France, isla al este de Madagascar.

[9] **palenque:** en la región del Río de la Plata, un palo colocado sobre otros dos horizontales para atar los caballos bajo la ramada.

había engañado su parecido con uno de los empleados del sanatorio. El hombre, oído el caso, dijo que le haría atar la jardinera;[10] para agregar otro hecho a aquel día y para llenar ese tiempo, Dahlmann resolvió comer en el almacén.

En una mesa comían y bebían ruidosamente unos muchachones, en los que Dahlmann, al principio, no se fijó. En el suelo, apoyado en el mostrador, se acurrucaba, inmóvil como una cosa, un hombre muy viejo. Los muchos años lo habían reducido y pulido como las aguas a una piedra o las generaciones de los hombres a una sentencia. Era oscuro, chico y reseco, y estaba como fuera del tiempo, en una eternidad. Dahlmann registró con satisfacción la vincha,[11] el poncho de bayeta,[12] el largo chiripá[13] y la bota de potro[14] y se dijo, rememorando inútiles discusiones con gente de los partidos del Norte[15] o con entrerrianos,[16] que gauchos de ésos ya no quedan más que en el Sur.

Dahlmann se acomodó junto a la ventana. La oscuridad fue quedándose con el campo, pero su olor y sus rumores aun le llegaban entre los barrotes de hierro. El patrón le trajo sardinas y después carne asada; Dahlmann las empujó[17] con unos vasos de vino tinto. Ocioso, paladeaba el áspero sabor y dejaba errar la mirada por el local, ya un poco soñolienta. La lámpara de kerosén pendía de uno de los tirantes; los parroquianos de la otra mesa eran tres: dos parecían peones de chacra,[18] otro, de rasgos achinados y torpes, bebía con el chambergo[19] puesto. Dahlmann, de pronto, sintió un leve roce en la cara. Junto al vaso ordinario de vidrio turbio, sobre una de las rayas del mantel, había una bolita de miga. Eso era todo, pero alguien se la había tirado.

---

[10] **jardinera:** coche de cuatro asientos, descubierto y con caja de mimbres.

[11] **vincha:** variante (Bolivia, Perú, Argentina) de *güincha,* una cinta angosta de lana, con que los indios se ceñían la frente y que los gauchos argentinos usan mucho todavía.

[12] **bayeta:** tela de lana.

[13] **chiripá:** prenda de ropa que hace las veces de bombacha entre la gente de campo, en Chile y Argentina.

[14] **bota de potro:** bota de montar hecha de una pieza con la piel de la pierna de un caballo.

[15] **partidos del Norte:** distritos o territorios del norte de Buenos Aires.

[16] **entrerrianos:** habitantes de la provincia argentina de Entre Ríos (capital, Paraná).

[17] **las empujó:** las ayudó bebiendo, para tragar mejor.

[18] **chacra:** en Sur América, finca rural destinada a la labranza, como en España la granja o el cortijo.

[19] **chambergo:** en Argentina, sombrero blando.

Los de la otra mesa parecían ajenos a él. Dahlmann, perplejo, decidió que nada había ocurrido y abrió el volumen de las *Mil y Una Noches*, como para tapar la realidad. Otra bolita lo alcanzó a los pocos minutos, y esta vez los peones se rieron. Dahlmann se dijo que no estaba asustado, pero que sería un disparate que él, un convaleciente, se dejara arrastrar por desconocidos a una pelea confusa. Resolvió salir; ya estaba de pie cuando el patrón se le acercó y lo exhortó con voz alarmada:

—Señor Dahlmann, no les haga caso a esos mozos, que están medio alegres.

Dahlmann no se extrañó de que el otro, ahora, lo conociera, pero sintió que estas palabras conciliadoras agravaban, de hecho, la situación. Antes, la provocación de los peones era a una cara accidental, casi a nadie; ahora iba contra él y contra su nombre y lo sabrían los vecinos. Dahlmann hizo a un lado al patrón, se enfrentó con los peones y les preguntó que andaban buscando.

El compadrito[20] de la cara achinada se paró, tambaleándose. A un paso de Juan Dahlmann, lo injurió a gritos, como si estuviera muy lejos. Jugaba a exagerar su borrachera y esa exageración era una ferocidad y una burla. Entre malas palabras y obscenidades, tiró al aire un largo cuchillo, lo siguió con los ojos, lo barajó, e invitó a Dahlmann a pelear. El patrón objetó con trémula voz que Dahlmann estaba desarmado. En ese punto, algo imprevisible ocurrió.

Desde un rincón, el viejo gaucho extático, en el que Dahlmann vio una cifra del Sur (del Sur que era suyo), le tiró una daga desnuda que vino a caer a sus pies. Era como si el Sur hubiera resuelto que Dahlmann aceptara el duelo. Dahlmann se inclinó a recoger la daga y sintió dos cosas. La primera, que ese acto casi instintivo lo comprometía a pelear. La segunda, que el arma, en su mano torpe, no serviría para defenderlo, sino para justificar que lo mataran. Alguna vez había jugado con un puñal, como todos los hombres, pero su esgrima no pasaba de una noción de que los golpes deben ir hacia arriba y con el filo para adentro. *No hubieran permitido en el sanatorio que me pasaran estas cosas*, pensó.

—Vamos saliendo —dijo el otro.

Salieron, y si en Dahlmann no había esperanza, tampoco había temor. Sintió, al atravesar el umbral, que morir en una pelea a

[20] **compadrito:** en Argentina, tipo achulado, jactancioso, falso, provocativo, pendenciero y de maneras afectadas.

cuchillo, a cielo abierto y acometiendo, hubiera sido una liberación para él, una felicidad y una fiesta, en la primera noche del sanatorio, cuando le clavaron la aguja. Sintió que si él, entonces, hubiera podido elegir o soñar su muerte, ésta es la muerte que hubiera elegido o soñado.

Dahlmann empuña con firmeza el cuchillo, que acaso no sabrá manejar, y sale a la llanura.

EL MUERTO

Que un hombre del suburbio de Buenos Aires, que un triste compadrito sin más virtud que la infatuación del coraje, se interne en los desiertos ecuestres de la frontera del Brasil y llegue a capitán de contrabandistas, parece de antemano imposible. A quienes lo entienden así, quiero contarles el destino de Benjamín Otálora, de quien acaso no perdura un recuerdo en el barrio de Balvanera[1] y que murió en su ley,[2] de un balazo, en los confines de Rio Grande do Sul.[3] Ignoro los detalles de su aventura; cuando me sean revelados, he de rectificar y ampliar estas páginas. Por ahora, este resumen puede ser útil.

Benjamín Otálora cuenta, hacia 1891, diecinueve años. Es un mocetón de frente mezquina, de sinceros ojos claros, de reciedumbre vasca; una puñalada feliz le ha revelado que es un hombre valiente; no lo inquieta la muerte de su contrario, tampoco la inmediata necesidad de huir de la República. El caudillo[4] de la parroquia

---

[1] **Balvanera:** suburbio de Buenos Aires.

[2] **en su ley:** siendo fiel a sí mismo.

[3] **Rio Grande do Sul:** estado del Brasil (capital, Porto Alegre).

[4] **caudillo:** En Argentina se llamaba así al jefe local, hombre de guerra, influyente entre campesinos y gauchos (por traslación, entre compadritos), que acudían inmediatamente a su llamada y le seguían en todas sus luchas. Tiene sentido peyorativo.

le da una carta para un tal Azevedo Bandeira, del Uruguay. Otálora se embarca, la travesía es tormentosa y crujiente; al otro día, vaga por las calles de Montevideo, con inconfesada y tal vez ignorada tristeza. No da con Azevedo Bandeira; hacia la medianoche, en un almacén del Paso del Molino, asiste a un altercado entre unos troperos.[5] Un cuchillo relumbra; Otálora no sabe de qué lado está la razón, pero lo atrae el puro sabor del peligro, como a otros la baraja o la música. Para, en el entrevero,[6] una puñalada baja que un peón le tira a un hombre de galera[7] oscura y de poncho. Éste, después, resulta ser Azevedo Bandeira. (Otálora, al saberlo, rompe la carta, porque prefiere debérselo todo a sí mismo.) Azevedo Bandeira da, aunque fornido, la injustificable impresión de ser contrahecho; en su rostro, siempre demasiado cercano, están el judío, el negro y el indio; en su empaque, el mono y el tigre; la cicatriz que le atraviesa la cara es un adorno más, como el negro bigote cerdoso.

Proyección o error del alcohol, el altercado cesa con la misma rapidez con que se produjo. Otálora bebe con los troperos y luego los acompaña a una farra[8] y luego a un caserón en la Ciudad Vieja, ya con el sol bien alto. En el último patio, que es de tierra, los hombres tienden su recado para dormir. Oscuramente, Otálora compara esa noche con la anterior; ahora ya pisa tierra firme, entre amigos. Lo inquieta algún remordimiento, eso sí, de no extrañar a Buenos Aires. Duerme hasta la oración, cuando lo despierta el paisano que agredió, borracho, a Bandeira. (Otálora recuerda que ese hombre ha compartido con los otros la noche de tumulto y de júbilo y que Bandeira lo sentó a su derecha y lo obligó a seguir bebiendo.) El hombre le dice que el patrón lo manda buscar. En una suerte de escritorio que da al zaguán (Otálora nunca ha visto un zaguán con puertas laterales) está esperándolo Azevedo Bandeira, con una clara y desdeñosa mujer de pelo colorado. Bandeira lo pondera, le ofrece una copa de caña,[9] le repite que le está pareciendo un hombre animoso, le propone ir al Norte con los demás

---

[5] **troperos:** en los países del Plata, personas cuyo oficio consiste en conducir "tropas", o puntas, de ganado.

[6] **entrevero:** en el Río de la Plata, mezcla desordenada de personas o cosas, gentío. En el texto se usa en sentido figurado, confusión, desorden.

[7] **galera:** en Argentina, sombrero de copa.

[8] **farra:** fiesta, diversión bulliciosa.

[9] **caña:** Véase nota 52 del cuento "Tlön, Uqbar, Urbis Tertius".

a traer una tropa. Otálora acepta; hacia la madrugada están en camino, rumbo a Tacuarembó.[10]

Empieza entonces para Otálora una vida distinta, una vida de vastos amaneceres y de jornadas que tienen el olor del caballo. Esa vida es nueva para él, y a veces atroz, pero ya está en su sangre, porque lo mismo que los hombres de otras naciones veneran y presienten el mar, así nosotros (también el hombre que entreteje estos símbolos)[11] ansiamos la llanura inagotable que resuena bajo los cascos. Otálora se ha criado en los barrios del carrero[12] y del cuarteador;[13] antes de un año se hace gaucho. Aprende a jinetear,[14] a entropillar[15] la hacienda,[16] a carnear,[17] a manejar el lazo que sujeta y las boleadoras[18] que tumban, a resistir el sueño, las tormentas, las heladas y el sol, a arrear con el silbido y el grito. Sólo una vez, durante ese tiempo de aprendizaje, ve a Azevedo Bandeira, pero lo tiene muy presente, porque ser *hombre de Bandeira* es ser considerado y temido, y porque, ante cualquier hombrada, los gauchos dicen que Bandeira lo hace mejor. Alguien opina que Bandeira nació del otro lado del Cuareim, en Rio Grande do Sul; eso, que debería rebajarlo, oscuramente lo enriquece de selvas populosas, de ciénagas, de inextricables y casi infinitas distancias. Gradualmente, Otálora entiende que los negocios de Bandeira son múltiples y que el principal es el contrabando. Ser tropero es ser un sirviente; Otálora se propone ascender a contrabandista. Dos de los compañeros, una noche, cruzarán la frontera para volver con unas partidas de caña; Otálora provoca a uno de ellos, lo hiere y toma su lugar. Lo mueve la ambición y también una oscura fidelidad. *Que el hombre*

---

[10] **Tacuarembó:** departamento y villa del Uruguay.

[11] **el hombre que entreteje estos símbolos:** Se refiere aquí Borges a su propia nostalgia, de la vida épica del jinete de las llanuras. Es éste uno de los vértices de tensión emotiva sobre los que Borges monta ("entreteje") toda su obra.

[12] **carrero:** el que guía las caballerías o bueyes que tiran de carros y carretas.

[13] **cuarteador:** jinete que monta en la cabalgadura de cuarta, que es, en la Argentina, el caballo, mula o buey de la izquierda del par que tira del carro o carreta.

[14] **jinetear:** montar a caballo.

[15] **entropillar:** acostumbrar a los caballos a andar juntos, en tropilla.

[16] **hacienda:** en Argentina, el ganado vacuno, caballar, o lanar.

[17] **carnear:** en Argentina, entre gauchos, matar una res para utilizar su carne.

[18] **boleadoras:** en Argentina y en Chile, instrumento para aprehender animales, usado por los gauchos y por los indios de la Patagonia; consiste en dos o tres bolas de piedra sujetas a unas cuerdas o tiras trenzadas.

(piensa) *acabe por entender que yo valgo más que todos sus orientales juntos.*

Otro año pasa antes que Otálora regrese a Montevideo. Recorren las orillas, la ciudad (que a Otálora le parece muy grande); llegan a casa del patrón; los hombres tienden los recados en el último patio. Pasan los días y Otálora no ha visto a Bandeira. Dicen, con temor, que está enfermo; un moreno suele subir a su dormitorio con la caldera y con el mate. Una tarde, le encomiendan a Otálora esa tarea. Éste se siente vagamente humillado, pero satisfecho también.

El dormitorio es desmantelado y oscuro. Hay un balcón que mira al poniente, hay una larga mesa con un resplandeciente desorden de taleros,[19] de arreadores,[20] de cintos, de armas de fuego y de armas blancas, hay un remoto espejo que tiene la luna empañada. Bandeira yace boca arriba; sueña y se queja; una vehemencia de sol último lo define. El vasto lecho blanco parece disminuirlo y oscurecerlo; Otálora nota las canas, la fatiga, la flojedad, las grietas de los años. Lo subleva que los esté mandando ese viejo. Piensa que un golpe bastaría para dar cuenta de él. En eso, ve en el espejo que alguien ha entrado. Es la mujer de pelo rojo; está a medio vestir y descalza y lo observa con fría curiosidad. Bandeira se incorpora; mientras habla de cosas de la campaña y despacha mate tras mate, sus dedos juegan con las trenzas de la mujer. Al fin, le da licencia a Otálora para irse.

Días después, les llega la orden de ir al Norte. Arriban a una estancia perdida, que está como en cualquier lugar de la interminable llanura. Ni árboles ni un arroyo la alegran, el primer sol y el último la golpean. Hay corrales de piedra para la hacienda, que es guampuda[21] y menesterosa.[22] *El Suspiro* se llama ese pobre establecimiento.

Otálora oye en rueda[23] de peones que Bandeira no tardará en llegar de Montevideo. Pregunta por qué; alguien aclara que hay un forastero agauchao[24] que está queriendo mandar demasiado.

---

[19] **taleros:** en Argentina y Chile, látigos con mango largo de palo, argolla para la muñeca y una pajuela o correa larga para azotar.

[20] **arreadores:** látigos groseros usados por los arrieros y los carreros en Sur América.

[21] **guampuda:** de cuernos muy desarrollados.

[22] **menesterosa:** pobre.

[23] **rueda:** círculo o corro.

[24] **agauchao:** agauchado, que se parece intencionadamente a un gaucho, lo que provoca la sospecha de que quizás no lo sea.

Otálora comprende que es una broma, pero le halaga que esa broma ya sea posible. Averigua, después, que Bandeira se ha enemistado con uno de los jefes políticos y que éste le ha retirado su apoyo. Le gusta esa noticia.

Llegan cajones de armas largas; llegan una jarra y una palangana de plata para el aposento de la mujer; llegan cortinas de intrincado damasco; llega de las cuchillas,[25] una mañana, un jinete sombrío, de barba cerrada y de poncho. Se llama Ulpiano Suárez y es el *capanga* o guardaespaldas de Azevedo Bandeira. Habla muy poco y de una manera abrasilerada. Otálora no sabe si atribuir su reserva a hostilidad, a desdén o a mera barbarie. Sabe, eso sí, que para el plan que está maquinando tiene que ganar su amistad.

Entra después en el destino de Benjamín Otálora un colorado cabos negros[26] que trae del sur Azevedo Bandeira y que luce apero chapeado[27] y carona[28] con bordes de piel de tigre. Ese caballo liberal[29] es un símbolo de la autoridad del patrón y por eso lo codicia el muchacho, que llega también a desear, con deseo rencoroso, a la mujer de pelo resplandeciente. La mujer, el apero y el colorado son atributos o adjectivos de un hombre que él aspira a destruir.

Aquí la historia se complica y se ahonda. Azevedo Bandeira es diestro en el arte de la intimidación progresiva, en la satánica maniobra de humillar al interlocutor gradualmente, combinando veras y burlas; Otálora resuelve aplicar ese método ambiguo a la dura tarea que se propone. Resuelve suplantar, lentamente, a Azevedo Bandeira. Logra, en jornadas de peligro común, la amistad de Suárez. Le confía su plan; Suárez le promete su ayuda. Muchas cosas van aconteciendo después, de las que sé unas pocas. Otálora no obedece a Bandeira; da en olvidar, en corregir, en invertir sus órdenes. El universo parece conspirar con él y apresura los hechos. Un mediodía, ocurre en campos de Tacuarembó un tiroteo con gente riograndense; Otálora usurpa el lugar de Bandeira y manda a los orientales. Le atraviesa el hombro una bala, pero esa tarde Otálora regresa al *Suspiro* en el colorado del jefe y esa tarde unas

---

[25] **cuchillas:** en Sur América, lomas o cumbres.

[26] **colorado cabos negros:** caballo de color rojizo con penacho y cola negros.

[27] **apero chapeado:** recado de montar a caballo, adornado con chapas de plata y oro.

[28] **carona:** en Argentina, pieza grande de cuero, parte del recado de montar, que se acomoda entre la bajera y el lomillo.

[29] **liberal:** en Argentina y Chile, presto.

gotas de su sangre manchan la piel de tigre y esa noche duerme con la mujer de pelo reluciente. Otras versiones cambian el orden de estos hechos y niegan que hayan ocurrido en un solo día.

Bandeira, sin embargo, siempre es nominalmente el jefe. Da órdenes que no se ejecutan; Benjamín Otálora no lo toca, por una mezcla de rutina y de lástima.

La última escena de la historia corresponde a la agitación de la última noche de 1894. Esa noche, los hombres del *Suspiro* comen carne recién matada y beben un alcohol pendenciero; alguien infinitamente rasguea una trabajosa milonga.[30] En la cabecera de la mesa, Otálora, borracho, erige exultación sobre exultación, júbilo sobre júbilo; esa torre de vértigos es un símbolo de su irresistible destino. Bandeira, taciturno entre los que gritan, deja que fluya clamorosa la noche. Cuando las doce campanadas resuenan, se levanta como quien recuerda una obligación. Se levanta y golpea con suavidad a la puerta de la mujer. Ésta le abre en seguida, como si esperara el llamado. Sale a medio vestir y descalza. Con una voz que se afemina y se arrastra, el jefe le ordena:

—Ya que vos y el porteño se quieren tanto, ahora mismo le vas a dar un beso a vista de todos.

Agrega una circunstancia brutal. La mujer quiere resistir, pero dos hombres la han tomado del brazo y la echan sobre Otálora. Arrasada en lágrimas, le besa la cara y el pecho. Ulpiano Suárez ha empuñado el revólver. Otálora comprende, antes de morir, que desde el principio lo han traicionado, que ha sido condenado a muerte, que le han permitido el amor, el mando y el triunfo, porque ya lo daban por muerto, porque para Bandeira ya estaba muerto.

Suárez, casi con desdén, hace fuego.

---

30 **trabajosa milonga:** La milonga es una tonada popular del Río de la Plata que se canta acompañada por la guitarra. Borges la antepone el adjetivo "trabajosa" para indicar que es de difícil improvisación.

HISTORIA DEL GUERRERO Y DE LA CAUTIVA

A Ulrike von Kühlmann

En la página 278 del libro *La poesia* (Bari, 1942), Croce,[1] abreviando un texto latino del historiador Pablo el Diácono,[2] narra la suerte y cita el epitafio de Droctulft; éstos me conmovieron singularmente, luego entendí por qué. Fue Droctulft un guerrero lombardo que en el asedio de Ravena abandonó a los suyos y murió defendiendo la ciudad que antes había atacado. Los raveneses le dieron sepultura en un templo y compusieron un epitafio en el que manifestaron su gratitud (*contempsit caros, dum nos amat ille, parentes*) y el peculiar contraste que se advertía entre la figura atroz de aquel bárbaro y su simplicidad y bondad:

Terribilis visu facies, sed mente benignus,
*Longaque robusto pectore barba fuit!**

Tal es la historia del destino de Droctulft, bárbaro que murió defendiendo a Roma, o tal es el fragmento de su historia que pudo rescatar Pablo el Diácono. Ni siquiera sé en qué tiempo ocurrió: si al promediar el siglo VI, cuando los longobardos desolaron las llanuras de Italia; si en el VIII, antes de la rendición de Ravena. Imaginemos (éste no es un trabajo histórico) lo primero.

---

*También Gibbon (*Decline and Fall* . . . XLV) transcribe estos versos.

[1] **Benedetto Croce** (1866–1952): filósofo italiano, famoso por sus obras de estética y teoría literaria.

[2] **Pablo el Diácono** (740–801): llamado también Warnefredo, historiador lombardo.

Imaginemos, *sub specie aeternitatis*, a Droctulft, no al individuo Droctulft, que sin duda fue único e insondable (todos los individuos lo son), sino al tipo genérico que de él y de otros muchos como él ha hecho la tradición, que es obra del olvido y de la memoria. A través de una oscura geografía de selvas y de ciénagas, las guerras lo trajeron a Italia, desde las márgenes del Danubio y del Elba, y tal vez no sabía que iba al Sur y tal vez no sabía que guerreaba contra el nombre romano. Quizá profesaba el arrianismo, que mantiene que la gloria del Hijo es reflejo de la gloria del Padre, pero más congruente es imaginarlo devoto de la Tierra, de Hertha, cuyo ídolo tapado iba de cabaña en cabaña en un carro tirado por vacas, o de los dioses de la guerra y del trueno, que eran torpes figuras de madera, envueltas en ropa tejida y recargadas de monedas y ajorcas. Venía de las selvas inextricables del jabalí y del uro; era blanco, animoso, inocente, cruel, leal a su capitán y a su tribu, no al universo. Las guerras lo traen a Ravena y ahí ve algo que no ha visto jamás, o que no ha visto con plenitud. Ve el día y los cipreses y el mármol. Ve un conjunto que es múltiple sin desorden; ve una ciudad, un organismo hecho de estatuas, de templos, de jardines, de habitaciones, de gradas, de jarrones, de capiteles, de espacios regulares y abiertos. Ninguna de esas fábricas (lo sé) lo impresiona por bella; lo tocan como ahora nos tocaría una maquinaria compleja, cuyo fin ignoráramos, pero en cuyo diseño se adivinara una inteligencia inmortal. Quizá le basta ver un solo arco, con una incomprensible inscripción en eternas letras romanas. Bruscamente lo ciega y lo renueva esa revelación, la Ciudad. Sabe que en ella será un perro, o un niño, y que no empezará siquiera a entenderla, pero sabe también que ella vale más que sus dioses y que la fe jurada y que todas las ciénagas de Alemania. Droctulft abandona a los suyos y pelea por Ravena. Muere, y en la sepultura graban palabras que él no hubiera entendido:

Contempsit caros, dum nos amat ille, parentes.
Hanc patriam reputans esse, Ravenna, suam.

No fue un traidor (los traidores no suelen inspirar epitafios piadosos); fue un iluminado, un converso. Al cabo de unas cuantas generaciones, los longobardos que culparon al tránsfugo, procedieron como él; se hicieron italianos, lombardos y acaso alguno de su sangre —Aldíger— pudo engendrar a quienes engendraron al

Alighieri . . . Muchas conjeturas cabe aplicar al acto de Droctulft; la mía es la más económica; si no es verdadera como hecho, lo será como símbolo.

Cuando leí en el libro de Croce la historia del guerrero, ésta me conmovió de manera insólita y tuve la impresión de recuperar, bajo forma diversa, algo que había sido mío. Fugazmente pensé en los jinetes mogoles que querían hacer de la China un infinito campo de pastoreo y luego envejecieron en las ciudades que habían anhelado destruir; no era ésa la memoria que yo buscaba. La encontré al fin; era un relato que le oí alguna vez a mi abuela inglesa, que ha muerto.

En 1872 mi abuelo Borges era jefe de las fronteras Norte y Oeste de Buenos Aires y Sur de Santa Fe. La comandancia estaba en Junín; más allá, a cuatro o cinco leguas uno de otro, la cadena de los fortines; más allá, lo que se denominaba entonces la Pampa y también Tierra Adentro. Alguna vez, entre maravillada y burlona, mi abuela comentó su destino de inglesa desterrada a ese fin del mundo; le dijeron que no era la única y le señalaron, meses después, una muchacha india que atravesaba lentamente la plaza. Vestía dos mantas coloradas e iba descalza; sus crenchas eran rubias. Un soldado le dijo que otra inglesa quería hablar con ella. La mujer asintió; entró en la comandancia sin temor, pero no sin recelo. En la cobriza cara, pintarrajeada de colores feroces, los ojos eran de ese azul desganado que los ingleses llaman gris. El cuerpo era ligero, como de cierva; las manos, fuertes y huesudas. Venía del desierto, de Tierra Adentro, y todo parecía quedarle chico: las puertas, las paredes, los muebles.

Quizá las dos mujeres por un instante se sintieron hermanas; estaban lejos de su isla querida y en un increíble país. Mi abuela enunció alguna pregunta; la otra le respondió con dificultad, buscando las palabras y repitiéndolas, como asombrada de un antiguo sabor. Haría quince años que no hablaba el idioma natal y no le era fácil recuperarlo. Dijo que era de Yorkshire, que sus padres emigraron a Buenos Aires, que los había perdido en un malón,[3] que la habían llevado los indios y que ahora era mujer de un capitanejo, a quien ya había dado dos hijos y que era muy valiente.

---

[3] **malón:** ataque por sorpresa o correría depredadora de los indios, en Argentina y Chile.

Eso lo fue diciendo en un inglés rústico, entreverado de araucano[4] o de pampa,[5] detrás del relato se vislumbraba una vida feral:[6] los toldos de cuero de caballo, las hogueras de estiércol, los festines de carne chamuscada o de vísceras crudas, las sigilosas marchas al alba; el asalto de los corrales, el alarido y el saqueo, la guerra, el caudaloso arreo de las haciendas por jinetes desnudos, la poligamia, la hediondez y la magia. A esa barbarie se había rebajado una inglesa. Movida por la lástima y el escándalo, mi abuela la exhortó a no volver. Juró ampararla, juró rescatar a sus hijos. La otra le contestó que era feliz y volvió, esa noche, al desierto. Francisco Borges moriría poco después, en la revolución del 74; quizá mi abuela, entonces, pudo percibir en la otra mujer, también arrebatada y transformada por este continente implacable, un espejo monstruoso de su destino . . .

Todos los años, la india rubia solía llegar a las pulperías de Junín, o del Fuerte Lavalle, en procura de baratijas y "vicios";[7] no apareció, desde la conversación con mi abuela. Sin embargo, se vieron otra vez. Mi abuela había salido a cazar; en un rancho, cerca de los bañados,[8] un hombre degollaba una oveja. Como en un sueño, pasó la india a caballo. Se tiró al suelo y bebió la sangre caliente. No sé si lo hizo porque ya no podía obrar de otro modo, o como un desafío y un signo.

Mil trescientos años y el mar median entre el destino de la cautiva y el destino de Droctulft. Los dos, ahora, son igualmente irrecuperables. La figura del bárbaro que abraza la causa de Ravena, la figura de la mujer europea que opta por el desierto, pueden parecer antagónicos. Sin embargo, a los dos los arrebató un ímpetu secreto, un ímpetu más hondo que la razón, y los dos acataron ese ímpetu que no hubieran sabido justificar. Acaso las historias que he referido son una sola historia. El anverso y el reverso de esta moneda son, para Dios, iguales.

---

4 **araucano:** el idioma de los indios que formaban la mayor parte de la población de Chile, especialmente de Coquimbo al Sur, y que se extendían también por el oeste argentino, en las provincias de San Juan, Mendoza y Neuquén.

5 **pampa:** el idioma de los indios mapuches o tehuelches, que habitaban la pampa argentina. Era lengua emparentada con el araucano.

6 **feral:** cruel, sangrienta.

7 **vicios:** en Argentina, los adminículos e ingredientes necesarios para preparar y tomar el mate: la yerba mate, el azúcar, el aguardiente, etc.

8 **bañados:** en Argentina y Bolivia, extensiones más o menos vastas de campo bajo y anegadizo, que están casi siempre cubiertas de agua.

BIOGRAFÍA DE TADEO ISIDORO CRUZ[1] (1829-1874)

I'm looking for the face I had
Before the world was made.
YEATS: *The Winding Stair*

El seis de febrero de 1829, los montoneros[2] que, hostigados ya por Lavalle,[3] marchaban desde el Sur para incorporarse a las divisiones de López,[4] hicieron alto en una estancia cuyo nombre ignoraban, a tres o cuatro leguas del Pergamino;[5] hacia el alba, uno de los hombres tuvo una pesadilla tenaz: en la penumbra del galpón,[6] el confuso grito despertó a la mujer que dormía con él. Nadie sabe lo que soñó, pues al otro día, a las cuatro, los montoneros fueron desbaratados por la caballería de Suárez[7] y la perse-

[1] Personaje de *Martín Fierro*, poema gauchesco de José Hernández, popularísimo y conocido en Argentina y el mundo hispánico. El cuento de Borges es como una variación melódica sobre un tema —en este caso un personaje— de otro autor.

[2] **montoneros:** gentes de a caballo, que guerreaban contra las tropas del gobierno en la Argentina y otros países de América del Sur. En términos generales, gentes que guerreaban hostilizando al enemigo sin presentar batalla formal. Por extensión, gente armada que se dedicaba al merodeo y al pillaje por los campos.

[3] **Juan Lavalle** (1797–1841): general argentino de la guerra de la independencia, uno de los héroes en la batalla de Ituzaingó.

[4] **Estanislao López** (1786–1838): caudillo de la provincia de Santa Fe en la época de Rosas.

[5] **Pergamino:** pueblo argentino de la provincia de Buenos Aires.

[6] **galpón:** en la Argentina, galería abierta de un edificio. Aquí parece utilizado con el sentido genérico y antiguo de cobertizo.

[7] **Suárez:** personaje imaginario. También otros nombres en el cuento son ficticios.

cución duró nueve leguas, hasta los pajonales[8] ya lóbregos, y el hombre pereció en una zanja, partido el cráneo por un sable de las guerras del Perú y del Brasil. La mujer se llamaba Isidora Cruz; el hijo que tuvo recibió el nombre de Tadeo Isidoro.

Mi propósito no es repetir su historia. De los días y noches que la componen, sólo me interesa una noche; del resto no referiré sino lo indispensable para que esa noche se entienda. La aventura consta en un libro insigne; es decir, en un libro cuya materia puede ser todo para todos (I Corintios 9:22), pues es capaz de casi inagotables repeticiones, versiones, perversiones. Quienes han comentado, y son muchos, la historia de Tadeo Isidoro, destacan el influjo de la llanura sobre su formación, pero gauchos idénticos a él nacieron y murieron en las selváticas riberas del Paraná y en las cuchillas orientales. Vivió, eso sí, en un mundo de barbarie monótona. Cuando, en 1874, murió de una viruela negra, no había visto jamás una montaña ni un pico de gas ni un molino. Tampoco una ciudad. En 1849, fue a Buenos Aires con una tropa del establecimiento de Francisco Xavier Acevedo; los troperos entraron en la ciudad para vaciar el cinto;[9] Cruz, receloso, no salió de una fonda en el vecindario de los corrales. Pasó ahí muchos días, taciturno, durmiendo en la tierra, mateando,[10] levantándose al alba y recogiéndose a la oración. Comprendió (más allá de las palabras y aun del entendimiento) que nada tenía que ver con él la ciudad. Uno de los peones, borracho, se burló de él. Cruz no le replicó, pero en las noches del regreso, junto al fogón, el otro menudeaba las burlas, y entonces Cruz (que antes no había demostrado rencor, ni siquiera disgusto) lo tendió de una puñalada. Prófugo, hubo de guarecerse en un fachinal;[11] noches después, el grito de un chajá[12] le advirtió que lo había cercado la policía. Probó el cuchillo en una mata; para que no le estorbaran en la de a pie, se quitó las espuelas. Prefirió pelear a entregarse. Fue herido en el antebrazo, en el hombro, en la mano izquierda; malhirió a los más bravos de la partida;

---

[8] **pajonales:** en Argentina, terrenos poblados de totoras, o juncos, o pajas silvestres.

[9] **vaciar el cinto:** gastarse el dinero, que se guardaba en el cinto de cuero de los troperos.

[10] **mateando:** bebiendo mate.

[11] **fachinal:** en la Argentina, estero, o paraje que se inunda fácilmente.

[12] **chajá:** ave zancuda que abunda en los lagos y ríos de la región del Plata.

cuando la sangre le corrió entre los dedos, peleó con más coraje que nunca; hacia el alba, mareado por la pérdida de sangre, lo desarmaron. El ejército, entonces, desempeñaba una función penal; Cruz fue destinado a un fortín de la frontera Norte. Como soldado raso, participó en las guerras civiles; a veces combatió por su provincia natal, a veces en contra. El veintitrés de enero de 1856, en las Lagunas de Cardoso, fue uno de los treinta cristianos que, al mando del sargento mayor Eusebio Laprida, pelearon contra doscientos indios. En esa acción recibió una herida de lanza.

En su oscura y valerosa historia abundan los hiatos. Hacia 1868 lo sabemos de nuevo en el Pergamino: casado o amancebado, padre de un hijo, dueño de una fracción de campo. En 1869 fue nombrado sargento de la policía rural. Había corregido el pasado; en aquel tiempo debió de considerarse feliz, aunque profundamente no lo era. (Lo esperaba, secreta en el porvenir, una lúcida noche fundamental: la noche en que por fin vio su propia cara, la noche en que por fin escuchó su nombre. Bien entendida, esa noche agota su historia; mejor dicho, un instante de esa noche, un acto de esa noche, porque los actos son nuestro símbolo.) Cualquier destino, por largo y complicado que sea, consta en realidad *de un solo momento*: el momento en que el hombre sabe para siempre quién es. Cuéntase que Alejandro de Macedonia vio reflejado su futuro de hierro en la fabulosa historia de Aquiles; Carlos XII de Suecia, en la de Alejandro. A Tadeo Isidoro Cruz, que no sabía leer, ese conocimiento no le fue revelado en un libro; se vio a sí mismo en un entrevero[13] y un hombre. Los hechos ocurrieron así:

En los últimos días del mes de junio de 1870, recibió la orden de apresar a un malevo,[14] que debía dos muertes a la justicia. Era éste un desertor de las fuerzas que en la frontera Sur mandaba el coronel Benito Machado; en una borrachera, había asesinado a un moreno en un lupanar; en otra, a un vecino del partido de Rojas; el informe agregaba que procedía de la Laguna Colorada. En este lugar, hacía cuarenta años, habíanse congregado los montoneros para la desventura que dio sus carnes a los pájaros y a los perros; de ahí salió Manuel Mesa, que fue ejecutado en la plaza de la Victoria, mientras los tambores sonaban para que no se oyera su ira; de ahí, el desconocido que engendró a Cruz y que pereció

[13] **entrevero:** Véase el cuento "El muerto", nota 6.
[14] **malevo:** malhechor, malvado.

en una zanja, partido el cráneo por un sable de las batallas del Perú y del Brasil. Cruz había olvidado ese nombre; con leve pero inexplicable inquietud lo reconoció . . . El criminal, acosado por los soldados, urdió a caballo un largo laberinto de idas y de venidas; éstos, sin embargo, lo acorralaron la noche del doce de julio. Se había guarecido en un pajonal. La tiniebla era casi indescifrable; Cruz y los suyos, cautelosos y a pie, avanzaron hacia las matas en cuya hondura trémula acechaba o dormía el hombre secreto. Gritó un chajá; Tadeo Isidoro Cruz tuvo la impresión de haber vivido ya ese momento. El criminal salió de la guarida para pelearlos. Cruz lo entrevió, terrible; la crecida melena y la barba gris parecían comerle la cara. Un motivo notorio me veda referir la pelea. Básteme recordar que el desertor malhirió o mató a varios de los hombres de Cruz. Éste, mientras combatía en la oscuridad (mientras su cuerpo combatía en la oscuridad), empezó a comprender. Comprendió que un destino no es mejor que otro, pero que todo hombre debe acatar el que lleva adentro. Comprendió que las jinetas[15] y el uniforme ya le estorbaban. Comprendió su íntimo destino de lobo, no de perro gregario; comprendió que el otro era él. Amanecía en la desaforada llanura; Cruz arrojó por tierra el quepis,[16] gritó que no iba a consentir el delito de que se matara a un valiente y se puso a pelear contra los soldados, junto al desertor Martín Fierro.

[15] **jinetas:** en Argentina, insignias militares.
[16] **quepis:** gorra con visera que usaban los militares en muchos países.

LA CASA DE ASTERIÓN[1]

A Marta Mosquera Eastman

> Y la reina dio a luz un hijo que se llamó Asterión.
>
> Apolodoro: *Biblioteca,* III, i.

Sé que me acusan de soberbia, y tal vez de misantropía, y tal vez de locura. Tales acusaciones (que yo castigaré a su debido tiempo) son irrisorias. Es verdad que no salgo de mi casa, pero también es verdad que sus puertas (cuyo número es infinito)* están abiertas día y noche a los hombres y también a los animales. Que entre el que quiera. No hallará pompas mujeriles aquí ni el bizarro aparato de los palacios pero sí la quietud y la soledad. Asimismo hallará una casa como no hay otra en la faz de la tierra. (Mienten los que declaran que en Egipto hay una parecida.) Hasta mis de-

*El original dice *catorce*, pero sobran motivos para inferir que, en boca de Asterión, ese adjetivo numeral vale por *infinitos*.

[1] Asterión es el nombre del Minotauro en la obra de Apolodoro (historiador griego, nacido hacia 140 antes de J.C.). Según la mitología, Pasifae, la mujer de Minos, rey de Creta, se enamoró de un toro blanco (creado por Poseidón) y concibió un monstruo que tenía el cuerpo de hombre y la cabeza de toro. Minos escondió al Minotauro en el laberinto de Knosos, donde lo alimentaba sacrificándole los criminales y los jóvenes de ambos sexos, que los atenienses tenían que enviarle como tributo cada nueve años. Teseo, ayudado por Ariadna (la hija de Minos y Pasifae), logró penetrar en el laberinto y matar al Minotauro.

La originalidad del cuento de Borges estriba, principalmente en presentar el viejo mito desde el punto de vista de Asterión, el Minotauro, figura trágica con extrañas resonancias para la sensibilidad de nuestro tiempo. (Véase el curioso desarrollo del mito en la serie de dibujos y grabados de Picasso titulada *Minotauromaquia.*)

tractores admiten que no hay *un solo mueble* en la casa. Otra especie ridícula es que yo, Asterión, soy un prisionero. ¿Repetiré que no hay una puerta cerrada, añadiré que no hay una cerradura? Por lo demás, algún atardecer he pisado la calle; si antes de la noche volví, lo hice por el temor que me infundieron las caras de la plebe, caras descoloridas y aplanadas, como la mano abierta. Ya se había puesto el sol, pero el desvalido llanto de un niño y las toscas plegarias de la grey dijeron que me habían reconocido. La gente oraba, huía, se prosternaba; unos se encaramaban al estilóbato[2] del templo de las Hachas, otros juntaban piedras. Alguno, creo, se ocultó bajo el mar. No en vano fue una reina mi madre;[3] no puedo confundirme con el vulgo, aunque mi modestia lo quiera.

El hecho es que soy único. No me interesa lo que un hombre pueda trasmitir a otros hombres; como el filósofo, pienso que nada es comunicable por el arte de la escritura. Las enojosas y triviales minucias no tienen cabida en mi espíritu, que está capacitado para lo grande; jamás he retenido la diferencia entre una letra y otra. Cierta impaciencia generosa no ha consentido que yo aprendiera a leer. A veces lo deploro, porque las noches y los días son largos.

Claro que no me faltan distracciones. Semejante al carnero que va a embestir, corro por las galerías de piedra hasta rodar al suelo, mareado. Me agazapo a la sombra de un aljibe o a la vuelta de un corredor y juego a que me buscan. Hay azoteas desde las que me dejo caer, hasta ensangrentarme. A cualquier hora puedo jugar a estar dormido, con los ojos cerrados y la respiración poderosa. (A veces me duermo realmente, a veces ha cambiado el color del día cuando he abierto los ojos.) Pero de tantos juegos el que prefiero es el de otro Asterión. Finjo que viene a visitarme y que yo le muestro la casa. Con grandes reverencias le digo: *Ahora volvemos a la encrucijada anterior* o *Ahora desembocamos en otro patio* o *Bien decía yo que te gustaría la canaleta* o *Ahora verás una cisterna que se llenó de arena* o *Ya verás cómo el sótano se bifurca.* A veces me equivoco y nos reímos buenamente los dos.

No sólo he imaginado esos juegos; también he meditado sobre la casa. Todas las partes de la casa están muchas veces, cualquier lugar es otro lugar. No hay un aljibe, un patio, un abrevadero, un pesebre; son catorce [son infinitos] los pesebres, abrevaderos, pa-

---

[2] **estilóbato:** macizo corrido en que se apoya una columnata.

[3] Pasifae, reina de Creta, mujer de Minos.

tios, aljibes. La casa es del tamaño del mundo; mejor dicho, es el mundo.[4] Sin embargo, a fuerza de fatigar patios con un aljibe y polvorientas galerías de piedra gris he alcanzado la calle y he visto el templo de las Hachas y el mar. Eso no lo entendí hasta que una visión de la noche me reveló que también son catorce [son infinitos] los mares y los templos. Todo está muchas veces, catorce veces, pero dos cosas hay en el mundo que parecen estar una sola vez: arriba, el intrincado sol; abajo, Asterión. Quizá yo he creado las estrellas y el sol y la enorme casa, pero ya no me acuerdo.

Cada nueve años entran en la casa nueve hombres para que yo los libere de todo mal. Oigo sus pasos o su voz en el fondo de las galerías de piedra y corro alegremente a buscarlos. La ceremonia dura pocos minutos. Uno tras otro caen sin que yo me ensangrente las manos. Donde cayeron, quedan, y los cadáveres ayudan a distinguir una galería de las otras. Ignoro quiénes son, pero sé que uno de ellos profetizó, en la hora de su muerte, que alguna vez llegaría mi redentor. Desde entonces no me duele la soledad, porque sé que vive mi redentor y al fin se levantará sobre el polvo. Si mi oído alcanzara todos los rumores del mundo, yo percibiría sus pasos. Ojalá me lleve a un lugar con menos galerías y menos puertas. ¿Cómo será mi redentor?, me pregunto. ¿Será un toro o un hombre? ¿Será tal vez un toro con cara de hombre? ¿O será como yo?

El sol de la mañana reverberó en la espada de bronce. Ya no quedaba ni un vestigio de sangre.

—¿Lo creerás, Ariadna? —dijo Teseo—. El minotauro apenas se defendió.

---

[4] Esta afirmación es la clave del cuento, y la razón para la resurección poética del mito: el laberinto es el mundo, el monstruo Minotauro, el hombre.

LA ESCRITURA DEL DIOS

A Ema Risso Platero

La cárcel es profunda y de piedra; su forma, la de un hemisferio casi perfecto, si bien el piso (que también es de piedra) es algo menor que un círculo máximo, hecho que agrava de algún modo los sentimientos de opresión y de vastedad. Un muro medianero la corta; éste, aunque altísimo, no toca la parte superior de la bóveda; de un lado estoy yo, Tzinacán, mago de la pirámide de Qaholom, que Pedro de Alvarado[1] incendió; del otro hay un jaguar, que mide con secretos pasos iguales el tiempo y el espacio del cautiverio. A ras del suelo, una larga ventana con barrotes corta el muro central. En la hora sin sombra [el mediodía], se abre una trampa en lo alto y un carcelero que han ido borrando los años maniobra una roldana[2] de hierro, y nos baja, en la punta de un cordel, cántaros con agua y trozos de carne. La luz entra en la bóveda; en ese instante puedo ver al jaguar.

He perdido la cifra de los años que yazgo en la tiniebla; yo, que alguna vez fui joven y podía caminar por esta prisión, no hago otra cosa que aguardar, en la postura de mi muerte, el fin que me destinan los dioses. Con el hondo cuchillo de pedernal he abierto el pecho de las víctimas y ahora no podría, sin magia, levantarme del polvo.

La víspera del incendio de la Pirámide, los hombres que bajaron de altos caballos me castigaron con metales ardientes para que re-

---

[1] **Pedro de Alvarado** (1485?–1541): uno de los principales capitanes que acompañaron a Hernán Cortés en la conquista de Méjico. Exploró el Yucatán, Ecuador y fundó Guatemala. Los aztecas le llamaron Tonatiuh (el sol), porque era rubio y de gran estatura; dejó entre ellos fama de valiente, pero cruel.

[2] **roldana:** garrucha o polea.

velara el lugar de un tesoro escondido. Abatieron, delante de mis ojos, el ídolo del dios, pero éste no me abandonó y me mantuve silencioso entre los tormentos. Me laceraron, me rompieron, me deformaron y luego desperté en esta cárcel, que ya no dejaré en mi vida mortal.

Urgido por la fatalidad de hacer algo, de poblar de algún modo el tiempo, quise recordar, en mi sombra, todo lo que sabía. Noches enteras malgasté en recordar el orden y el número de unas sierpes de piedra o la forma de un árbol medicinal. Así fui debelando los años, así fui entrando en posesión de lo que ya era mío. Una noche sentí que me acercaba a un recuerdo precioso; antes de ver mar, el viajero siente una agitación en la sangre. Horas después, empecé a avistar el recuerdo; era una de las tradiciones del dios. Éste, previendo que en el fin de los tiempos ocurrirían muchas desventuras y ruinas, escribió el primer día de la Creación una sentencia mágica, apta para conjurar esos males. La escribió de manera que llegara a las más apartadas generaciones y que no la tocara el azar. Nadie sabe en qué punto la escribió ni con qué caracteres, pero nos consta que perdura, secreta, y que la leerá un elegido. Consideré que estábamos, como siempre, en el fin de los tiempos y que mi destino de último sacerdote del dios me daría acceso al privilegio de intuir esa escritura. El hecho de que me rodeara una cárcel no me vedaba esa esperanza; acaso yo había visto miles de veces la incripción de Qaholom y sólo me faltaba entenderla.

Esta reflexión me animó y luego me infundió una especie de vértigo. En el ámbito de la tierra hay formas antiguas, formas incorruptibles y eternas; cualquiera de ellas podía ser el símbolo buscado. Una montaña podía ser la palabra del dios, o un río o el imperio o la configuración de los astros. Pero en el curso de los siglos las montañas se allanan y el camino de un río suele desviarse y los imperios conocen mutaciones y estragos y la figura de los astros varía. En el firmamento hay mudanza. La montaña y la estrella son individuos y los individuos caducan. Busqué algo más tenaz, más invulnerable. Pensé en las generaciones de los cereales, de los pastos, de los pájaros, de los hombres. Quizá en mi carta estuviera escrita la magia, quizá yo mismo fuera el fin de mi busca. En ese afán estaba cuando recordé que el jaguar era uno de los atributos del dios.

Entonces mi alma se llenó de piedad. Imaginé la primera mañana del tiempo, imaginé a mi dios confiando el mensaje a la piel viva de los jaguares, que se amarían y se engendrarían sin fin, en cavernas, en cañaverales, en islas, para que los últimos hombres lo recibieran. Imaginé esa red de tigres, ese caliente laberinto de tigres, dando horror a los prados y a los rebaños para conservar un dibujo. En la otra celda había un jaguar; en su vecindad percibí una confirmación de mi conjetura y un secreto favor.

Dediqué largos años a aprender el orden y la configuración de las manchas. Cada ciega jornada me concedía un instante de luz, y así pude fijar en la mente las negras formas que tachaban el pelaje amarillo. Algunas incluían puntos; otras formaban rayas trasversales en la cara interior de las piernas; otras, anulares, se repetían. Acaso eran un mismo sonido o una misma palabra. Muchas tenían bordes rojos.

No diré las fatigas de mi labor. Más de una vez grité a la bóveda que era imposible descifrar aquel texto. Gradualmente, el enigma concreto que me atareaba me inquietó menos que el enigma genérico de una sentencia escrita por un dios. ¿Qué tipo de sentencia (me pregunté) construirá una mente absoluta? Consideré que aun en los lenguajes humanos no hay proposición que no implique el universo entero; decir *el tigre* es decir los tigres que lo engendraron, los ciervos y tortugas que devoró, el pasto de que se alimentaron los ciervos, la tierra que fue madre del pasto, el cielo que dio luz a la tierra. Consideré que en el lenguaje de un dios toda palabra enunciaría esa infinita concatenación de los hechos, y no de un modo implícito, sino explícito, y no de un modo progresivo, sino inmediato. Con el tiempo, la noción de una sentencia divina parecióme pueril o blasfematoria. Un dios, reflexioné, sólo debe decir una palabra y en esa palabra la plenitud. Ninguna voz articulada por él puede ser inferior al universo o menos que la suma del tiempo. Sombras o simulacros de esa voz que equivale a un lenguaje y a cuanto puede comprender un lenguaje son las ambiciosas y pobres voces humanas, *todo*, *mundo*, *universo*.

Un día o una noche —entre mis días y mis noches, ¿qué diferencia cabe?— soñé que en el piso de la cárcel había un grano de arena. Volví a dormir, indiferente; soñé que despertaba y que había dos granos de arena. Volví a dormir; soñé que los granos de arena eran tres. Fueron, así, multiplicándose hasta colmar la cárcel y yo moría bajo ese hemisferio de arena. Comprendí que estaba soñando; con un vasto esfuerzo me desperté. El despertar fue inútil; la innumerable arena me sofocaba. Alguien me dijo: *No has despertado a la vigilia, sino a un sueño anterior. Ese sueño esta dentro de otro, y así hasta lo infinito, que es el número de los granos de arena. El camino que habrás de desandar es interminable y morirás antes de haber despertado realmente.*

Me sentí perdido. La arena me rompía la boca, pero grité: *Ni una arena soñada puede matarme ni hay sueños que estén dentro de sueños.* Un resplandor me despertó. En la tiniebla superior se cernía un círculo de luz. Vi la cara y las manos del carcelero, la rodaja, el cordel, la carne y los cántaros.

Un hombre se confunde, gradualmente, con la forma de su destino; un hombre es, a la larga, sus circunstancias. Más que un descifrador o un vengador, más que un sacerdote del dios, yo era un encarcelado. Del incansable laberinto de sueños yo regresé como a mi casa a la dura prisión. Bendije su humedad, bendije su tigre, bendije el agujero de luz, bendije mi viejo cuerpo doliente, bendije la tiniebla y la piedra.

Entonces ocurrió lo que no puedo olvidar ni comunicar. Ocurrió la unión con la divinidad, con el universo (no sé si estas palabras difieren). El éxtasis no repite sus símbolos; hay quien ha visto a Dios en un resplandor, hay quien lo ha percibido en una espada o en los círculos de una rosa. Yo vi una Rueda altísima, que no estaba delante de mis ojos ni detrás, ni a los lados, sino en todas partes, a un tiempo. Esa Rueda estaba hecha de agua, pero también de fuego, y era (aunque se veía el borde) infinita. Entretejidas, la formaban todas las cosas que serán, que son y que fueron, y yo era una de las hebras de esa trama total, y Pedro de Alvarado, que me dio tormento, era otra. Ahí estaban las causas y los efectos y me bastaba ver esa Rueda para entenderlo todo, sin fin. ¡Oh dicha de entender, mayor que la de imaginar o la de sentir! Vi el universo y vi los íntimos designios del universo. Vi los orígenes que narra el Libro del Común. Vi las montañas que surgieron del agua, vi los primeros hombres de palo, vi las tinajas que se volvieron contra los hombres, vi los perros que les destrozaron las caras. Vi el dios sin cara que hay detrás de los dioses. Vi infinitos procesos que formaban una sola felicidad y, entendiéndolo todo, alcancé también a entender la escritura del tigre.

Es una fórmula de catorce palabras casuales (que parecen casuales) y me bastaría decirla en voz alta para ser todopoderoso. Me bastaría decirla para abolir esta cárcel de piedra, para que el día entrara en mi noche, para ser joven, para ser inmortal, para que el tigre destrozara a Alvarado, para sumir el santo cuchillo en pechos españoles, para reconstruir la pirámide, para reconstruir el imperio. Cuarenta sílabas, catorce palabras, y yo, Tzinacán, regiría las tierras que rigió Moctezuma.[3] Pero yo sé que nunca diré esas palabras, porque ya no me acuerdo de Tzinacán.

Que muera conmigo el misterio que está escrito en los tigres. Quien ha entrevisto el universo, quien ha entrevisto los ardientes designios del universo, no puede pensar en un hombre, en sus triviales dichas o desventuras, aunque ese hombre sea él. Ese hombre *ha sido él* y ahora no le importa. Qué le importa la suerte de aquel otro, qué le importa la nación de aquel otro, si él, ahora es nadie. Por eso no pronuncio la fórmula, por eso dejo que me olviden los días, acostado en la oscuridad.

LOS DOS REYES Y LOS DOS LABERINTOS

Cuentan los hombres dignos de fe (pero Alá sabe más) que en los primeros días hubo un rey de las islas de Babilonia que congregó a sus arquitectos y magos y les mandó construir un laberinto tan perplejo y sutil que los varones más prudentes no se aventuraban a entrar, y los que entraban se perdían. Esa obra era un escándalo, porque la confusión y la maravilla son operaciones propias de Dios y no de los hombres. Con el andar del tiempo vino a su corte un rey de los árabes, y el rey de Babilonia (para hacer burla de la simplicidad de su huésped) lo hizo penetrar en el laberin-

[3] **Moctezuma** (1466–1520): emperador azteca de Méjico (Tenochtitlán) cuando llegó Hernán Cortés.

to, donde vagó afrentado y confundido hasta la declinación de la tarde. Entonces imploró socorro divino y dio con la puerta. Sus labios no profirieron queja ninguna, pero le dijo al rey de Babilonia que él en Arabia tenía un laberinto mejor y que, si Dios era servido, se lo daría a conocer algún día. Luego regresó a Arabia, juntó sus capitanes y sus alcaides y estragó los reinos de Babilonia con tan venturosa fortuna que derribó sus castillos, rompió sus gentes e hizo cautivo al mismo rey. Lo amarró encima de un camello veloz y lo llevó al desierto. Cabalgaron tres días, y le dijo: "¡Oh, rey del tiempo y substancia y cifra del siglo!, en Babilonia me quisiste perder en un laberinto de bronce con muchas escaleras, puertas y muros; ahora el Poderoso ha tenido a bien que te muestre el mío, donde no hay escaleras que subir, ni puertas que forzar, ni fatigosas galerías que recorrer, ni muros que te veden el paso."

Luego le desató las ligaduras y lo abandonó en mitad del desierto, donde murió de hambre y de sed. La gloria sea con Aquel que no muere.

EL ALEPH

A Estela Canto

> O God, I could be bounded in a nutshell and count myself a King of infinite space.
>
> *Hamlet*, II, 2.

> But they will teach us that Eternity is the Standing still of the Present Time, a *Nunc-stans* (as the Schools call it); which neither they, nor any else understand, no more than they would a *Hic-stans* for an Infinite greatnesse of Place.
>
> *Leviathan*, IV, 46.

La candente mañana de febrero en que Beatriz Viterbo murió, después de una imperiosa agonía que no se rebajó un solo instante ni al sentimentalismo ni al miedo, noté que las carteleras de fierro de la Plaza Constitución[1] habían renovado no sé qué aviso de cigarrillos rubios; el hecho me dolió, pues comprendí que el incesante y vasto universo ya se apartaba de ella y que ese cambio era el primero de una serie infinita. Cambiará el universo pero yo no, pensé con melancólica vanidad; alguna vez, lo sé, mi vana devoción la había exasperado; muerta, yo podía consagrarme a su memoria, sin esperanza, pero también sin humillación. Consideré que el treinta de abril era su cumpleaños; visitar ese día la casa de la calle Garay[2] para saludar a su padre y a Carlos Argentino Daneri, su primo hermano, era un acto cortés, irreprochable, tal vez ineludible. De nuevo aguardaría en el crepúsculo de la abarrotada salita, de nuevo estudiaría las circunstancias de sus

[1] **Constitución:** plaza de Buenos Aires.
[2] **Garay:** calle de Buenos Aires.

muchos retratos. Beatriz Viterbo, de perfil, en colores; Beatriz, con antifaz, en los carnavales de 1921; la primera comunión de Beatriz; Beatriz, el día de su boda con Roberto Alessandri; Beatriz, poco después del divorcio, en un almuerzo del Club Hípico; Beatriz, en Quilmes,[3] con Delia San Marco Porcel y Carlos Argentino; Beatriz, con el pekinés que le regaló Villegas Haedo; Beatriz, de frente y de tres cuartos, sonriendo, la mano en el mentón . . . No estaría obligado, como otras veces, a justificar mi presencia con módicas ofrendas de libros: libros cuyas páginas, finalmente, aprendí a cortar, para no comprobar, meses después, que estaban intactos.

Beatriz Viterbo murió en 1929; desde entonces, no dejé pasar un treinta de abril sin volver a su casa. Yo solía llegar a las siete y cuarto y quedarme unos veinticinco minutos; cada año aparecía un poco más tarde y me quedaba un rato más; en 1933, una lluvia torrencial me favoreció: tuvieron que invitarme a comer. No desperdicié, como es natural, ese buen precedente; en 1934, aparecí, ya dadas las ocho, con un alfajor santafecino;[4] con toda naturalidad me quedé a comer. Así, en aniversarios melancólicos y vanamente eróticos, recibí las graduales confidencias de Carlos Argentino Daneri.

Beatriz era alta, frágil, muy ligeramente inclinada; había en su andar (si el oximoron[5] es tolerable) una como graciosa torpeza, un principio de éxtasis; Carlos Argentino es rosado, considerable, canoso, de rasgos finos. Ejerce no sé qué cargo subalterno en una biblioteca ilegible de los arrabales del Sur; es autoritario, pero también es ineficaz; aprovechaba, hasta hace muy poco, las noches y las fiestas para no salir de su casa. A dos generaciones de distancia, la ese italiana y la copiosa gesticulación italiana sobreviven en él. Su actividad mental es continua, apasionada, versátil y del todo insignificante. Abunda en inservibles analogías y en ociosos escrúpulos. Tiene (como Beatriz) grandes y afiladas manos hermosas. Durante algunos meses padeció la obsesión de Paul Fort,[6] menos

---

[3] **Quilmes:** ciudad argentina, conocido lugar de veraneo, situada al sureste en el Río de la Plata.

[4] **alfajor santafecino:** postre compuesto de dos discos de masa con dulce de leche en medio. Aquí se refiere al que hacen en Santa Fe.

[5] **oximoron:** forma retórica que etimológicamente significa deliberadamente tonta; antítesis que enfrenta dos términos contradictorios. Tal contraste determina un énfasis en la contradicción.

[6] **Paul Fort** (1872–1960): poeta simbolista francés, autor de *Ballades françaises.*

por su baladas que por la idea de una gloria intachable. "Es el Príncipe de los poetas de Francia", repetía con fatuidad. "En vano te revolverás contra él; no lo alcanzará, no, la más inficionada de tus saetas."

El treinta de abril de 1941 me permití agregar al alfajor una botella de coñac del país. Carlos Argentino lo probó, lo juzgó interesante y emprendió, al cabo de unas copas, una vindicación del hombre moderno.

—Lo evoco —dijo con una animación algo inexplicable— en su gabinete de estudio, como si dijéramos en la torre albarrana[7] de una ciudad, provisto de teléfonos, de telégrafos, de fonógrafos, de aparatos de radiotelefonía, de cinematógrafos, de linternas mágicas, de glosarios, de horarios, de prontuarios, de boletines.

Observó que para un hombre así facultado el acto de viajar era inútil: nuestro siglo XX había trastornado la fábula de Mahoma y de la montaña; las montañas, ahora, convergían sobre el moderno Mahoma.

Tan ineptas me parecieron esas ideas, tan pomposa y tan vasta su exposición, que las relacioné inmediatamente con la literatura; le dije que por qué no las escribía. Previsiblemente respondió que ya lo había hecho: esos conceptos, y otros no menos novedosos, figuraban en el Canto Augural, Canto Prologal o simplemente Canto-Prólogo de un poema en el que trabajaba hacía muchos años, sin *réclame*,[8] sin bullanga ensordecedora, siempre apoyado en esos dos báculos que se llaman el trabajo y la soledad. Primero abría las compuertas a la imaginación; luego hacía uso de la lima. El poema se titulaba *La Tierra;* tratábase de una descripción del planeta, en la que no faltaban, por cierto, la pintoresca digresión y el gallardo apóstrofe.

Le rogué que me leyera un pasaje, aunque fuera breve. Abrió un cajón del escritorio, sacó un alto legajo de hojas de block estampadas con el membrete de la Biblioteca Juan Crisóstomo Lafinur y leyó con sonora satisfacción:

> He visto, como el griego, las urbes de los hombres,
> Los trabajos, los días de varia luz, el hambre;
> No corrijo los hechos, no falseo los nombres,
> Pero el *voyage* que narro, es . . . *autour de ma chambre.*

---

[7] **albarrana:** torre exterior de una fortificación o de una ciudad fortificada.

[8] **réclame** (francés): reclamo, publicidad.

—Estrofa a todas luces interesante —dictaminó—. El primer verso granjea el aplauso del catedrático, del académico, del helenista, cuando no de los eruditos a la violeta, sector considerable de la opinión; el segundo pasa de Homero a Hesíodo[9] (todo un implícito homenaje, en el frontis del flamante edificio, al padre de la poesía didáctica), no sin remozar un procedimiento cuyo abolengo está en la Escritura, la enumeración, congerie o conglobación; el tercero —¿barroquismo, decadentismo, culto depurado y fanático de la forma?— consta de dos hemistiquios gemelos; el cuarto, francamente bilingüe, me asegura el apoyo incondicional de todo espíritu sensible a los desenfadados envites de la facecia.[10] Nada diré de la rima rara ni de la ilustración que me permite ¡sin pedantismo! acumular en cuatro versos tres alusiones eruditas que abarcan treinta siglos de apretada literatura: la primera a la *Odisea*, la segunda a los *Trabajos y días*, la tercera a la bagatela inmortal que nos depararan los ocios de la pluma del saboyano . . . Comprendo una vez más que el arte moderno exige el bálsamo de la risa, el *scherzo*[11] ¡Decididamente, tiene la palabra Goldoni![12]

Otras muchas estrofas me leyó que también obtuvieron su aprobación y su comentario profuso. Nada memorable había en ellas; ni siquiera las juzgué mucho peores que la anterior. En su escritura habían colaborado la aplicación, la resignación y el azar; las virtudes que Daneri les atribuía eran posteriores. Comprendí que el trabajo del poeta no estaba en la poesía; estaba la invención de razones para que la poesía fuera admirable; naturalmente, ese ulterior trabajo modificaba la obra para él, pero no para otros. La dicción oral de Daneri era extravagante; su torpeza métrica le vedó, salvo contadas veces, trasmitir esa extravagancia al poema.*

---

*Recuerdo, sin embargo, estas líneas de una sátira en que fustigó con rigor a los malos poetas:

Aqueste da al poema belicosa armadura
De erudición; estotro le da pompas y galas.
Ambos baten en vano las ridículas alas . . .
¡Olvidaron, cuitados, el factor HERMOSURA!

Solo el temor de crearse un ejército de enemigos implacables y poderosos lo disuadió (me dijo) de publicar sin miedo el poema.

[9] **Hesíodo:** poeta griego (siglo VIII, antes de J.C.), autor del poema didáctico y moral *Trabajos y días*.

[10] **facecia:** latinismo (de *facetia*) que significa agudeza de ingenio.

[11] **scherzo** (italiano): chiste.

[12] **Carlo Goldoni** (1707–1793): dramaturgo italiano, renovador del teatro de su país. Sus comedias se parecen a las de Molière.

Una sola vez en mi vida he tenido ocasión de examinar los quince mil dodecasílabos del *Polyolbion*, esa epopeya topográfica en la que Michael Drayton[13] registró la fauna, la flora, la hidrografía, la orografía, la historia militar y monástica de Inglaterra; estoy seguro de que ese producto considerable, pero limitado, es menos tedioso que la vasta empresa congénere de Carlos Argentino. Éste se proponía versificar toda la redondez del planeta; en 1941 ya había despachado unas hectáreas del estado de Queensland, más de un kilómetro del curso del Ob, un gasómetro al norte de Veracruz, las principales casas de comercio de la parroquia de la Concepción, la quinta de Mariana Cambaceres de Alvear en la calle Once de Setiembre, en Belgrano, y un establecimiento de baños turcos no lejos del acreditado acuario de Brighton. Me leyó ciertos laboriosos pasajes de la zona australiana de su poema; esos largos e informes alejandrinos carecían de la relativa agitación del prefacio. Copio una estrofa:

> Sepan. A manderecha del poste rutinario
> (Viniendo, claro está, desde el Nornoroeste)
> Se aburre una osamenta —¿Color? Blanquiceleste—
> Que da al corral de ovejas catadura de osario.

—¡Dos audacias —gritó con exultación—, rescatadas, te oigo mascullar, por el éxito! Lo admito, lo admito. Una, el epíteto *rutinario*, que certeramente denuncia, *en passant*, el inevitable tedio inherente a las faenas pastoriles y agrícolas, tedio que ni las geórgicas[14] ni nuestro ya laureado *Don Segundo*[15] se atrevieron jamás a denunciar así, al rojo vivo. Otra, el enérgico prosaísmo *se aburre una osamenta*, que el melindroso querrá excomulgar con horror pero que apreciará más que su vida el crítico de gusto viril. Todo el verso, por lo demás, es de muy subidos quilates. El segundo hemistiquio entabla animadísima charla con el lector; se adelanta a su viva curiosidad, le pone una pregunta en la boca y la satisface . . . al instante. ¿Y qué me dices de ese hallazgo, *blanquiceleste*? El pintoresco neologismo *sugiere* el cielo, que es un factor importantísimo del paisaje australiano. Sin esa evocación resultarían demasiado

---

[13] **Michael Drayton** (1563–1631): poeta inglés. Escribió poemas de tema histórico. El más famoso es el *Polyolbion*, extensa composición de 15,000 versos.

[14] **geórgicas:** poemas sobre la agricultura.

[15] **Don Segundo:** Se refiere a la novela gauchesca *Don Segundo Sombra* del argentino Ricardo Güiraldes.

sombrías las tintas del boceto y el lector se vería compelido a cerrar el volumen, herida en lo más íntimo el alma de incurable y negra melancolía.

Hacia la medianoche me despedí.

Dos domingos después, Daneri me llamó por teléfono, entiendo que por primera vez en la vida. Me propuso que nos reuniéramos a las cuatro, "para tomar juntos la leche, en el contiguo salón-bar que el progresismo de Zunino y de Zungri—los propietarios de mi casa, recordarás— inaugura en la esquina; confitería que te importará conocer." Acepté, con más resignación que entusiasmo. Nos fue difícil encontrar mesa; el "salón-bar", inexorablemente moderno, era apenas un poco menos atroz que mis previsiones; en las mesas vecinas, el excitado público mencionaba las sumas invertidas sin regatear por Zunino y por Zungri. Carlos Argentino fingió asombrarse de no sé qué primores de la instalación de la luz (que, sin duda, ya conocía) y me dijo con cierta severidad:

—Mal de tu grado habrás de reconocer que este local se parangona con los más encopetados de Flores.

Me releyó, después, cuatro o cinco páginas del poema. Las había corregido según un depravado principio de ostentación verbal: donde antes escribió *azulado*, ahora abundaba en *azulino*, *azulenco* y hasta *azulillo*. La palabra *lechoso* no era bastante fea para él; en la impetuosa descripción de un lavadero de lanas, prefería *lactario*, *lacticinoso*, *lactescente*, *lechal* . . . Denostó con amargura a los críticos; luego, más benigno, los equiparó a esas personas, "que no disponen de metales preciosos ni tampoco de prensas de vapor, laminadores y ácidos sulfúricos para la acuñación de tesoros, pero que pueden *indicar* a los *otros el sitio* de un tesoro". Acto continuo censuró la *prologomanía*, "de la que ya hizo mofa, en la donosa prefación del Quijote, el Príncipe de los Ingenios". Admitió, sin embargo, que en la portada de la nueva obra convenía el prólogo vistoso, el espaldarazo firmado por el plumífero de garra, de fuste. Agregó que pensaba publicar los cantos iniciales de su poema. Comprendí, entonces, la singular invitación telefónica; el hombre iba a pedirme que prologara su pedantesco fárrago. Mi temor resultó infundado: Carlos Argentino observó, con admiración rencorosa, que no creía errar el epíteto al calificar de sólido el prestigio logrado en todos los círculos por Álvaro Melián Lafinur, hombre de letras, que, si yo me empeñaba, prologaría con embeleso el poema. Para evitar el más imperdonable de los fracasos, yo tenía que hacerme portavoz de dos méritos inconcusos: la perfección formal y el rigor científico, "porque ese dilatado jardín de tropos, de figuras, de galanuras, no tolera un solo detalle que no confirme la severa verdad". Agregó que Beatriz siempre se había distraído con Álvaro.

Asentí, profusamente asentí. Aclaré, para mayor verosimilitud, que no hablaría el lunes con Álvaro, sino el jueves: en la pequeña cena que suele coronar toda reunión del Club de Escritores. (No hay tales cenas, pero es irrefutable que las reuniones tienen lugar los jueves, hecho que Carlos Argentino Daneri podía comprobar en los diarios y que dotaba de cierta realidad a la frase.) Dije, entre adivinatorio y sagaz, que antes de abordar el tema del prólogo, describiría el curioso plan de la obra. Nos despedimos; al doblar por Bernardo de Irigoyen,[16] encaré con toda imparcialidad los porvenires que me quedaban: (*a*) hablar con Álvaro y decirle que el primo hermano aquel de Beatriz (ese eufemismo explicativo me permitiría nombrarla) había elaborado un poema que parecía dilatar hasta lo infinito las posibilidades de la cacofonía y del caos; (*b*) no hablar con Álvaro. Preví, lúcidamente, que mi desidia optaría por *b*.

A partir del viernes a primera hora, empezó a inquietarme el teléfono. Me indignaba que ese instrumento, que algún día produjo la irrecuperable voz de Beatriz, pudiera rebajarse a receptáculo de las inútiles y quizás coléricas quejas de ese engañado Carlos Argentino Daneri. Felizmente, nada ocurrió —salvo el rencor inevitable que me inspiró aquel hombre que me había impuesto una delicada gestión y luego me olvidaba.

El teléfono perdió sus terrores, pero a fines de octubre, Carlos Argentino me habló. Estaba agitadísimo; no identifiqué su voz, al principio. Con tristeza y con ira balbuceó que esos ya ilimitados Zunino y Zungri, so pretexto de ampliar su desaforada confitería, iban a demoler su casa.

—¡La casa de mis padres, mi casa, la vieja casa inveterada de la calle Garay! —repitió, quizá olvidando su pesar en la melodía.

No me resultó muy difícil compartir su congoja. Ya cumplidos los cincuenta años, todo cambio es un símbolo detestable del pa-

[16] **Bernardo de Irigoyen:** calle de Buenos Aires.

saje del tiempo; además, se trataba de una casa que, para mí, aludía infinitamente a Beatriz. Quise aclarar ese delicadísimo rasgo; mi interlocutor no me oyó. Dijo que si Zunino y Zungri persistían en ese propósito absurdo, el doctor Zunni, su abogado, los demandaría *ipso facto* por daños y perjuicios y los obligaría a abonar cien mil nacionales.

El nombre de Zunni me impresionó; su bufete, en Caseros y Tacuarí,[17] es de una seriedad proverbial. Interrogué si éste se había encargado ya del asunto. Daneri dijo que le hablaría esa misma tarde. Vaciló y con esa voz llana, impersonal, a que solemos recurrir para confiar algo muy íntimo, dijo que para terminar el poema le era indispensable la casa, pues en un ángulo del sótano había un Aleph. Aclaró que un Aleph es uno de los puntos del espacio que contienen todos los puntos.

—Está en el sótano del comedor —explicó, aligerada su dicción por la angustia—. Es mío, es mío; yo lo descubrí en la niñez, antes de la edad escolar. La escalera del sótano es empinada, mis tíos me tenían prohibido el descenso, pero alguien dijo que había un mundo en el sótano. Se refería, lo supe después, a un baúl, pero yo entendí que había un mundo.[18] Bajé secretamente, rodé por la escalera vedada, caí. Al abrir los ojos, vi el Aleph.

—¿El Aleph? —repetí.

—Sí, el lugar donde están, sin confundirse, todos los lugares del orbe, vistos desde todos los ángulos. A nadie revelé mi descubrimiento, pero volví. ¡El niño no podía comprender que le fuera deparado ese privilegio para que el hombre burilara[19] el poema! No me despojarán Zunino y Zungri, no y mil veces no. Código en mano, el doctor Zunni probará que es *inajenable* mi Aleph.

---

[17] **Caseros y Tacuarí:** esquina formada por dos calles conocidas del centro de Buenos Aires.

[18] **mundo:** Esta palabra puede significar baúl; de ahí el juego con los dos sentidos.

[19] **burilara:** trabajara con el buril, la herramienta del grabador. Aquí se emplea con sentido figurado. El poeta pedante Daneri habla de "burilar" el poema, como de "grabarlo indeleblemente". Ésta, como las demás expresiones de Carlos Argentino Daneri, es una espléndida caricatura del lenguaje pedantesco y paraliterario. Lo extraordinario del relato es que Borges sitúa a este ser negado para la poesía frenta al misterio original del arte literario. Daneri no sabe escribir pero sabe lo que es el Aleph, el punto en el infinito —o el absoluto, la totalidad del cosmos— hacia el que se dispara el deseo y la imaginación del poeta. Daneri es, además en última instancia, una caricatura del propio Borges, o, mejor dicho, del lado de Borges amante de la erudición, la cultura cosmopolita, y la metáfora sorprendente, el Borges juvenil ultraísta.

Traté de razonar.

—Pero, ¿no es muy oscuro el sótano?

—La verdad no penetra en un entendimiento rebelde. Si todos los lugares de la tierra están en el Aleph, ahí estarán todas las luminarias, todas las lámparas, todos los veneros de luz.

—Iré a verlo inmediatamente.

Corté, antes de que pudiera emitir una prohibición. Basta el conocimiento de un hecho para percibir en el acto una serie de rasgos confirmatorios, antes insospechados; me asombró no haber comprendido hasta ese momento que Carlos Argentino era un loco. Todos esos Viterbo, por lo demás . . . Beatriz (yo mismo suelo repetirlo) era una mujer, una niña, de una clarividencia casi implacable, pero había en ella negligencias, distracciones, desdenes, verdaderas crueldades, que tal vez reclamaban una explicación patológica. La locura de Carlos Argentino me colmó de maligna felicidad; íntimamente, siempre nos habíamos detestado.

En la calle Garay, la sirvienta me dijo que tuviera la bondad de esperar. El niño estaba, como siempre, en el sótano, revelando fotografías. Junto al jarrón sin una flor, en el piano inútil, sonreía (más intemporal que anacrónico) el gran retrato de Beatriz, en torpes colores. No podía vernos nadie; en una desesperación de ternura me aproximé al retrato y le dije:

—Beatriz, Beatriz Elena, Beatriz Elena Viterbo, Beatriz querida, Beatriz perdida para siempre, soy yo, soy Borges.

Carlos entró poco después. Habló con sequedad; comprendí que no era capaz de otro pensamiento que de la perdición del Aleph.

—Una copita del seudo coñac —ordenó— y te zampuzarás en el sótano. Ya sabes, el decúbito dorsal es indispensable. También lo son la oscuridad, la inmovilidad, cierta acomodación ocular. Te acuestas en el piso de baldosas y fijas los ojos en el décimonono escalón de la pertinente escalera. Me voy, bajo la trampa y te quedas solo. Algún roedor te mete miedo ¡fácil empresa! A los pocos minutos ves el Aleph. ¡El microcosmo de alquimistas y cabalistas, nuestro concreto amigo proverbial, el *multum in parvo*![20]

Ya en el comedor, agregó:

—Claro está que si no lo ves, tu incapacidad no invalida mi testimonio . . . Baja; muy en breve podrás entablar un diálogo con *todas* las imágenes de Beatriz.

---

[20] **multum in parvo** (latín): lo mucho en lo escaso.

Bajé con rapidez, harto de sus palabras insustanciales. El sótano, apenas más ancho que la escalera, tenía mucho de pozo. Con la mirada, busqué en vano el baúl de que Carlos Argentino me habló. Unos cajones con botellas y unas bolsas de lona entorpecían un ángulo. Carlos tomó una bolsa, la dobló y la acomodó en un sitio preciso.

—La almohada es humildosa —explicó—, pero si la levanto un solo centímetro, no verás ni una pizca y te quedarás corrido y avergonzado. Repantiga en el suelo ese corpachón y cuenta diecinueve escalones.

Cumplí con sus ridículos requisitos; al fin se fue. Cerró cautelosamente la trampa; la oscuridad, pese a una hendija que después distinguí, pudo parecerme total. Súbitamente comprendí mi peligro: me había dejado soterrar por un loco, luego de tomar un veneno. Las bravatas de Carlos transparentaban el íntimo terror de que yo no viera el prodigio; Carlos, para defender su delirio, para no saber que estaba loco, *tenía que matarme.* Sentí un confuso malestar, que traté de atribuir a la rigidez, y no a la operación de un narcótico. Cerré los ojos, los abrí. Entonces vi el Aleph.

Arribo, ahora, al inefable centro de mi relato; empieza, aquí, mi desesperación de escritor. Todo lenguaje es un alfabeto de símbolos cuyo ejercicio presupone un pasado que los interlocutores comparten; ¿cómo transmitir a los otros el infinito Aleph, que mi temerosa memoria apenas abarca? Los místicos, en análogo trance, prodigan los emblemas: para significar la divinidad, un persa habla de un pájaro que de algún modo es todos los pájaros; Alanus de Insulis, de una esfera cuyo centro está en todas partes y la circunferencia en ninguna; Ezequiel, de un ángel de cuatro caras que a un tiempo se dirige al Oriente y al Occidente, al Norte y al Sur. (No en vano rememoro esas inconcebibles analogías; alguna relación tienen con el Aleph.) Quizá los dioses no me negarían el hallazgo de una imagen equivalente, pero este informe quedaría contaminado de literatura, de falsedad. Por lo demás, el problema central es irresoluble: la enumeración, siquiera parcial, de un conjunto infinito. En ese instante gigantesco, he visto millones de actos deleitables o atroces; ninguno me asombró como el hecho de que todos ocuparan el mismo punto, sin superposición y sin transparencia. Lo que vieron mis ojos fue simultáneo: lo que transcribiré, sucesivo, porque el lenguaje lo es. Algo, sin embargo, recogeré.

En la parte inferior del escalón, hacia la derecha, vi una pequeña esfera tornasolada, de casi intolerable fulgor. Al principio la creí giratoria; luego comprendí que ese movimiento era una ilusión producida por los vertiginosos espectáculos que encerraba. El diámetro del Aleph sería de dos o tres centímetros, pero el espacio cósmico estaba ahí, sin disminución de tamaño. Cada cosa (la luna del espejo, digamos) era infinitas cosas, porque yo claramente la veía desde todos los puntos del universo. Vi el populoso mar, vi el alba y la tarde, vi las muchedumbres de América, vi una plateada telaraña en el centro de una negra pirámide, vi un laberinto roto (era Londres), vi interminables ojos inmediatos escrutándose en mí como un espejo, vi todos los espejos del planeta y ninguno me reflejó, vi en un traspatio de la calle Soler las mismas baldosas que hace treinta años vi en el zaguán de una casa en Fray Bentos, vi racimos, nieve, tabaco, vetas de metal, vapor de agua, vi convexos desiertos ecuatoriales y cada uno de sus granos de arena, vi en Inverness a una mujer que no olvidaré, vi la violenta cabellera, el altivo cuerpo, vi un cáncer en el pecho, vi un círculo de tierra seca en una vereda, donde antes hubo un árbol, vi una quinta de Adrogué,[21] un ejemplar de la primera versión inglesa de Plinio, la de Philemon Holland,[22] vi a un tiempo cada letra de cada página (de chico, yo solía maravillarme de que las letras de un volumen cerrado no se mezclaran y perdieran en el decurso de la noche), vi la noche y el día contemporáneos, vi un poniente en Querétaro[23] que parecía reflejar el color de una rosa en Bengala, vi mi dormitorio sin nadie, vi en un gabinete de Alkmaar[24] un globo terráqueo entre dos espejos que lo multiplicaban sin fin, vi caballos de crin arremolinada, en una playa del Mar Caspio en el alba, vi la delicada osatura de una mano, vi a los sobrevivientes de una batalla, enviando tarjetas postales, vi en un escaparate de Mirzapur[25] una baraja española, vi las sombras oblicuas de unos helechos en el suelo de un invernáculo, vi tigres, émbolos, bisontes, marejadas y ejércitos, vi todas las hormigas que hay en la tierra, vi un astro-

---

21 **Adrogué:** Véase nota 14 de "Tlön, Uqbar, Orbis Tertius".

22 **Philemon Holland** (1552–1637): erudito inglés, traductor de la *Historia natural* de Plinio.

23 **Querétaro:** ciudad de Méjico, capital del estado del mismo nombre.

24 **Alkmaar:** cuidad de Holanda, puerto en el canal de Amsterdam.

25 **Mirzapur:** ciudad en el sureste de la India.

labio persa, vi en un cajón del escritorio (y la letra me hizo temblar) cartas obscenas, increíbles, precisas, que Beatriz había dirigido a Carlos Argentino, vi un adorado monumento en la Chacarita,[26] vi la reliquia atroz de lo que deliciosamente había sido Beatriz Viterbo, vi la circulación de mi oscura sangre, vi el engranaje del amor y la modificación de la muerte, vi el Aleph, desde todos los puntos, vi en el Aleph la tierra, y en la tierra otra vez el Aleph, y en el Aleph la tierra, vi mi cara y mis vísceras, vi tu cara, y sentí vértigo y lloré, porque mis ojos habían visto ese objeto secreto y conjetural, cuyo nombre usurpan los hombres, pero que ningún hombre ha mirado: el inconcebible universo.

Sentí infinita veneración, infinita lástima.

—Tarumba habrás quedado de tanto curiosear donde no te llaman —dijo una voz aborrecida y jovial—. Aunque te devanes los sesos, no me pagarás en un siglo esta revelación. ¡Qué observatorio formidable, che Borges!

Los pies de Carlos Argentino ocupaban el escalón más alto. En la brusca penumbra, acerté a levantarme y a balbucear:

—Formidable. Sí, formidable.

La indiferencia de mi voz me extrañó. Ansioso, Carlos Argentino insistía:

—¿Lo viste todo bien, en colores?

En ese instante concebí mi venganza. Benévolo, manifiestamente apiadado, nervioso, evasivo agradecí a Carlos Argentino Daneri la hospitalidad de su sótano y lo insté a aprovechar la demolición de la casa para alejarse de la perniciosa metrópoli, que a nadie ¡créame, que a nadie! perdona. Me negué, con suave energía, a discutir el Aleph; lo abracé, al despedirme, y le repetí que el campo y la serenidad son dos grandes médicos.

En la calle, en las escaleras de Constitución, en el subterráneo, me parecieron familiares todas las caras. Temí que no quedara una sola cosa capaz de sorprenderme, temí que no me abandonara jamás la impresión de volver. Felizmente, al cabo de unas noches de insomnio, me trabajó otra vez el olvido.

Posdata del primero de marzo de 1943. A los seis meses de la demolición del inmueble de la calle Garay, la Editorial Procusto no se dejó arredrar por la longitud del considerable poema y lanzó al

---

[26] **Chacarita:** cementerio antiguo de Buenos Aires.

mercado una selección de "trozos argentinos". Huelga repetir lo ocurrido; Carlos Argentino Daneri recibió el Segundo Premio Nacional de Literatura.* El primero fue otorgado al doctor Aita; el tercero, al doctor Mario Bonfanti; increíblemente, mi obra *Los naipes del tahur* no logró un solo voto. ¡Una vez más, triunfaron la incomprensión y la envidia! Hace ya mucho tiempo que no consigo ver a Daneri; los diarios dicen que pronto nos dará otro volumen. Su afortunada pluma (no entorpecida ya por el Aleph) se ha consagrado a versificar los epítomes del doctor Acevedo Díaz.

Dos observaciones quiero agregar: una, sobre la naturaleza del Aleph; otra, sobre su nombre. Éste, como es sabido, es el de la primera letra del alfabeto de la lengua sagrada. Su aplicación al círculo de mi historia no parece casual. Para la Cábala, esa letra significa el En Soph, la ilimitada y pura divinidad; también se dijo que tiene la forma de un hombre que señala el cielo y la tierra, para indicar que el mundo inferior es el espejo y es el mapa del superior; para la *Mengenlehre*,[27] es el símbolo de los números transfinitos, en los que el todo no es mayor que alguna de las partes. Yo querría saber: ¿Eligió Carlos Argentino ese nombre, o lo leyó, *aplicado a otro punto donde convergen todos los puntos*, en alguno de los textos innumerables que el Aleph de su casa le reveló? Por increíble que parezca, yo creo que hay (o que hubo) otro Aleph, yo creo que el Aleph de la calle Garay era un falso Aleph.

Doy mis razones. Hacia 1867 el capitán Burton[28] ejerció en el Brasil el cargo de cónsul británico; en julio de 1942 Pedro Henríquez Ureña[29] descubrió en una biblioteca de Santos un manuscrito suyo que versaba sobre el espejo que atribuye el Oriente a Iskandar Zu al-Karnayn, o Alejandro Bicorne de Macedonia. En su cristal se reflejaba el universo entero. Burton menciona otros artificios congéneres —la séptuple copa de Kai Josrú, el espejo que Tárik Benzeyad encontró en una torre (*1001 Noches*, 272), el espejo que Luciano de

*"Recibí tu apenada congratulación", me escribió. "Bufas, mi lamentable amigo, de envidia, pero confesarás —¡aunque te ahogue!— que esta vez pude coronar mi bonete con la más roja de las plumas; mi turbante, con el más *califa* de los rubíes."

27 **Mengenlehre** (alemán): que enseña a las multitudes.

28 **Sir Richard Francis Burton** (1821–1890): explorador, diplomático y escritor inglés, autor de una extraordinaria traducción de *Las mil y una noches*.

29 **Pedro Henríquez Ureña** (1884–1946): crítico y erudito dominicano, autor de una *Antología de la versificación rítmica* y de *Tablas crónológicas de la literatura española*.

Samosata[30] pudo examinar en la luna (*Historia Verdadera*, I, 26), la lanza especular que el primer libro del *Satyricon* de Capella[31] atribuye a Jupiter, el espejo universal de Merlín, "redondo y hueco y semejante a un mundo de vidrio" (*The Faerie Queene*, III, 2, 19)—, y añade estas curiosas palabras: "Pero los anteriores (además del defecto de no existir) son meros instrumentos de óptica. Los fieles que concurren a la mezquita de Amr, en el Cairo, saben muy bien que el universo está en el interior de una de las columnas de piedra que rodean el patio central . . . Nadie, claro está, puede verlo, pero quienes acercan el oído a la superficie, declaran percibir, al poco tiempo, su atareado rumor . . . La mezquita data del siglo VII; las columnas proceden de otros templos de religiones anteislámicas, pues como ha escrito Abenjaldún:[32] *En las repúblicas fundadas por nómadas, es indispensable el concurso de forasteros para todo lo que sea albañilería*".

¿Existe ese Aleph en lo íntimo de una piedra? ¿Lo he visto cuando vi todas las cosas y lo he olvidado? Nuestra mente es porosa para el olvido; yo mismo estoy falseando y perdiendo, bajo la trágica erosión de los años, los rasgos de Beatriz.

---

[30] **Luciano de Samosata** (hacia el siglo II): uno de los mejores escritores en prosa de la antigüedad helénica, autor de famosos *Diálogos* y de una *Historia verdadera*.

[31] **Martianus Capella** (alrededor del siglo V): escritor latino, conocido también como Félix Capella, nacido en Cartago. Autor de una famosa alegoría sobre las artes liberales titulada *El matrimonio de Mercurio y la Filología o Satyricon*, obra muy conocida y usada durante la Edad Media.

[32] **Abenjaldún** (1332–1406): filósofo e historiador árabe de origen español, escribió una *Historia universal*, precedida de unos *Prolegómenos* que contienen su doctrina histórica-filosófica.

Ensayos

LA MURALLA Y LOS LIBROS

He, whose long wall the wand'ring
Tartar bounds . . .

Dunciad,[1] II, 76.

Leí, días pasados, que el hombre que ordenó la edificación de la casi infinita muralla china fue aquel primer Emperador, Shih Huang Ti, que asimismo dispuso que se quemaran todos los libros anteriores a él. Que las dos vastas operaciones —las quinientas a seiscientas leguas de piedra opuesta a los bárbaros, la rigurosa abolición de la historia, es decir del pasado— procedieran de una persona y fueran de algún modo sus atributos, inexplicablemente me satisfizo y, a la vez, me inquietó. Indagar las razones de esa emoción es el fin de esta nota.

Históricamente, no hay misterio en las dos medidas. Contemporánea de las guerras de Aníbal, Shih Huang Ti, rey de Tsin, redujo a su poder los Seis Reinos y borró el sistema feudal; erigió la muralla, porque las murallas eran defensas; quemó los libros, porque la oposición los invocaba para alabar a los antiguos emperadores. Quemar libros y erigir fortificaciones es tarea común de los príncipes; lo único singular en Shih Huang Ti fue la escala en que obró. Así lo dejan entender algunos sinólogos, pero yo siento que los hechos que he referido son algo más que una exageración o una hipérbole de disposiciones triviales. Cercar un huerto o un jardín es común; no, cercar un imperio. Tampoco es baladí pretender que la más tradicional de las razas renuncie a la memoria de su pasado, mítico o verdadero. Tres mil años de crono-

[1] **Dunciad:** poema épico de los tontos, escrito por Alexander Pope (1728), satirizando a los críticos y escritorzuelos.

logía tenían los chinos (y en esos años, el Emperador Amarillo y Chuang Tzu[2] y Confucio[3] y Lao Tzu),[4] cuando Shih Huang Ti ordenó que la historia empezara con él.

Shih Huang Ti había desterrado a su madre por libertina; en su dura justicia, los ortodoxos no vieron otra cosa que una impiedad; Shih Huang Ti, tal vez, quiso borrar los libros canónigos porque éstos lo acusaban; Shih Huang Ti, tal vez, quiso abolir todo el pasado para abolir un solo recuerdo: la infamia de su madre. (No de otra suerte un rey, en Judea, hizo matar a todos los niños para matar a uno.) Esta conjetura es atendible, pero nada nos dice de la muralla, de la segunda cara del mito. Shih Huang Ti, según los historiadores, prohibió que se mencionara la muerte y buscó el elixir de la inmortalidad y se recluyó en un palacio figurativo, que constaba de tantas habitaciones como hay días en el año; estos datos sugieren que la muralla en el espacio y el incendio en el tiempo fueron barreras mágicas destinadas a detener la muerte. Todas las cosas quieren persistir en su ser, ha escrito Baruch Spinoza;[5] quizá el Emperador y sus magos creyeron que la inmortalidad es intrínseca y que la corrupción no puede entrar en un orbe cerrado. Quizá el Emperador quiso recrear el principio del tiempo y se llamó Primero, para ser realmente primero, y se llamó Huang Ti, para ser de algún modo Huang Ti, el legendario emperador que inventó la escritura y la brújula. Éste, según el Libro de los Ritos, dio su nombre verdadero a las cosas; parejamente Shih Huang Ti se jactó, en inscripciones que perduran, de que todas las cosas, bajo su imperio, tuvieran el nombre que les conviene. Soñó fundar una dinastía inmortal; ordenó que sus herederos se llamaran Segundo Emperador, Tercer Emperador, Cuarto Emperador, y así hasta lo infinito. . . He hablado de un propósito mágico; también cabría suponer que erigir la muralla y quemar los libros no fueron actos

---

[2] **Chuang-Tzu** (siglo IV antes de J.C.): filósofo chino, seguidor de Lao-Tzu. Idealista y místico, se opuso a las enseñanzas, más utilitarias, de Confucio. Aclaró el significado del *Tao-teh-King*, libro del taoismo.

[3] **Confucio** (551–479 antes de J.C.): sabio y maestro chino, creador de un sistema de normas morales para regir la conducta pública y privada de los hombres.

[4] **Lao-Tzu** (nacido hacia el año 604 antes de J.C.): legendario filósofo chino, fundador del taoismo, filosofía y religión antiguas de China.

[5] **Spinoza:** Véase nota 35 del cuento "Tlön, Uqbar, Orbis Tertius".

simultáneos. Esto (según el orden que eligiéramos) nos daría la imagen de un rey que empezó por destruir y luego se resignó a conservar, o la de un rey desengañado que destruyó lo que antes defendía. Ambas conjeturas son dramáticas, pero carecen, que yo sepa, de base histórica. Herbert Allen Giles[6] cuenta que quienes ocultaron libros fueron marcados con un hierro candente y condenados a construir, hasta el día de su muerte, la desaforada muralla. Esta noticia favorece o tolera otra interpretación. Acaso la muralla fue una metáfora, acaso Shih Huang Ti condenó a quienes adoraban el pasado a una obra tan vasta como el pasado, tan torpe y tan inútil. Acaso la muralla fue un desafío y Shih Huang Ti pensó: "Los hombres aman el pasado y contra ese amor nada puedo, ni pueden mis verdugos, pero alguna vez habrá un hombre que sienta como yo, y ése destruirá mi muralla, como yo he destruído los libros, y ése borrará mi memoria y será mi sombra y mi espejo y no lo sabrá." Acaso Shih Huan Ti amuralló el imperio porque sabía que éste era deleznable y destruyó los libros por entender que eran libros sagrados, o sea libros que enseñan lo que enseña el universo entero o la conciencia de cada hombre. Acaso el incendio de las bibliotecas y la edificación de la muralla son operaciones que de un modo secreto se anulan.

La muralla tenaz que en este momento, y en todos, proyecta sobre tierras que no veré, su sistema de sombras, es la sombra de un César que ordenó que la más reverente de las naciones quemara su pasado; es verosímil que la idea nos toque de por sí, fuera de las conjeturas que permite. (Su virtud puede estar en la oposición de construir y destruir, en enorme escala.) Generalizando el caso anterior, podríamos inferir que *todas* las formas tienen su virtud en sí mismas y no en un "contenido" conjetural. Esto concordaría con la tesis de Benedetto Croce,[7] ya Pater,[8] en 1877, afirmó que todas las artes aspiran a la condición de la música, que no es otra cosa que forma. La música, los estados de felicidad, la mitología, las caras trabajadas por el tiempo, ciertos crepúsculos y ciertos

---

[6] **Herbert Allen Giles** (1845–1935): sinólogo inglés, diplomático y autor de muchas obras sobre China.

[7] **Croce:** Véase nota 1 del cuento "Historia del guerrero y de la cautiva".

[8] **Walter H. Pater** (1839–1894): crítico y ensayista inglés. Desarrolló el tema del valor moral de la perfección artística. Autor de la novela filosófica *Marius the Epicurean.*

lugares, quieren decirnos algo, o algo dijeron que no hubiéramos debido perder, o están por decir algo; esta inminencia de una revelación, que no se produce, es, quizá, el hecho estético.

Buenos Aires, 1950

NUESTRO POBRE INDIVIDUALISMO

Las ilusiones del patriotismo no tienen término. En el primer siglo de nuestra era, Plutarco se burló de quienes declaran que la luna de Atenas es mejor que la luna de Corinto; Milton, en el XVII, notó que Dios tenía la costumbre de revelarse primero a Sus ingleses; Fichte,[1] a principios del XIX, declaró que tener carácter y ser alemán es, evidentemente, lo mismo. Aquí, los nacionalistas pululan; los mueve, según ellos, el atendible o inocente propósito de fomentar los mejores rasgos argentinos. Ignoran, sin embargo, a los argentinos; en la polémica, prefieren definirlos en función de algún hecho externo; de los conquistadores españoles (digamos) o de una imanaria tradición católica o del "imperialismo sajón".

El argentino, a diferencia de los americanos del Norte y de casi todos los europeos, no se identifica con el Estado. Ello puede atribuirse a la circunstancia de que, en este país, los gobiernos suelen ser pésimos o al hecho general de que el Estado es una inconcebible abstracción;* lo cierto es que el argentino es un

---

*El Estado es impersonal: el argentino sólo concibe una relación personal. Por eso, para él, robar dineros públicos no es un crimen. Compruebo un hecho; no lo justifico o excuso.

[1] **Johan Gottlieb Fichte,** (1762–1814): filósofo alemán, autor de *Wissenschaftslehre* (ciencia del conocimiento), y de *Reden an die deutsche Nation* (discursos a la nación alemana), a los que se refiere Borges en este ensayo.

individuo, no un ciudadano. Aforismos como el de Hegel[2] "El Estado es la realidad de la idea moral" le parecen bromas siniestras. Los films elaborados en Hollywood repetidamente proponen a la admiración el caso de un hombre (generalmente, un periodista) que busca la amistad de un criminal para entregarlo después a la policía; el argentino, para quien la amistad es una pasión y la policía una *maffia*,[3] siente que ese "héroe" es un incomprensible canalla. Siente con D. Quijote que "allá se lo haya cada uno con su pecado" y que "no es bien que los hombres honrados sean verdugos de los otros hombres, no yéndoles nada en ello" (*Quijote*, I, XXII). Más de una vez, ante las vanas simetrías del estilo español, he sospechado que diferimos insalvablemente de España; esas dos líneas del Quijote han bastado para convencerme de error; son como el símbolo tranquilo y secreto de nuestra afinidad. Profundamente lo confirma una noche de la literatura argentina: esa desesperada noche en la que un sargento de la policía rural gritó que no iba a consentir el delito de que se matara a un valiente y se puso a pelear contra sus soldados, junto al desertor Martín Fierro.[4]

El mundo, para el europeo, es un cosmos, en el que cada cual íntimamente corresponde a la función que ejerce; para el argentino, es un caos. El europeo y el americano del Norte juzgan que ha de ser bueno un libro que ha merecido un premio cualquiera; el argentino admite la posibilidad de que no sea malo, a pesar del premio. En general, el argentino descree de las circunstancias. Puede ignorar la fábula de que la humanidad siempre incluye treinta y seis hombres justos —los *Lamed Wufniks*[5]— que no se conocen entre ellos pero que secretamente sostienen el universo; si la oye, no le extrañará que esos beneméritos sean oscuros y anónimos... Su héroe popular es el hombre solo que pelea con la partida, ya en acto (Fierro, Moreira, Hormiga Negra),[6] ya en potencia o en el

---

[2] **Georg Wilhelm Friedrich Hegel,** (1770–1831): filósofo idealista alemán. El hegelianismo se deriva de las doctrinas de Kant, Fichte y Schelling y ejerció influencia considerable sobre las teorías del socialismo científico.

[3] **maffia** (o **mafia**): asociación secreta de malhechores.

[4] **Martín Fierro:** personaje del poema así llamado de José Hernández. Véase el cuento "Biografía de Isidoro Tadeo Cruz". Sobre la figura del sargento Cruz ha escrito Borges uno de sus mejores cuentos.

[5] Borges inventa este término basándose en los números que corresponden a las letras del alfabeto hebreo: *Lamed* (treinta) y *Wuf* (seis).

[6] **Fierro, Moreira, Hormiga Negra:** gauchos malos.

pasado (Segundo Sombra).[7] Otras literaturas no registran hechos análogos. Consideremos, por ejemplo, dos grandes escritores europeos: Kipling y Franz Kafka. Nada, a primera vista, hay entre los dos de común, pero el tema del uno es la vindicación del orden, de un orden (la carretera en *Kim*, el puente en *The Bridge-Builders*, la muralla romana en *Puck of Pook's Hill*); el del otro, la insoportable y trágica soledad de quien carece de un lugar, siquiera humildísimo, en el orden del universo.

Se dirá que los rasgos que he señalado son meramente negativos o anárquicos; se añadirá que no son capaces de explicación política. Me atrevo a sugerir lo contrario. El más urgente de los problemas de nuestra época (ya denunciado con profética lucidez por el casi olvidado Spencer)[8] es la gradual intromisión del Estado en los actos del individuo; en la lucha con ese mal, cuyos nombres son comunismo y nazismo, el individualismo argentino, acaso inútil o perjudicial hasta ahora, encontraría justificación y deberes.

Sin esperanza y con nostalgia, pienso en la abstracta posibilidad de un partido que tuviera alguna afinidad con los argentinos; un partido que nos prometiera (digamos) un severo mínimo de gobierno.

El nacionalismo quiere embelesarnos con la visión de un Estado infinitamente molesto; esa utopía, una vez lograda en la tierra, tendría la virtud providencial de hacer que todos anhelaran, y finalmente construyeran, su antítesis.

Buenos Aires, 1946

---

[7] **Segunda Sombra:** Véase el cuento "El Aleph", nota 23.

[8] **Herbert Spencer** (1820–1903): filósofo inglés, autodidacta, se formó en las disciplinas de las ciencias naturales y la psicología. Según Spencer, la filosofía es el conocimiento unificado y organizado en torno a la teoría de la evolución. Es autor preferido por Borges, quizás debido a la razón expresada en este ensayo: ser defensor de un individualismo humanizante frente a un Estado destructor del orden natural, teoría desarrollada, sobre todo, en *The Principles of Sociology*.

QUEVEDO[1]

Como la otra, la historia de la literatura abunda en enigmas. Ninguno de ellos me ha inquietado, y me inquieta, como la extraña gloria parcial que le ha tocado en suerte a Quevedo. En los censos de nombres universales el suyo no figura. Mucho he tratado de inquirir las razones de esa extravagante omisión; alguna vez, en una conferencia olvidada, creí encontrarlas en el hecho de que sus duras páginas no fomentan, ni siquiera toleran, el menor desahogo sentimental. ("Ser sensiblero es tener éxito", ha observado George Moore.)[2] Para la gloria, decía yo, no es indispensable que un escritor se muestre sentimental, pero es indispensable que su obra, o alguna circunstancia biográfica, estimulen el patetismo. Ni la vida ni el arte de Quevedo, reflexioné, se prestan a esas tiernas hipérboles cuya repetición es la gloria. . .

Ignoro si es correcta esa explicación: yo, ahora la complementaría con ésta: virtualmente, Quevedo no es inferior a nadie, pero no ha dado con un símbolo que se apodere de la imaginación de la gente. Homero tiene a Príamo, que besa las homicidas manos de Aquiles; Sófocles tiene un rey que descifra enigmas y a quien los hados harán descifrar el horror de su propio destino; Lucrecio tiene el infinito abismo estelar y las discordias de los átomos; Dante, los nueve círculos infernales y la Rosa paradisíaca; Shakespeare, sus orbes de violencia y de música; Cervantes, el afortunado

---

[1] **Francisco de Quevedo** (1580–1645): uno de los más extraordinarios y completos hombres de letras que ha producido España. Fue de ilustre familia y participó en la política de su tiempo. Escribió obras de muy diversa índole, entre las que destacan la novela *El Buscón*, los extraordinarios relatos titulados *Los sueños*, la *Política de Dios, Gobierno de Cristo*, y un sinnúmero de poesías de todo género.

[2] **George Moore** (1858–1933): novelista y dramaturgo inglés, autor de *Confessions of a Young Man* y de *Esther Waters*.

vaivén de Sancho y de Quijote; Swift, su república de caballos virtuosos y de *yahoos* bestiales; Melville, la abominación y el amor de la Ballena Blanca; Franz Kafka, sus crecientes y sórdidos laberintos. No hay escritor de fama universal que no haya amonedado un símbolo; éste, conviene recordar, no siempre es objetivo y externo. Góngora[3] o Mallarmé,[4] verbigracia, perduran como tipos del escritor que laboriosamente elabora una obra secreta; Whitman, como protagonista semidivino de *Leaves of Grass*. De Quevedo, en cambio, sólo perdura una imagen caricatural. "El más noble estilista español se ha transformado en un prototipo chascarrillero", observa Leopoldo Lugones[5] (*El imperio jesuítico*, 1904, pág. 59).

Lamb[6] dijo que Edmund Spenser[7] era *the poets' poet*, el poeta de los poetas. De Quevedo habría que resignarse a decir que es el literato de los literatos. Para gustar de Quevedo hay que ser (en acto o en potencia) un hombre de letras; inversamente, nadie que tenga vocación literaria puede no gustar de Quevedo.

La grandeza de Quevedo es verbal. Juzgarlo un filósofo, un teólogo o (como quiere Aureliano Fernández Guerra)[8] un hombre de estado, es un error que pueden consentir los títulos de sus obras, no el contenido. Su tratado *Providencia de Dios, padecida de los que la niegan y gozada de los que la confiesan: doctrina estudiada en los gusanos y persecusiones de Job* prefiere la intimidación al razonamiento. Como Cicerón (*De natura deorum*, II 40-44), prueba un orden divino mediante el orden que se observa en los astros, "dilatada república de luces", y despachada esa variación estelar del argumento cosmológico, agrega: "Pocos fueron los que absolutamente negaron que había Dios; sacaré a la vergüenza los que tuvieron menos, y son: Diágoras milesio, Protágoras abderites, discípulos de Demócrito y Theodoro (llamado Atheo vulgarmente), y Bión borysthenites, discípulo del inmundo y desatinado Theodoro", lo cual es mero terrorismo. Hay en la historia de la filosofía doctrinas,

---

[3] **Luis de Góngora** (1561–1627): poeta español, el más alto de los cultivadores de la poesía barroca, autor de las *Soledades* y del *Polifemo*.

[4] **Stéphane Mallarmé** (1842–1898): poeta francés, uno de los creadores del simbolismo.

[5] **Leopoldo Lugones** (1869–1938): poeta y novelista argentino, autor de *Lunario sentimental*, *Odas seculares*, y de *La guerra gaucha*.

[6] **Charles Lamb** (1775–1834): literato inglés, autor de *Essays of Elia* (1823).

[7] **Edmund Spenser** (1552–1599): poeta inglés, autor de la *Faerie Queene*.

[8] **Aureliano Fernández Guerra** (1816–1894): publicista y literato español; escribió los dramas *La peña de los enamorados* y *La conjuración de Venecia de 1618*.

probablemente falsas, que ejercen un oscuro encanto sobre la imaginación de los hombres: la doctrina platónica y pitagórica del tránsito del alma por muchos cuerpos, la doctrina gnóstica de que el mundo es obra de un dios hostil o rudimentario. Quevedo, sólo estudioso de la verdad, es invulnerable a ese encanto. Escribe que la transmigración de las almas es "bobería bestial" y "locura bruta". Empédocles de Agrigento afirmó: "He sido un niño, una muchacha, una mata, un pájaro y un mudo pez que surge del mar"; Quevedo anota (*Providencia de Dios*): "Descubrióse por juez y legislador desta tropelía Empédocles, hombre tan desatinado, que afirmando que había sido pez, se mudó en tan contraria y opuesta naturaleza, que murió mariposa del Etna; y a vista del mar, de quien había sido pueblo, se precipitó en el fuego." A los gnósticos, Quevedo los moteja de infames, de malditos, de locos y de inventores de disparates (*Zahurdas de Plutón, in fine*).

Su *Política de Dios y gobierno de Cristo nuestro Señor* debe considerarse, según Aureliano Fernández Guerra, "como un sistema completo de gobierno, el más acertado, noble y conveniente". Para estimar ese dictamen en lo que vale, bástenos recordar que los cuarenta y siete capítulos de ese libro ignoran otro fundamento que la curiosa hipótesis de que los actos y palabras de Cristo (que fue, según es fama, *Rex Judaeorum*) son símbolos secretos a cuya luz el político tiene que resolver sus problemas. Fiel a esa cábala, Quevedo extrae, del episodio de la samaritana, que los tributos que los reyes exigen deben ser leves; del episodio de los panes y de los peces, que los reyes deben remediar las necesidades; de la repetición de la fórmula *sequebantur*, que "el rey ha de llevar tras sí los ministros, no los ministros al rey"... El asombro vacila entre lo arbitrario del método y la trivialidad de las conclusiones. Quevedo, sin embargo, todo lo salva, o casi, con la dignidad del lenguaje.* El lector distraído puede juzgarse edificado por esa obra. Análoga discordia se advierte en el *Marco Bruto*, donde el pensamiento no es memorable

*Reyes[9] certeramente observa (*Capítulos de literatura española*, 1939, pág. 133): "Las obras políticas de Quevedo no proponen una nueva interpretación de los valores políticos, ni tienen ya más que un valor retórico... O son panfletos de oportunidad, o son obras de declamación académica. La *Política de Dios*, a pesar de su ambiciosa apariencia, no es más que un alegato contra los malos ministros. Pero entre estas páginas pueden encontrarse algunos de los rasgos más propios de Quevedo."

[9] **Alfonso Reyes** (1889–1959): literato mejicano; vivió en España. Fue colaborador de varias revistas españoles e hispanoamericanas y de la *Revue Hispanique*.

aunque lo son las cláusulas. Logra su perfección en ese tratado el más impotente de los estilos que Quevedo ejerció. El español, en sus páginas lapidarias, parece regresar al arduo latín de Séneca, de Tácito y de Lucano,[10] al atormentado y duro latín de la edad de plata. El ostentoso laconismo, el hipérbaton, el casi algebraico rigor, la oposición de términos, la aridez, la repetición de palabras, dan a ese texto una precisión ilusoria. Muchos períodos merecen, o exigen, el juicio de perfectos. Este, verbigracia, que copio: "Honraron con unas hojas de laurel un linaje; pagaron grandes y soberanas victorias con las aclamaciones de un triunfo; recompensaron vidas casi divinas con unas estatuas; y para que no descaeciesen de prerrogativas de tesoro los ramos y las yerbas y el mármol y las voces, no las permitieron a la pretensión, sino al mérito." Otros estilos frecuentó Quevedo con no menos felicidad: el estilo aparentemente oral del *Buscón*, el estilo desaforado y orgiástico (pero no ilógico) de *La hora de todos.*

"El lenguaje —ha observado Chesterton (*G. F. Watts*, 1904, pág. 91)— no es un hecho científico, sino artístico; lo inventaron guerreros y cazadores y es muy anterior a la ciencia." Nunca lo entendió así Quevedo, para quien el lenguaje fue, esencialmente, un instrumento lógico. Las trivialidades o eternidades de la poesía —aguas equiparadas a cristales, manos equiparadas a nieve, ojos que lucen como estrellas y estrellas que miran como ojos— le incomodaban por ser fáciles, pero mucho más por ser falsas. Olvidó, al censurarlas, que la metáfora es el contacto momentáneo de dos imágenes, no la metódica asimilación de dos cosas. . . También abominó de los idiotismos. Con el propósito de "sacarlos a la vergüenza, urdió con ellos la rapsodia que se titula *Cuento de cuentos;* muchas generaciones, embelesadas, han preferido ver en esa reducción al absurdo un museo de primores, divinamente destinado a salvar del olvido las locuciones *zurriburi*, *abarrisco*, *cochite hervite*, *quitome allá esas pajas* y *a trochi-moche*.

Quevedo ha sido equiparado, más de una vez, a Luciano de Samosata.[11] Hay una diferencia fundamental: Luciano, al combatir en el siglo II a las divinidades olímpicas, hace obra de polémica religiosa; Quevedo, al repetir ese ataque en el siglo XVII de nuestra era, se limita a observar una tradición literaria.

[10] **Lucano** (39–65): poeta romano, nacido en Hispania. Era sobrino del filósofo Seneca.

[11] **Luciano de Samosata:** Véase nota 42 del cuento "El Aleph".

Examinada, siquiera brevemente, su prosa, paso a discutir su poesía, no menos múltiple.

Considerados como documentos de una pasión, los poemas eróticos de Quevedo son insatisfactorios; considerados como juegos de hipérboles, como deliberados ejercicios de petrarquismo, suelen ser admirables. Quevedo, hombre de apetitos vehementes, no dejó nunca de aspirar al ascetismo estoico; también debió de parecerle insensato depender de mujeres ("aquél es avisado, que usa de sus caricias y no se fía de éstas"); bastan esos motivos para explicar la artificialidad voluntaria de aquella Musa IV de su Parnaso, que "canta hazaños del amor y de la hermosura". El acento personal de Quevedo está en otras piezas; en las que le permiten publicar su melancolía, su coraje o su desengaño. Por ejemplo, en este soneto que envió, desde su Torre de Juan Abad,[12] a don José de Salas (*Musa*, II, 109):

Retirado en la paz de estos desiertos,
Con pocos, pero doctos, libros juntos,
Vivo en conversación con los difuntos
Y escucho con mis ojos a los muertos.

Si no siempre entendidos, siempre abiertos,
O enmiendan o secundan mis asuntos,
Y en músicos callados contrapuntos
Al sueño de la vida hablan despiertos.

Las grandes almas que la muerte ausenta,
De injurias de los años vengadora,
Libra, oh gran don Joseph, docta la Imprenta.

En fuga irrevocable huye la hora;
Pero aquella el mejor cálculo cuenta,
Que en la lección y estudio nos mejora.

No faltan rasgos conceptistas[13] en la pieza anterior (escuchar con los ojos, hablar despiertos al sueño de la vida) pero el soneto es eficaz a despecho de ellos, no a causa de ellos. No diré que se trata de una transcripción de la realidad, porque la realidad no es verbal, pero sí que sus palabras importan menos que la escena que evocan o que el acento varonil que parece informarlas. No siempre ocurre así; en el más ilustre soneto de este volumen —*Memo-*

[12] **Torre de Juan Abad:** señorío de Francisco de Quevedo.

[13] **rasgos conceptistas:** alusión a ciertos aspectos del estilo que se parecen a los característicos del siglo XVII: juego y desarrollo excesivos del concepto.

ria inmortal de don Pedro Girón,[14] *duque de Osuna, muerto en la prisión*—, la espléndida eficacia del dístico

Su Tumba son de Flandes las Campañas
y su Epitaphio la sangrienta Luna

es anterior a toda interpretación y no depende de ella. Digo lo mismo de la subsiguiente expresión: *el llanto militar,* cuyo sentido no es enigmático, pero sí baladí: *el llanto de los militares.* En cuanto a la *sangrienta Luna,* mejor es ignorar que se trata del símbolo de los turcos, eclipsado por no sé qué piraterías de don Pedro Téllez Girón.

No pocas veces, el punto de partida de Quevedo es un texto clásico. Así, la memorable línea (*Musa,* IV, 31):

Polvo serán, mas polvo enamorado

es una recreación, o exaltación, de una de Propercio (*Elegías,* I, 19):

Ut meus oblito pulvis amore vacet.

Grande es el ámbito de la obra poética de Quevedo. Comprende pensativos sonetos, que de algún modo prefiguran a Wordsworth; opacas y crujientes severidades,* bruscas magias de

---

* Temblaron los umbrales y las puertas,
Donde la majestad negra y oscura
Las frías desangradas sombras muertas
Oprime en ley desesperada y dura;
Las tres gargantas al ladrido abiertas,
Viendo la nueva luz divina y pura,
Enmudeció Cerbero, y de repente
Hondos suspiros dió la negra gente.

Gimió debajo de los pies el suelo,
Desiertos montes de ceniza canos,
Que no merecen ver ojos del cielo,
Y en nuestra amarillez ciegan los llanos.
Acrecentaban miedo y desconsuelo
Los roncos perros, que en los reinos vanos
Molestan el silencio y los oídos,
Confundiendo lamentos y ladridos.
(*Musa* IX)

[14] **Pedro Téllez Girón** (1574–1624): tercer duque de Osuna apellidado *el Grande.* Quevedo fue su amigo y confidente. Al defenderle en el momento de su desgracia, sufrió asimismo Quevedo el desfavor real.

teólogos ("Con los doce cené: yo fuí la cena"); gongorismos intercalados para probar que también él era capaz de jugar a ese juego,* urbanidades y dulzuras de Italia ("humilde soledad verde y sonora"); variaciones de Persio, de Séneca, de Juvenal, de las Escrituras, de Joachim de Bellay; brevedades latinas; chocarrerías;† burlas de curioso artificio,** lóbregas pompas de la aniquilación y del caos.

Harta la Toga del veneno tirio,
O ya en el oro pálido y rigente
Cubre con los thesoros del Oriente,
Mas no descansa, ¡oh Licas!, tu martirio.

Padeces un magnífico delirio,
Cuando felicidad tan delincuente
Tu horror oscuro en esplendor te miente,
Víbora en rosicler, áspid en lirio.

Competir su Palacio a Jove quieres,
Pues miente el oro Estrellas a su modo,
En el que vives, sin saber que mueres.

Y en tantas glorias tú, señor de todo,
Para quien sabe examinarte, eres
Lo solamente vil, el asco, el lodo.

Las mejores piezas de Quevedo existen más allá de la moción que las engendró y de las comunes ideas que las informan. No son oscuras; eluden el error de perturbar, o de distraer, con enigmas,

---

* Un animal a la labor nacido
Y símbolo celoso a los mortales,
Que a Jove fué disfraz, y fué vestido;
Que un tiempo endureció manos reales,
Y detrás de él los cónsules gimieron,
Y rumía luz en campos celestiales.
(*Musa* II)

† La Méndez llegó chillando
Con trasudores de aceite,
Derramando por los hombros
El columpio de las liendres.
(*Musa* V)

** Aquesto Fabio cantaba
A los balcones y rejas
De Aminta, que aun de olvidarlo,
Le han dicho que no se acuerda.
(*Musa* VI)

a diferencia de otras de Mallarmé, de Yeats[15] y de George.[16] Son (para de alguna manera decirlo) objetos verbales, puros e independientes como una espada o como un anillo de plata. Esta, por ejemplo: *Hasta la Toga del veneno tirio.*

Trescientos años ha cumplido la muerte corporal de Quevedo, pero éste sigue siendo el primer artífice de las letras hispánicas. Como Joyce, como Goethe, como Shakespeare, como Dante, como ningún otro escritor, Francisco de Quevedo es menos un hombre que una dilatada y compleja literatura.

MAGIAS PARCIALES DEL "QUIJOTE"

Es verosímil que estas observaciones hayan sido enunciadas alguna vez y, quizá muchas veces; la discusión de su novedad me interesa menos que la de su posible verdad.

Cotejado con otros libros clásicos (la Ilíada, la Eneida, la Farsalia,[1] la Comedia dantesca, las tragedias y comedias de Shakespeare), el Quijote es realista; este realismo, sin embargo, difiere esencialmente del que ejerció el siglo XIX. Joseph Conrad[2] pudo escribir que excluía de su obra lo sobrenatural, porque admitirlo parecía negar que lo cotidiano fuera maravilloso: ignoro si Miguel de Cervantes compartió esa intuición, pero sé que la forma del Quijote le hizo contraponer a un mundo imaginario poético, un

---

[15] **William Butler Yeats** (1856–1939): poeta irlandés, recibió el premio Nobel en el año 1923.

[16] **Stefan George** (1868–1933): poeta lírico alemán, de inspiración simbolista. Autor de *Der Stern des Bundes* (la estrella de la alianza). Traductor de Baudelaire, Shakespeare y Dante.

[1] **Farsalia:** poema épico de Lucano, que canta la lucha entre César y Pompeyo.

[2] **Joseph Conrad** (1857–1924): novelista inglés, pasó su juventud en Polonia. Fue capitán de la marina mercante, y este tema se refleja en muchas de sus novelas como *Lord Jim* y *Typhoon.*

mundo real prosaico. Conrad y Henry James novelaron la realidad porque la juzgaban poética; para Cervantes son antinomias lo real y lo poético. A las vastas y vagas geografías del Amadís[3] opone los polvorientos caminos y los sórdidos mesones de Castilla; imaginemos a un novelista de nuestro tiempo que destacara con sentido paródico las estaciones de aprovisionamiento de nafta.[4] Cervantes ha creado para nosotros la poesía de la España del siglo XVII, pero ni aquel siglo ni aquella España eran poéticas para él; hombres como Unamuno o Azorín o Antonio Machado,[5] enternecidos ante la evocación de la Mancha, le hubieran sido incomprensibles. El plan de su obra le vedaba lo maravilloso; éste, sin embargo, tenía que figurar, siquiera de manera indirecta, como los crímenes y el misterio en una parodia de la novela policial. Cervantes no podía recurrir a talismanes o a sortilegios, pero insinuó lo sobrenatural de un modo sutil, y, por ello mismo, más eficaz. Intimamente, Cervantes amaba lo sobrenatural. Paul Groussac,[6] en 1924, observó: "Con alguna mal fijada tintura de latín e italiano, la cosecha literaria de Cervantes provenía sobre todo de las novelas pastoriles[7] y las novelas de caballerías,[8] fábulas arrulladoras del cautiverio." El *Quijote* es menos un antídoto de esas ficciones que una secreta despedida nostálgica.

En la realidad, cada novela es un plano ideal; Cervantes se complace en confundir lo objetivo y lo subjetivo, el mundo del lector y el mundo del libro. En aquellos capítulos que discuten si la bacía[9] del barbero es un yelmo y la albarda un jaez,[10] el pro-

---

3 **Amadís:** personaje central de la novela de caballerías *Amadís de Gaula*. Se ha convertido en prototipo del caballero andante.

4 **nafta:** gasolina.

5 **Unamuno, Azorín, Antonio Machado:** escritores españoles de la llamada "generación del '98". Coinciden los tres en tomar como fuente de inspiración para muchas de sus obras el lirismo del sobrio paisaje de la meseta castellana.

6 **Paul Groussac** (1848–1929): literato argentino, de origen francés. Escribió la *Memoria histórica a descriptiva de la provincia de Tucumán* y la novela *Fruto vedado*; fue crítico muy temido en su tiempo.

7 **novelas pastoriles:** relatos que estuvieron muy en boga durante el siglo XVI. Se contaban en ellos historias de amor entre pastores y pastoras imaginarias en un ambiente totalmente artificial.

8 **novelas de caballerías:** el género narrativo más leído durante los siglos XV y XVI; se contaban en éstas aventuras totalmente fantásticas de caballeros andantes.

9 **bacía:** vasija de metal que usaban los barberos para remojar la barba, y que tenía comunmente una escotadura semicircular en el borde.

10 **albarda, jaez:** pieza de la montura de una caballería que consiste en dos almohadas unidas por la parte que cae sobre el lomo del animal.

blema se trata de modo explícito; otros lugares, como ya anoté, lo insinúa. En el sexto capítulo de la primera parte, el cura y el barbero revisan la biblioteca de don Quijote; asombrosamente uno de los libros examinados es la *Galatea* de Cervantes, y resulta que el barbero es amigo suyo y no lo admira demasiado, y dice que es más versado en desdichas que en versos y que el libro tiene algo de buena invención, propone algo y no concluye nada. El barbero, sueño de Cervantes o forma de un sueño de Cervantes, juzga a Cervantes. . . También es sorprendente saber, en el principio del noveno capítulo, que la novela entera ha sido traducida del árabe y que Cervantes adquirió el manuscrito en el mercado de Toledo, y lo hizo traducir por un morisco,[11] a quien alojó más de mes y medio en su casa, mientras concluía la tarea. Pensamos en Carlyle,[12] que fingió que el *Sartor resartus* era versión parcial de una obra publicada en Alemania por el doctor Diógenes Teufelsdroeckh; pensamos en el rabino castellano Moisés de León,[13] que compuso el *Zohar o Libro del Esplendor* y lo divulgó como obra de un rabino palestiniano del siglo III.

Ese juego de extrañas ambigüedades culmina en la segunda parte; los protagonistas han leído la primera, los protagonistas del *Quijote* son, asimismo, lectores del *Quijote*. Aquí e inevitable recordar el caso de Shakespeare, que incluye en el escenario de *Hamlet* otro escenario, donde se representa una tragedia, que es más o menos la de *Hamlet*; la correspondencia imperfecta de la obra principal y la secundaria aminora la eficacia de esa inclusión. Un artificio análogo al de Cervantes, y aun más asombroso, figura en el *Ramayana*,[14] poema de Valmiki, que narra las proezas de Rama y su guerra con los demonios. En el libro final, los hijos de Rama, que no saben quién es su padre, buscan amparo en una selva, donde un asceta les enseña a leer. Ese maestro es, extrañamente, Valmiki; el libro en que estudian, el *Ramayana*. Rama ordena un sacrificio de caballos; a esa fiesta acude Valmiki con sus alumnos. Estos acompañados por el laúd, cantan el *Ramayana*. Roma oye su propia historia, reconoce a sus hijos y luego recompensa al poeta. . .

---

[11] **morisco:** descendiente de los moros que se quedaron en España al terminarse la reconquista. Los que no se asimilaron a la sociedad cristiana fueron expulsados definitivamente en 1608.

[12] **Thomas Carlyle** (1795–1881): ensayista e historiador escocés.

[13] **Moisés de León** (? –1305): filósofo hebreoespañol; su fama estriba en haber sido el redactor de la célebre obra *Zohar*.

[14] **Ramayana:** uno de los grandes poemas épicos de la India.

Algo parecido ha obrado el azar en *Las Mil y Una Noches.* Esta compilación de historias fantásticas duplica y reduplica hasta el vértigo la ramificación de un cuento central en cuentos adventicios, pero no trata de graduar sus realidades, y el efecto (que debió ser profundo) es superficial, como una alfombra persa. Es conocida la historia liminar de la serie: el desolado juramento del rey, que cada noche se desposa con una virgen que hace decapitar en el alba, y la resolución de Shahrazad, que lo distrae con fábulas, hasta que encima de los dos han girado mil y una noches y ella le muestra su hijo. La necesidad de completar mil y una secciones obligó a los copistas de la obra a interpolaciones de todas clases. Ninguna tan perturbadora como la de la noche DCII, mágica entre las noches. En esa noche, el rey oye de boca de la reina su propia historia. Oye el principio de la historia, que abarca a todas las demás, y también —de monstruoso modo—, a sí misma. ¿Intuye claramente el lector la vasta posibilidad de esa interpolación, el curioso peligro? Que la reina persista y el inmóvil rey oirá para siempre la trunca historia de *Las Mil y Una Noches,* ahora infinita y circular... Las invenciones de la filosofía no son menos fantásticas que las del arte: Josiah Royce,[15] en el primer volumen de la obra *The World and the Individual* (1899), ha formulado la siguiente: "Imaginemos que una porción del suelo de Inglaterra ha sido nivelada perfectamente y que en ella traza un cartógrafo un mapa de Inglaterra. La obra es perfecta; no hay detalle del suelo de Inglaterra, por diminuto que sea, que no esté registrado en el mapa; todo tiene ahí su correspondencia. Ese mapa, en tal caso, debe contener un mapa del mapa, que debe contener un mapa del mapa del mapa, y así hasta lo infinito."

¿Por qué nos inquieta que el mapa esté incluído en el mapa y las mil y una noches en el libro le *Las Mil y Una Noches*? ¿Por qué nos inquieta que Don Quijote sea lector del *Quijote,* y Hamlet, espectador de *Hamlet*? Creo haber dado con la causa: tales inversiones sugieren que si los caracteres de una ficción pueden ser lectores o espectadores, nosotros, sus lectores o espectadores, podemos ser ficticios. En 1833, Carlyle observó que la historia universal es un infinito libro sagrado que todos los hombres escriben y leen y tratan de entender, y en el que también los escriben.

[15] **Josiah Royce** (1855–1916): filósofo norteamericano, autor de varias obras literarias e históricas.

NOTA SOBRE WALT WHITMAN

The whole of Whitman's work is deliberate.

R. L. STEVENSON: *Familiar Studies of Men and Books* (1882)

El ejercicio de las letras puede promover la ambición de construir un libro absoluto, un libro de los libros que incluya a todos como un arquetipo platónico,[1] un objeto cuya virtud no aminoren los años. Quienes alimentaron esa ambición eligieron elevados asuntos: Apolonio de Rodas,[2] la primer nave que se atrevió a los riesgos del mar; Lucano, la contienda de César y de Pompeyo, cuando las águilas guerrearon contra las águilas; Camoens,[3] las armas lusitanas en el Oriente; Donne,[4] el círculo de las transmigraciones de un alma, según el dogma pitagórico; Milton,[5] la más antigua de las culpas y el Paraíso; Firdusi,[6] los tronos de los sasánidas. Góngora, creo, fue el primero en juzgar que un libro importante puede prescindir de un tema importante; la vaga historia que refieren las *Soledades* es deliberadamente baladí,

---

[1] **arquetipo platónico:** En el sistema filosófico de Platón se establece que todos los seres existentes tienen un modelo ideal (el arquetipo).

[2] **Apolonio de Rodas** (hacia del siglo III): célebre poeta y gramático griego, publicó una edición de *Los Argonautas.*

[3] **Luis de Camoens** (1524?–1580): uno de los más grandes poetas portugueses, autor de *Os Lusíades.*

[4] **John Donne** (1573–1631): poeta metafísico inglés.

[5] **John Milton** (1608–1674): poeta inglés, autor del gran poema sobre la creación, titulado *Paradise Lost.*

[6] **Firdusi** (940–1020): poeta persa que escribió el más famoso de los poemas épicos de Persia.

según lo señalaron y reprobaron Cascales[7] y Gracián[8] (*Cartas filológicas*, VIII: *El Criticón*, II, 4). A Mallarmé no le bastaron temas triviales; los buscó negativos; la ausencia de una flor o de una mujer, la blancura de la hoja de papel antes del poema. Como Pater,[9] sintió que todas las artes propenden a la música, el arte en que la forma es el fondo; su decorosa profesión de fe *Tout aboutit à un livre*[10] parece compendiar la sentencia homérica de que los dioses tejen desdichas para que a las futuras generaciones no les falte algo que cantar (*Odisea*, VIII, *in fine*). Yeats,[11] hacia el año mil novecientos, buscó lo absoluto en el manejo de símbolos que despertaran la memoria genérica, o gran Memoria, que late bajo las mentes individuales; cabría comparar esos símbolos con los ulteriores arquetipos de Jung.[12] Barbusse,[13] en *L'Enfer*, libro olvidado con injusticia, evitó (trató de evitar) las limitaciones del tiempo mediante el relato poético de los actos fundamentales del hombre; Joyce, en *Finnegan's Wake*, mediante la simultánea presentación de rasgos de épocas distintas. El deliberado manejo de anacronismos, para forjar una apariencia de eternidad, también ha sido practicado por Pound y por T. S. Eliot.

He recordado algunos procedimientos: ninguno más curioso que el ejercido, en 1855, por Whitman. Antes de considerarlo, quiero transcribir unas opiniones que más o menos prefiguran lo que diré. La primera es la del poeta inglés Lascelles Abercrombie.[14] "Whitman —leemos— extrajo de su noble experiencia esa figura vívida y personal que es una de las pocas cosas grandes de la literatura moderna: la figura de él mismo." La segunda es de Sir Edmund Gosse.[15] "No hay un Walt Whitman verdadero. . .

---

7 **Francisco Cascales** (1570–1642): escritor español, fue enemigo de las tendencias literarias de Góngora y sus partidarios. Representa en la literatura española una de las cumbres del academicismo.

8 **Baltasar Gracián** (1601–1658): escritor y pensador español. Perteneció a la Compañía de Jesús y fue autor del *Criticón* y de *El discreto*. Fue uno de los máximos exponentes del conceptismo.

9 **Pater:** Véase nota 9 del ensayo "La muralla y los libros".

10 **Tout aboutit à un livre** (francés): Todo confine en un libro.

11 **Yeats:** Véase nota 15 del ensayo "Quevedo".

12 **Carl Gustav Jung** (1875–1961): psiquiatra y psicólogo suizo, continuador de las teorías de Freud, aunque después desarrolló sus propias teorías psicológicas.

13 **Henri Barbusse** (1873–1935): novelista francés, autor de *Le Feu* y de *L'Enfer*.

14 **Lascelles Abercrombie** (1881–): poeta y escritor inglés.

15 **Sir Edmund Gosse** (1849–1928): poeta y crítico inglés.

Whitman es la literatura en estado de protoplasma: un organismo intelectual tan sencillo que se limita a reflejar a cuantos se aproximan a él." La tercera es mía; costa en la página 70 del libro *Discusión* (1932). "Casi todo lo escrito sobre Whitman está falseado por dos interminables errores. Uno es la sumaria identificación de Whitman, hombre de letras, con Whitman, héroe semidivino de *Leaves of Grass* como don Quijote lo es de *Quijote;* otro, la insensata adopción del estilo y vocabulario de sus poemas, vale decir, del mismo sorprendente fenómeno que se quiere explicar."

Imaginemos que una biografía de Ulises (basada en testimonios de Agamenón, de Laertes, de Polifemo, de Calipso, de Penélope, de Telémaco, del porquero, de Scila y Caribdis) indicara que éste nunca salió de Itaca. La decepción que nos causaría ese libro, felizmente hipotético, es la que causan todas las biografías de Whitman. Pasar del orbe paradisíaco de sus versos a la insípida crónica de sus días es una transición melancólica. Paradójicamente, esa melancolía inevitable se agrava cuando el biógrafo quiere disimular que hay dos Whitmans: el "amistoso y elocuente salvaje" de *Leaves of Grass* y el pobre literato que lo inventó.* Éste jamás estuvo en California o en Platte Cañón; aquél improvisa un apóstrofe en el segundo de esos lugares ("Spirit That Formed This Scene") y ha sido minero en el otro ("Starting from Paumanok, I"). Éste, en 1859, estaba en Nueva York; aquél, el dos de diciembre de ese año, asistió en Virginia a la ejecución del viejo abolicionista John Brown ("Year of Meteors"). Éste nació en Long Island; aquél también ("Starting from Paumanok, I"), pero asimismo en uno de los estados del Sur ("Longings for Home"). Éste fue casto, reservado y más bien taciturno; aquél, efusivo y orgiástico. Multiplicar esas discordias es fácil; más importante es comprender que el mero vagabundo feliz que proponen los versos de *Leaves of Grass* hubiera sido incapaz de escribirlos.

Byron y Baudelaire dramatizaron, en ilustres volúmenes, su desdicha: Whitman, su felicidad. (Treinta años después, en Sils-Maria, Nietzsche descubriría a Zarathustra: ese pedagogo es feliz, o, en todo caso, recomienda la felicidad, pero tiene el defecto

*Reconocen muy bien esa diferencia Henry Seidel Canby (*Walt Whitman,* 1943) y Mark van Doren en la antología de la Viking Press (1945). Nadie más, que yo sepa.

de no existir.) Otros héroes románticos —Vathek[16] es el primero de la serie, Edmond Teste[17] no es el último— prolijamente acentúan sus diferencias; Whitman, con impetuosa humildad, quiere parecerse a todos los hombres. *Leaves of Grass*, advierte, "es el canto de un gran individuo colectivo, popular, varón o mujer" (*Complete Writings*, V, 192). O, inmortalmente ("Song of Myself", 17):

Éstos son en verdad los pensamientos de todos los
hombres en todos los lugares y épocas; no son originales míos.
Si son menos tuyos que míos, son nada o casi nada.
Si no son el enigma y la solución del enigma, son nada.
Si no están cerca y lejos, son nada.

Éste es el pasto que crece donde hay tierra y hay agua,
Éste es el aire común que baña el planeta.

El panteísmo ha divulgado un tipo de frases en las que se declara que Dios es diversas cosas contradictorias o (mejor aún) misceláneas. Su prototipo es éste: "El rito soy, la ofrenda soy, la oblación a los padres soy, la hierba soy, la plegaria soy, la libación de manteca soy, el fuego soy" (*Bhagavadgita*,[18] IX, 16). Anterior, pero ambiguo, es el fragmento 67 de Heráclito: "Dios es día y noche, invierno y verano, guerra y paz, hartura y hambre". Plotino describe a sus alumnos un cielo inconcebible, en el que "todo está en todas partes, cualquier cosa es todas las cosas, el sol es todas las estrellas, y cada estrella es todas las estrelas y el sol" (*Enneadas*, V, 8, 4). Attar, persa de siglo XII, canta la dura peregrinación de los pájaros en busca de su rey, el Simurg; muchos perecen en los mares, pero los sobrevivientes descubren que ellos son el Simurg y que el Simurg es cada uno de ellos y todos. Las posibilidades retóricas de esa extensión del principio de identidad parecen infinitas. Emerson, lector de los hindúes y de Attar, deja el poema *Brahma*; de los dieciséis versos que lo componen, quizá el más memorable es éste: *When me they fly, I am the wings* (Si huyen de mí soy yo sus alas).

---

16 **Vathek:** uno de los califas de Bagdad. A Borges le interesa especialmente como personaje de la novela de William Beckford (1760–1844). Véase el ensayo "Sobre el Vathek de William Beckford" en *Otras inquisiciones*.

17 **Edmond Teste:** personaje de ficción que el poeta francés Paul Valéry (1871–1945) utilizó en sus prosas como exponente de sus ideas sobre el arte y la poesía.

18 **Bhagavadgita:** diálogo filosófico del siglo II, sagrado escritura de la India.

Análogo pero de voz más elemental es *Ich bin der Eine und bin Beide,*[19] de Stefan George (*Der Stern des Bundes*). Walt Whitman renovó ese procedimiento. No lo ejerció, como otros, para definir la divinidad o para jugar con las "simpatías y diferencias" de las palabras; quiso identificarse, en una suerte de ternura feroz, con todos los hombres. Dijo ("Crossing Brooklyn Ferry", 7):

He sido terco, vanidoso, ávido, superficial, astuto, cobarde, maligno;
El lobo, la serpiente y el cerdo no faltaban en mí . . .

También ("Song of Myself", 33):

Yo soy el hombre. Yo sufrí. Ahí estaba.
El desdén y la tranquilidad de los mártires;
La madre, sentenciada por bruja, quemada ante los hijos, con leña seca;
El esclavo acosado que vacila, se apoya contra el cerco, jadeante, cubierto de sudor;
Las puntadas que le atraviesan las piernas y el pescuezo, las crueles municiones y balas;
Todo eso lo siento, lo soy.

Todo eso lo sintió y lo fue Whitman, pero fundamentalmente fue —no en la mera historia; en el mito— lo que denotan estos dos versos ("Song of Myself", 24):

Walt Whitman, un cosmos, hijo de Manhattan,
Turbulento, carnal, sensual, comiendo, bebiendo, engendrando.

También fue el que sería en el porvenir, en nuestra venidera nostalgia, creada por estas profecías que la anunciaron ("Full of Life, Now"):

Lleno de vida, hoy, compacto, visible,
Yo, de cuarenta años de edad el año ochenta y tres de los Estados,
A ti, dentro de un siglo o de muchos siglos,

A ti, que no has nacido, te busco.
Estás leyéndome. Ahora el invisible soy yo.
Ahora eres tú, compacto, visible, el que intuye los versos y el que me busca.

---

[19] **Ich bin der Eine und bin Beide** (alemán): Yo soy el Único y el Todo.

Pensando lo feliz que serías si yo pudiera ser tu compañero.
Sé feliz como si yo estuviera contigo. (No tengas demasiada seguridad de que no estoy contigo.)

O ("Song of Parting", 4, 5):

¡Camarada! Éste no es un libro;
El que me toca, toca a un hombre.
(¿Es de noche? ¿Estamos solos aquí?...)
Te quiero, me despojo de esta envoltura.
Soy como algo incorpóreo, triunfante, muerto.*

Walt Whitman, hombre, fue director del *Brooklyn Eagle*, y leyó sus ideas fundamentales en las páginas de Emerson,[21] de Hegel y de Volney;[22] Walt Whitman, personaje poético, las edujo del contacto de América, ilustrado por experiencias imaginarias en las alcobas de New Orleans y en los campos de batalla de Georgia. Ese procedimiento, bien visto, no importa falsedad. Un hecho falso puede ser esencialmente cierto. Es fama que Enrique I de Inglaterra no volvió a sonreír después de la muerte de su hijo; el hecho, quizá falso, puede ser verdadero como símbolo del abatimiento del rey. Se dijo, en 1914, que los alemanes habían torturado y mutilado a unos rehenes belgas; la especie, a no dudarlo, era falsa, pero compendiaba útilmente los infinitos y confusos horrores de la invasión. Aun más perdonable es el caso de quienes atribuyen una doctrina a experiencias vitales y no a tal biblioteca o a tal epítome. Nietzsche, en 1874, se burló de la tesis pitagórica de que la historia se repite cíclicamente. (*Vom Nutzen und Nachtheil der Historie*, 2); en 1881, en un sendero de los bosques de Silvaplana, concibió

---

*Es intrincado el mecanismo de estos apóstrofes. Nos emociona que al poeta le emocionara prever nuestra emoción. Cf. estas líneas de Flecker,[20] dirigidas al poeta que lo leerá, después de mil años:

O friend unseen, unborn, unknown,
Student of our sweet English tongue,
Read out my words at night, alone:
I was a poet, I was young.

[20] **James Elroy Flecker** (1884–1915): poeta inglés.

[21] **Ralph Waldo Emerson** (1803–1882): filósofo norteamericano, creador del trascendentalismo.

[22] **Constantin Volney** (1757–1820): escritor y político francés, autor de *Les Ruines ou Méditations sur les révolutions des empires*, en el que achacaba todas las desgracias de la humanidad a haber abandonado los pueblos la libertad y la religión natural.

de pronto esa tesis (*Ecce homo*, 9). Lo tosco, lo bajamente policial, es hablar de plagio; Nietzsche, interrogado, replicaría que lo importante es la transformación que una idea puede obrar en nosotros, no el mero hecho de razonarla.* Una cosa es la abstracta proposición de la unidad divina; otra, la ráfaga que arrancó del desierto a unos pastores árabes y los impulsó a una batalla que no ha cesado y cuyos límites fueron la Aquitania y el Ganges. Whitman se propuso exhibir un demócrata ideal, no formular una teoría.

Desde que Horacio, con imagen platónica o pitagórica, predijo su celeste metamorfosis, es clásico en las letras el tema de la inmortalidad del poeta. Quienes lo frecuentaron, lo hicieron en función de la vanagloria (*Not marble, nor the gilded monuments*),[23] cuando no del soborno y de la venganza; Whitman deriva de su manejo una relación personal con cada futuro lector. Se confunde con él y dialoga con el otro, con Whitman ("Salut au monde", 3):

¿Qué oyes, Walt Whitman?

Así se desdobló en el Whitman eterno, en ese amigo que es un viejo poeta americano de mil ochocientos y tantos y también su leyenda y también cada uno de nosotros y también la felicidad. Vasta y casi inhumana fue la tarea, pero no fue menor la victoria.

---

*Tanto difieren la razón y la convicción que las más graves objeciones a cualquier doctrina filosófica suelen preexistir en la obra que la proclama. Platón, en el *Parménides*, anticipa el argumento del tercer hombre que le opondrá Aristóteles, Berkeley (*Dialogues*, *3*), las refutaciones de Hume.

[23] Cita de Shakespeare, Sonnet 55.

VALÉRY[1] COMO SÍMBOLO

Aproximar el nombre de Whitman al de Paul Valéry es, a primera vista, una operación arbitraria y (lo que es peor) inepta. Valéry es símbolo de infinitas destrezas pero asimismo de infinitos escrúpulos; Whitman, de una casi incoherente pero titánica vocación de felicidad; Valéry ilustremente personifica los laberintos del espíritu; Whitman, las interjecciones del cuerpo. Valéry es símbolo de Europa y de su delicado crepúsculo; Whitman, de la mañana en América. El orbe entero de la literatura parece no admitir dos aplicaciones más antagónicas de la palabra *poeta.* Un hecho, sin embargo, los une: la obra de los dos es menos preciosa como poesía que como signo de un poeta ejemplar, creado por esa obra. Así, el poeta inglés Lascelles Abercrombie pudo alabar a Whitman por haber creado "de la riqueza de su noble experiencia, esa figura vívida y personal que es una de las pocas cosas realmente grandes de la poesía de nuestro tiempo: la figura de él mismo". El dictamen es vago y superlativo, pero tiene la singular virtud de no identificar a Whitman, hombre de letras y devoto de Tennyson, con Whitman, héroe semidivino de *Leaves of Grass.* La distinción es válida; Whitman redactó sus rapsodias en función de un yo imaginario, formado parcialmente de él mismo, parcialmente de cada uno de sus lectores. De ahí las divergencias que han exasperado a la crítica; de ahí la costumbre de fechar sus poemas en territorios que jamás conoció; de ahí que, en tal página de su obra, naciera en los estados del sur, y en tal otra (también en la realidad) en Long Island.

Uno de los propósitos de las composiciones de Whitman es definir a un hombre posible —Walt Whitman— de ilimitada y

[1] **Paul Valéry:** Véase nota 14 del cuento "Pierre Menard, autor del Quijote".

negligente felicidad; no menos hiperbólico, no menos ilusorio, es el hombre que definen las composiciones de Valéry. Éste no magnifica, como aquél, las capacidades humanas de filantropía, de fervor y de dicha; magnífica las virtudes mentales. Valéry ha creado a Edmond Teste;[2] ese personaje sería uno de los mitos de nuestro siglo si todos, íntimamente, no lo juzgáramos un mero *Doppelgänger*[3] de Valéry. Para nosotros, Valéry es Edmond Teste. Es decir, Valéry es una derivación del Chevalier Dupin[4] de Edgar Allan Poe y del inconcebible Dios de los teólogos. Lo cual, verosímilmente, no es cierto.

Yeats, Rilke[5] y Eliot[6] han escrito versos más memorables que los de Valéry; Joyce y Stefan George han ejecutado modificaciones más profundas en su instrumento (quizá el francés es menos modificable que el inglés y que el alemán); pero detrás de la obra de esos eminentes artífices no hay una personalidad comparable a la de Valéry. La circunstancia de que esa personalidad sea, de algún modo, una proyección de la obra, no disminuye el hecho. Proponer a los hombres la lucidez en una era bajamente romántica, en la era melancólica del nazismo y del materialismo dialéctico, de los augures de la secta de Freud y de los comerciantes del *surréalisme*, tal es la benemérita misión que desempeñó (que sigue desempeñando) Valéry.

Paul Valéry nos deja, al morir, el símbolo de un hombre infinitamente sensible a todo hecho y para el cual todo hecho es un estímulo que puede suscitar una infinita serie de pensamientos. De un hombre que trasciende los rasgos diferenciales del yo y de quien podemos decir, como William Hazlitt[7] de Shakespeare: "He is nothing in himself." De un hombre cuyos admirables textos no agotan, ni siquiera definen, sus omnímodas posibilidades. De un hombre que, en un siglo que adora los caóticos ídolos de la sangre, de la tierra y de la pasión, prefirió siempre los lúcidos placeres del pensamiento y las secretas aventuras del orden.

Buenos Aires, 1945

---

[2] **Edmond Teste:** Véase la nota 17 del ensayo "Nota sobre Walt Whitman".
[3] **Doppelgänger** (alemán): doble.
[4] **Dupin:** Véase nota 1 del cuento "La muerte y la brújula".
[5] **Rainer Maria Rilke** (1875–1926): escritor austriaco, nacido en Praga.
[6] **T. S. Eliot** (1888–1965): poeta y ensayista inglés, de origen norteamericano. Recibió el premio Nobel en 1948.
[7] **William Hazlitt** (1778–1830): crítico y ensayista inglés.

SOBRE CHESTERTON[1]

Because He does not take away
The terror from the tree. . .
CHESTERTON: *A Second Childhood*

Edgar Allan Poe escribió cuentos de puro horror fantástico o de pura *bizarrerie*;[2] Edgar Allan Poe fue inventor del cuento policial. Ello no es menos indudable que el hecho de que no combinó los dos géneros. No impuso al caballero Auguste Dupin[3] la tarea de fijar el antiguo crimen del Hombre de las Multitudes[4] o de explicar el simulacro que fulminó, en la cámara négra y escarlata, al enmascarado príncipe Próspero.[5] En cambio, Chesterton prodigo con pasión y felicidad esos *tours de force*. Cada una de las piezas de la Saga del Padre Brown[6] presenta un misterio, propone explicaciones de tipo demoníaco o mágico y las reemplaza, al fin, con otras que son de este mundo. La maestría no agota la virtud de esas breves ficciones; en ellas creo percibir una cifra de la historia de Chesterton, un símbolo o espejo de Chesterton. La repetición de su esquema a través de los años y de los libros (*The Man Who Knew Too Much, The Poet and the Lunatics, The Paradoxes of Mr. Pond*) parece confirmar que se trata de una forma esencial, no de un artificio retórico. Estos apuntes quieren interpretar esa forma.

1 **Gilbert Keith Chesterton:** Véase nota 7 del cuento "El acercamiento a Almotásim".
2 **bizarrerie** (francés): rareza.
3 **Dupin:** Véase nota 1 del cuento "La muerte y la brújula".
4 **Hombre de los Multitudes:** alusión al cuento de Chesterton, "The Man in the Crowd".
5 **Próspero:** protagonista de *The Tempest*, drama de Shakespeare.
6 Father Brown es el célebre héroe de una serie de novelas policíacas de G. K. Chesterton.

Antes, conviene reconsiderar unos hechos de excesiva notoriedad. Chesterton fué católico, Chesterton creyó en la Edad Media de los prerrafaelistas (*Of London, Small and White, and Clean*), Chesterton pensó, como Whitman, que el mero hecho de ser es tan prodigioso que ninguna desventura debe eximirnos de una suerte de cómica gratitud. Tales creencias pueden ser justas, pero el interés que promueven es limitado; suponer que agotan a Chesterton es olvidar que un credo es el último término de una serie de procesos mentales y emocionales y que un hombre es toda la serie. En este país, los católicos exaltan a Chesterton, los librepensadores lo niegan. Como todo escritor que profesa un credo, Chesterton es juzgado por él, es reprobado o aclamado por él. Su caso es parecido al de Kipling, a quien siempre lo juzgan en función del Imperio Británico.

Poe y Baudelaire se propusieron, como el atormentado Urizen de Blake,[7] la creación de un mundo de espanto; es natural que su obra sea pródiga de formas del horror. Chesterton, me parece, no hubiera tolerado la imputación de ser un tejedor de pesadillas, un *monstrorum artifex* (Plinio, XXVIII, 2), pero invenciblemente suele incurrir en atisbos atroces. Pregunta si acaso un hombre tiene tres ojos, o un pájaro tres alas; habla, contra los panteístas, de un muerto que descubre en el paraíso que los espíritus de los coros angélicos tienen sin fin su misma cara;* habla de una cárcel de espejos; habla de un laberinto sin centro; habla de un hombre devorado por autómatas de metal; habla de un árbol que devora a los pájaros y que en lugar de hojas da plumas; imagina (*The Man Who Was Thursday*, VI) que en los confines orientales del mundo acaso existe un árbol que ya es más, y menos, que un árbol, y en los occidentales, algo, una torre, cuya sola arquitectura es malvada. Define lo cercano por lo lejano, y aun por lo atroz; si habla de sus ojos, los llama con palabras de Ezequiel (1:22) *un terrible cristal*, si de la noche, perfecciona un antiguo horror (Apocalipsis, 4:6) y la llama *un monstruo hecho de ojos*. No menos ilustrativa es la narración *How I Found the Superman*, Chesterton habla con los padres del Superhombre; interrogados sobre la her-

*Amplificando un pensamiento de Attar ("En todas partes sólo vemos Tu cara"), Jalal-uddin Rumi compuso unos versos que ha traducido Rückert (*Werke*, IV, 222), donde se dice que en los cielos, en el mar y en los sueños hay Uno Solo y donde se alaba a ese Único por haber reducido a unidad los cuatro briosos animales que tiran del carro de los mundos: la tierra, el fuego, el aire y el agua.

[7] **William Blake** (1757–1827): poeta y pintor místico inglés. Su obra es precursora del romanticismo.

mosura del hijo, que no sale de un cuarto oscuro, éstos le recuerdan que el Superhombre crea su propio canon y debe ser medido por él ("En ese plano es más bello que Apolo. Desde nuestro plano inferior, por supuesto. . ."); después admiten que no es fácil estrecharle la mano ("Usted comprende; la estructura es muy otra"); después, son incapaces de precisar si tiene pelo o plumas. Una corriente de aire lo mata y unos hombres retiran un ataúd que no es de forma humana. Chesterton refiere en como de burla esa fantasía teratológica.

Tales ejemplos, que sería fácil multiplicar, prueban que Chesterton se defendió de ser Edgar Allan Poe o Franz Kafka, pero que algo en el barro de su yo propendía a la pesadilla, algo secreto, y ciego y central. No en vano dedicó sus primeras obras a la justificación de dos grandes artífices góticos, Browning y Dickens; no en vano repitió que el mejor libro salido de Alemania era el de los cuentos de Grimm. Denigró a Ibsen y defendió (acaso indefendiblemente), a Rostand,[8] pero los Trolls y el Fundidor de *Peer Gynt* eran de la madera de sus sueños, *the stuff his dreams were made of.*[9] Esa discordia, esa precaria sujeción de una voluntad demoníaca, definen la naturaleza de Chesterton. Emblemas de esa guerra son para mí las aventuras del Padre Brown, cada una de las cuales quiere explicar, mediante la sola razón, un hecho inexplicable.* Por eso dije, en el párrafo inicial de esta nota, que esas ficciones eran cifras de la historia de Chesterton, símbolos y espejos de Chesterton. Eso es todo, salvo que la "razón" a la que Chesterton supeditó sus imaginaciones no era precisamente la razón sino la fe católica o sea un conjunto de imaginaciones hebreas supeditadas a Platón y a Aristóteles.

Recuerdo dos parábolas que se oponen. La primera consta en el primer tomo de las obras de Kafka. Es la historia del hombre que pide ser admitido a la ley. El guardián de la primera puerta le dice, que adentro hay muchas otras† y que no hay sala que

---

*No la explicación de lo inexplicable sino de lo confuso es la tarea que se imponen, por lo común, los novelistas policiales.

†La noción de puertas detrás de puertas, que se interponen entre el pecador y la gloria, está en el Zohar. Véase Glatzer: *In Time and Eternity*, 30; también Martin Buber: *Tales of the Hasidim*, 92.

[8] **Edmond Rostand** (1868–1918): poeta y dramaturgo francés, autor de *Cyrano de Bergerac.*

[9] Dice Próspero (*The Tempest*, IV: *i*, v. 156): "We are such stuff/as dreams are made on/and our little life/is rounded with a sleep."

no esté custodiada por un guardián, cada uno más fuerte que el anterior. El hombre se sienta a esperar. Pasan los días y los años, y el hombre muere. En la agonía pregunta: "¿Será posible que en los años que espero nadie haya querido entrar sino yo?" El guardián le responde: "Nadie ha querido entrar porque a ti sólo estaba destinada esta puerta. Ahora voy a cerrarla." (Kafka comenta esta parábola, complicándola aun más, en el noveno capítulo de *El proceso.*) La otra parábola está en el *Pilgrim's Progress*, de Bunyan. La gente mira codiciosa un castillo que custodian muchos guerreros; en la puerta hay un guardián con un libro para escribir el nombre de aquel que sea digno de entrar. Un hombre intrépido se allega a ese guardián y le dice: "Anote mi nombre, señor." Luego saca la espada y se arroja sobre los guerreros y recibe y devuelve heridas sangrientas, hasta abrirse camino entre el fragor y entrar en el castillo.

Chesterton dedicó su vida a escribir la segunda de las parábolas, pero algo en él propendió siempre a escribir la primera.

KAFKA[1] Y SUS PRECURSORES

Yo premedité alguna vez un examen de los precursores de Kafka. A éste, al principio, lo pensé tan singular como el fénix de las alabanzas retóricas; a poco de frecuentarlo, creí reconocer su voz, o sus hábitos, en textos de diversas literaturas y de diversas épocas. Registraré unos pocos aquí, en orden cronológico.

---

[1] **Franz Kafka** (1883–1924); novelista checo de lengua alemana, autor de *Der Prozeß* (*El proceso*), *Der Schloß* (*El castillo*) y *Die Verwandlung* (*La metamorphosis*). Su obra muestra la angustia del hombre ante el absurdo del mundo.

El primero es la paradoja de Zenón[2] contra el movimiento. Un móvil que está en A (declara Aristóteles) no podrá alcanzar el punto B, porque antes deberá recorrer la mitad del camino entre los dos, y antes, la mitad de la mitad, y antes, la mitad de la mitad de la mitad, y así hasta lo infinito; la forma de este ilustre problema es, exactamente, la de *El castillo*, y el móvil y la flecha y Aquiles son los primeros personajes kafkianos de la literatura. En el segundo texto que el azar de los libros me deparó, la afinidad no está en la forma sino en el tono. Se trata de un apólogo de Han Yu, prosista del siglo IX, y consta en la admirable *Anthologie raisonée de la littérature chinoise* (1948) de Margouliès. Éste es el párrafo que marqué, misterioso y tranquilo: "Universalmente se admite que el unicornio es un ser sobrenatural y de buen agüero; así lo declaran las odas, los anales, las biografías de varones ilustres y otros textos cuya autoridad es indiscutible. Hasta los párvulos y las mujeres del pueblo saben que el unicornio constituye un presagio favorable. Pero este animal no figura entre los animales domésticos, no siempre es fácil encontrarlo, no se presta a una clasificación. No es como el caballo o el toro, el lobo o el ciervo. En tales condiciones, podríamos estar frente al unicornio y no sabríamos con seguridad que lo es. Sabemos que tal animal con crin es caballo y que tal animal con cuernos es toro. No sabemos cómo es el unicornio."*

El tercer texto procede de una fuente más previsible; los escritos de Kierkegaard.[3] La afinidad mental de ambos escritores es cosa de nadie ignorada; lo que no se ha destacado aún, que yo sepa, es el hecho de que Kierkegaard, como Kafka, abundó en parábolas religiosas de tema contemporáneo y burgués. Lowrie, en su *Kierkegaard* (Oxford University Press, 1938), transcribe dos. Una es la historia de un falsificador que revisa, vigilado incesantemente,

---

*El desconocimiento del animal sagrado y su muerte oprobiosa o casual a manos del vulgo son temas tradicionales de la literatura china. Véase el último capítulo de *Psychologie und Alchemie* (Zürich, 1944), de Jung, que encierra dos curiosas ilustraciones.

2 **Zenón de Elea** (490–430 antes de J.C.): filósofo griego, discípulo de Parménides y creador, según Aristóteles, de la dialéctica. Desarrolló una serie de argumentos por los cuales se reducía al absurdo les conceptos de la multiplicidad del ser y del movimiento.

3 **Soren Kierkegaard** (1813–1855): filósofo dinamarqués, dedicado al estudio de temas teológicos. Se considera como el fundador de la filosofía existencial.

los billetes del Banco de Inglaterra; Dios, de igual modo, desconfiaría de Kierkegaard y le habría encomendado una misión, justamente por saberlo avezado al mal. El sujeto de otra son las expediciones al Polo Norte. Los párrocos daneses habrían declarado desde los púlpitos que participar en tales expediciones conviene a la salud eterna del alma. Habrían admitido, sin embargo, que llegar al Polo es difícil y tal vez imposible y que no todos pueden acometer la aventura. Finalmente, anunciarían que cualquier viaje —de Dinamarca a Londres, digamos, en el vapor de la carrera—, o un paseo dominical en coche de plaza, son, bien mirados, verdaderas expediciones al Polo Norte, la cuarta de las prefiguraciones que hallé en el poema *Fears and Scruples* de Browning, publicado en 1876. Un hombre tiene, o cree tener, un amigo famoso. Nunca lo ha visto y el hecho es que éste no ha podido, hasta el día de hoy, ayudarlo, pero se cuentan rasgos suyos muy nobles, y circulan cartas auténticas. Hay quien pone en duda los rasgos, y los grafólogos afirman la apocrifidad de las cartas. El hombre, en el último verso, pregunta: "¿Y si este amigo fuera. . . Dios?"

Mis notas registran asimismo dos cuentos. Uno pertenece a las *Histoires désobligeantes* de Léon Bloy[4] y refiere el caso de unas personas que abundan en globos terráqueos, en atlas, en guías de ferrocarril y en baúles, y que mueren sin haber logrado salir de su pueblo natal. El otro se titula *Carcassonne* y es obra de Lord Dunsany. Un invencible ejército de guerreros parte de un castillo infinito, sojuzga reinos y ve monstruos y fatiga los desiertos y las montañas, pero nunca llegan a Carcasona, aunque alguna vez la divisan. (Este cuento es, como fácilmente se advertirá, el estricto reverso del anterior; en el primero, nunca se sale de una ciudad; en el último, no se llega.)

Si no me equivoco, las heterogéneas piezas que he enumerado se parecen a Kafka; si no me equivoco, no todas se parecen entre sí. Este último hecho es el más significativo. En cada uno de esos textos está la idiosincrasia de Kafka, en grado mayor o menor, pero si Kafka no hubiera escrito, no la percibiríamos; vale decir, no existiría. El poema *Fears and Scruples* de Robert Browning profe-

[4] **Léon Bloy** (1846–1917): novelista y ensayista francés de expresión vigorosa y acerba.

tiza la obra de Kafka, pero nuestra lectura de Kafka afina y desvía sensiblemente nuestra lectura del poema. Browning no lo leía como ahora nosotros lo leemos. En el vocabulario crítico, la palabra *precursor* es indispensable, pero habría que tratar de purificarla de toda connotación de polémica o de rivalidad. El hecho es que cada escritor *crea* a sus precursores. Su labor modifica nuestra concepción del pasado, como ha de modificar el futuro.* En esta correlación nada importa la identidad o la pluralidad de los hombres. El primer Kafka de *Betrachtung*[5] es menos precursor del Kafka de los mitos sombríos y de las instituciones atroces que Browning o Lord Dunsany.

Buenos Aires, 1951

AVATARES DE LA TORTUGA

Hay un concepto que es el corruptor y el desatinador de los otros. No hablo del Mal cuyo limitado imperio es la ética; hablo del infinito. Yo anhelé compilar alguna vez su móvil historia. La numerosa Hidra[1] (monstruo palustre que viene a ser una prefiguración o un emblema de las progresiones geométricas) daría conveniente horror a su pórtico: la coronarían las sórdidas pesadillas de Kafka y sus capítulos centrales no desconocerían las conjeturas de ese remoto cardenal alemán —Nicolás de Krebs,

*Véase T. S. Eliot: *Points of View* (1941), págs. 25–26.

[5] **Betrachtung** (alemán): contemplación.

[1] **Hidra:** legendaria serpiente monstruosa de siete cabezas, que volvían a crecer a medida que las cortaban. Fue finalmente destruída por Hércules, que las cortó de un solo tajo.

Nicolás de Cusa[2]— que en la circunferencia vio un polígono de un número infinito de ángulos y dejó escrito que una línea infinita sería una recta, sería un triángulo, sería un círculo y sería una esfera (*De docta ignorantia*, I, 13). Cinco, siete años de aprendizaje metafísico, teológico, matemático, me capacitarían (tal vez) para planear decorosamente ese libro. Inútil agregar que la vida me prohibe esa esperanza, y aun ese adverbio.

A esa ilusoria *Biografía del infinito* pertenecen de alguna manera estas páginas. Su propósito es registrar ciertos avatares de la segunda paradoja de Zenón.[3]

Recordemos, ahora, esa paradoja.

Aquiles corre diez veces más ligero que la tortuga y le da una ventaja de diez metros. Aquiles corre esos diez metros, la tortuga corre uno; Aquiles corre ese metro, la tortuga corre un decímetro; Aquiles corre ese decímetro, la tortuga corre un centímetro; Aquiles corre ese centímetro, la tortuga un milímetro; Aquiles Piesligeros el milímetro, la tortuga un decímetro de milímetro y así infinitamente, sin alcanzarla... Tal es la versión habitual. Wilhelm Capelle (*Die Vorsokratiker*, 1935, página 178) traduce el texto original de Aristóteles: "El segundo argumento de Zenón es el llamado Aquiles. Razona que el más lento no será alcanzado por el más veloz, pues el perseguidor tiene que pasar por el sitio que el perseguido acaba de evacuar, de suerte que el más lento siempre le lleva una determinada ventaja." El problema no cambia, como se ve; pero me gustaría conocer el nombre del poeta que lo dotó de un héroe y de una tortuga. A esos competidores mágicos y a la serie

$$10 + 1 + \frac{1}{10} + \frac{1}{100} + \frac{1}{1000} + \frac{1}{10.000} + \cdots$$

debe el argumento su difusión. Casi nadie recuerda el que lo antecede —el de la pista—, aunque su mecanismo es idéntico. El movimiento es imposible (arguye Zenón) pues el móvil debe

[2] **Nicolás de Cusa** (1401–1464): cardenal y humanista alemán; buscó racionalmente un acceso a lo Absoluto. En sus numerosas obras desarrolló la idea de llegar al conocimiento por medio del pensamiento místico en lugar de la razón.

[3] **Zenón:** Véase nota 2 del ensayo "Kafka y sus precursores".

atravesar el medio para llegar al fin, y antes el medio del medio, y antes el medio del medio del medio, y antes*. . .

Debemos a la pluma de Aristóteles la comunicación y la primera refutación de esos argumentos. Los refuta con una brevedad quizá desdeñosa, pero su recuerdo le inspira el famoso argumento del tercer hombre contra la doctrina platónica. Esa doctrina quiere demostrar que dos individuos que tienen atributos comunes (por ejemplo, dos hombres) son meras apariencias temporales de un arquetipo eterno. Aristóteles interroga si los muchos hombres y el Hombre —los individuos temporales y el Arquetipo— tienen atributos comunes. Es notorio que sí: tienen los atributos generales de la humanidad. En ese caso, afirma Aristóteles, habrá que postular *otro* arquetipo que los abarque a todos y después un cuarto. . . Patricio de Azcárate,[4] en una nota de su traducción de la Metafísica, atribuye a un discípulo de Aristóteles esta presentación: "Si lo que se afirma de muchas cosas a la vez es un ser aparte, distinto de las cosas de que se afirma (y esto es lo que pretenden los Platonianos), es preciso que haya un tercer hombre. *Hombre* es una denominación que se aplica a los individuos y a la idea. Hay, pues, un tercer hombre distinto de los hombres particulares y de la idea. Hay al mismo tiempo un cuarto que estará en la misma relación con éste y con la idea y los hombres particulares; después un quinto y así hasta el infinito." Postulemos dos individuos, a y b, que integran el género c. Tendremos entonces:

$$a + b = c$$

Pero también, según Aristóteles:

$$a + b + c = d$$
$$a + b + c + d = e$$
$$a + b + c + d + e = f. . .$$

En rigor no se requieren dos individuos: bastan el individuo y el género para determinar el *tercer hombre* que denuncia Aristó-

*Un siglo después, el sofista chino Hui Tzu razonó que un bastón, al que cercenan la mitad cada día, es interminable (H. A. Giles: *Chuang Tzu,* 1889, pág. 453).

[4] **Patricio de Azcárate** (1800–1886): escritor español, autor de las *Veladas sobre la filosofía moderna* y otros estudios filosóficos.

teles. Zenón de Elea recurre a la infinita regresión contra el movimiento y el número; su refutador, contra las formas universales.*

El próximo avatar de Zenón que mis desordenadas notas registran es Agripa, el escéptico. Éste niega que algo pueda probarse, pues toda prueba requiere una prueba anterior (*Hypotyposes*, I, 166). Sexto Empírico arguye parejamente que las definiciones son vanas, pues habría que definir cada una de las voces que se usan y, luego, definir la definición (*Hypotyposes*, II, 207). Mil seiscientos años después, Byron, en la dedicatoria de *Don Juan*, escribirá de Coleridge: "I wish he would explain his Explanation."

Hasta aquí, el *regressus in infinitum* ha servido para negar; Santo Tomás de Aquino recurre a él (*Suma teológica*, 1, 2, 3) para afirmar que hay Dios. Advierte que no hay cosa en el universo que no tenga una causa eficiente y que esa causa, claro está, es el efecto de otra causa anterior. El mundo es un interminable encadenamiento de causas y cada causa es un efecto. Cada estado proviene del anterior y determina el subsiguiente, pero la serie general pudo no haber sido, pues los términos que la forman son condicionales, es decir, aleatorios. Sin embargo, el mundo *es*; de ello podemos inferir una no contingente causa primera, que será la divinidad. Tal es la prueba cosmológica; la prefiguran Aristóteles y Platón; Leibniz la redescubre.†

Hermann Lotze[5] apela al *regressus* para no comprender que

---

*En el *Parménides* —cuyo carácter zenoniano es irrecusable— Platón discurre un argumento muy parecido para demostrar que el uno es realmente muchos. Si el uno existe, participa del ser; por consiguiente, hay dos partes en él, que son el ser y el uno, pero cada una de esas partes es una y es, de modo que encierra otras dos, que encierran también otras dos: infinitamente. Russell (*Introduction to Mathematical Philosophy*, 1919, pág. 138), sustituye a la progresión geométrica de Platón una progresión aritmética. Si el uno existe, el uno participa del ser; pero como son diferentes el ser y el uno, existe el dos; pero como son diferentes el ser y el dos, existe el tres, etc. Chuang Tzu (Waley: *Three Ways of Thought in Ancient China*, pág. 25) recurre al mismo interminable *regressus* contra los monistas que declaraban que las Diez Mil Cosas (el Universo) son una sola. Por lo pronto —arguye— la unidad cósmica y la declaración de esa unidad ya son dos cosas: esas dos y la declaración de su dualidad ya son tres; esas tres y la declaración de su trinidad ya son cuatro . . . Russell opina que la vaguedad del término *ser* basta para invalidar el razonamiento. Agrega que los números no existen, que son meras ficciones lógicas.

†Un eco de esa prueba, ahora muerta, retumba en el primer verso del *Paradiso:*

La gloria di Colui che tutto move.

[5] **Rudolf Hermann Lotze** (1817–1881): filósofo y psiquiatra alemán, se dedicó principalmente a las ciencias naturales.

una alteración del objeto A pueda producir una alteración del objeto B. Razona que si A y B son independientes, postular un influjo de A sobre B es postular un tercer elemento C, un elemento que para operar sobre B requerirá un cuarto elemento D, que no podrá operar sin E, que no podrá operar sin F. . . Para eludir esa multiplicación de quimeras, resuelve que en el mundo hay un solo objeto: una infinita y absoluta sustancia, equiparable al Dios de Spinoza. Las causas transitivas se reducen a causas inmanentes; los hechos, a manifestaciones o modos de sustancia cósmica.*

Análogo, pero todavía más alarmante, es el caso de F. H. Bradley.[6] Este razonador (*Appearance and Reality*, 1897, págs. 19-34) no se limita a combatir la relación causal; niega todas las relaciones. Pregunta si una relación está relacionada con sus términos. Le responden que sí e infiere que ello es admitir la existencia de otras dos relaciones, y luego de otras dos. En el axioma *la parte es menor que el todo* no percibe dos términos y la relación *menor que*; percibe tres (*parte*, *menor que*, *todo*) cuya vinculación implica otras dos relaciones, y así hasta lo infinito. En el juicio *Juan es mortal*, percibe tres conceptos inconjugables (el tercero es la cópula) que no acabaremos de unir. Transforma todos los conceptos en objetos incomunicados, durísimos. Refutarlo es contaminarse de irrealidad.

Lotze interpone los abismos periódicos de Zenón entre la causa y el efecto; Bradley, entre el sujeto y el predicado, cuando no entre el sujeto y los atributos; Lewis Carroll[7] (*Mind*, volumen cuarto, pág. 278) entre la segunda premisa del silogismo y la conclusión. Refiere un diálogo sin fin, cuyos interlocutores son Aquiles y la tortuga. Alcanzado ya el término de su interminable carrera, los dos atletas conversan apaciblemente de geometría. Estudian este claro razonamiento:

a) Dos cosas iguales a una tercera son iguales entre sí.
b) Los dos lados de este triángulo son iguales a MN.
z) Los dos lados de este triángulo son iguales entre sí.

---

*Sigo la exposición de James (A *Pluralistic Universe*, 1909, págs. 55–60). Cf. Wentscher: *Fechner und Lotze*, 1924, págs. 166–171.

[6] **F. Bradley:** Véase el cuento “El milagro secreto”, nota 10.

[7] **Lewis Carroll:** (1832–1898): seudónimo de Charles Lutwidge Dodgson, escritor y matemático inglés, autor de *Alice in Wonderland* y de *Through the Looking-Glass*.

La tortuga acepta las premisas *a* y *b*, pero niega que justifiquen la conclusión. Logra que Aquiles interpole una proposición hipotética.

a) Dos cosas iguales a una tercera son iguales entre sí.

b) Los dos lados de este triángulo son iguales a MN.

c) Si *a* y *b* son válidas, *z* es válida.

z) Los lados de este triángulo son iguales entre sí.

Hecha esa breve aclaración, la tortuga acepta la validez de *a*, *b* y *c*, pero no de *z*. Aquiles, indignado, interpola:

d) Si *a*, *b* y *c* son válidas, *z* es válida.

Y luego, ya con cierta resignación:

e) Si *a*, *b*, *c* y *d* son válidas, *z* es válida.

Carroll observa que la paradoja del griego comporta una infinita serie de distancias que disminuyen y que en la propuesta por él crecen las distancias.

Un ejemplo final, quizá el más elegante de todos, pero también el que menos difiere de Zenón. William James (*Some Problems of Philosophy*, 1911, pág. 182) niega que puedan transcurrir catorce minutos, porque antes es obligatorio que hayan pasado siete, y antes de siete, tres minutos y medio, y antes de tres y medio, un minuto y tres cuartos, y así hasta el fin, hasta el invisible fin, por tenues laberintos de tiempo.

Descartes, Hobbes, Leibniz, Renouvier, Georg Cantor, Gomperz, Russell y Bergson han formulado explicaciones —no siempre inexplicables y vanas— de la paradoja de la tortuga. (Yo he registrado algunas en *Discusión*, 1932, págs. 151-161.) Abundan asimismo, como ha verificado el lector, sus aplicaciones. Las históricas no la agotan: el vertiginoso *regressus in infinitum* es acaso aplicable a todos los temas. A la estética: tal verso nos conmueve por tal motivo, tal motivo por tal otro motivo... Al problema del conocimiento: conocer es reconocer, pero es preciso haber conocido, para reconocer, pero conocer es reconocer... ¿Cómo juzgar esa dialéctica? ¿Es un legítimo instrumento de indagación o apenas una mala costumbre?

Es aventurado pensar que una coordinación de palabras (otra cosa no son las filosofías) puede parecerse mucho al universo. También es aventurado pensar que de esas coordinaciones ilustres, alguna —siquiera de modo infinitesimal— no se parece un poco más que otras. He examinado las que gozan de cierto crédito; me atrevo a asegurar que sólo en la que formuló Schopenhauer he reconocido algún rasgo del universo. Según esa doctrina, el mundo es una fábrica de la voluntad. El arte —siempre— requiere irrealidades visibles. Básteme citar una: la dicción metafórica o numerosa o cuidadosamente casual de los interlocutores de un drama... Admitamos lo que todos los idealistas admiten: el carácter alucinatorio del mundo. Hagamos lo que ningún idealista ha hecho: busquemos irrealidades que confirmen ese carácter. Las hallaremos, creo, en las antinomias de Kant y en la dialéctica de Zenón.

El mayor hechicero (escribe memorablemente Novalis) *sería el que se hechizara hasta el punto de tomar sus propias fantasmagorías por apariciones autónomas. ¿No sería ése nuestro caso?* Yo conjeturo que así es. Nosotros (la indivisa divinidad que opera en nosotros) hemos soñado el mundo. Lo hemos soñado resistente, misterioso, visible, ubicuo en el espacio y firme en el tiempo; pero hemos consentido en su arquitectura tenues y eternos intersticios de sinrazón para saber que es falso.

1939

DEL CULTO DE LOS LIBROS

En el octavo libro de la *Odisea* se lee que los dioses tejen desdichas para que a las futuras generaciones no les falte algo que cantar; la declaración de Mallarmé: *El mundo existe para llegar a un libro*, parece repetir, unos treinta siglos después, el mismo concepto de una justificación estética de los males. Las dos teleologías,[1] sin embargo, no coinciden íntegramente; la del griego

[1] **teleologías:** doctrinas de las causas finales.

corresponde a la época de la palabra oral, y la del francés, a una época de la palabra escrita. En una se habla de cantar y en otra de libros. Un libro, cualquier libro, es para nosotros un objeto sagrado; ya Cervantes, que tal vez no escuchaba todo lo que decía la gente, leía hasta "los papeles rotos de las calles". El fuego, en una de las comedias de Bernard Shaw, amenaza la biblioteca de Alejandría; alguien exclama que arderá la memoria de la humanidad, y César le dice: *Déjala arder. Es una memoria de infamias.* El César histórico, en mi opinión, aprobaría o condenaría el dictamen que el autor le atribuye, pero no lo juzgaría, como nosotros, una broma sacrílega. La razón es clara: para los antiguos la palabra escrita no era otra cosa que un sucedáneo de la palabra oral.

Es fama que Pitágoras[2] no escribió; Gomperz (*Griechische Denker*, I, 3) defiende que obró así por tener más fe en la virtud de la instrucción hablada. De mayor fuerza que la mera abstención de Pitágoras es el testimonio inequívoco de Platón. Éste, en el *Timeo*, afirmó: "Es dura tarea descubrir al hacedor y padre de este universo, y, una vez descubierto, es imposible declararlo a todos los hombres", y en el *Fedro* narró una fábula egipcia contra la escritura (cuyo hábito hace que la gente descuide el ejercicio de la memoria y dependa de símbolos), y dijo que los libros son como las figuras pintadas, "que parecen vivas, pero no contestan una palabra a las preguntas que les hacen". Para atenuar o eliminar este inconveniente imaginó el diálogo filosófico. El maestro elige al discípulo, pero el libro no elige a sus lectores, que pueden ser malvados o estúpidos; este recelo platónico perdura en las palabras de Clemente de Alejandría,[3] hombre de cultura pagana: "Lo más prudente es no escribir sino aprender y enseñar de viva voz, porque lo escrito queda" (*Stromateis*), y en éstas del mismo tratado: "Escribir en un libro todas las cosas es dejar una espada en manos de un niño", que derivan también de las evangélicas: "No deis lo santo a los perros ni echéis vuestras perlas delante de los puercos, porque no las huellen con los pies, y vuelvan y os despedacen." Esta sentencia es de Jesús, el mayor de los maestros orales, que una sola vez escribió unas palabras en la tierra y no las leyó ningún hombre (Juan, 8:6).

---

[2] **Pitágoras:** Véase nota 5 del cuento "La lotería en Babilonia".

[3] **Clemente de Alejandría** (?–215): teólogo griego que se esforzó ante todo en asimilar la tradición filosófica griega dentro del cristianismo.

Clemente Alejandrino escribió su recelo de la escritura a fines del siglo II; a fines del siglo IV se inició el proceso mental que, a la vuelta de muchas generaciones, culminaría en el predominio de la palabra escrita sobre la hablada, de la pluma sobre la voz. Un admirable azar ha querido que un escritor fijara el instante (apenas exagero al llamado instante) en que tuvo principio el vasto proceso. Cuenta San Agustín, en el libro seis de las *Confesiones*: "Cuando Ambrosio leía, pasaba la vista sobre las páginas penetrando su alma, en el sentido, sin proferir una palabra ni mover la lengua. Muchas veces —pues a nadie se le prohibía entrar, ni había costumbre de avisarle quién venía—, lo vimos leer calladamente y nunca de otro modo, y al cabo de un tiempo nos íbamos, conjeturando que aquel breve intervalo que se le concedía para reparar su espíritu, libre del tumulto de los negocios ajenos, no quería que se lo ocupasen en otra cosa, tal vez receloso de que un oyente, atento a las dificultades del texto, le pidiera la explicación de un pasaje oscuro o quisiera discutirlo con él, con lo que no pudiera leer tantos volúmenes como deseaba. Yo entiendo que leía de ese modo por conservar la voz, que se le tomaba con facilidad. En todo caso, cualquiera que fuese el propósito de tal hombre, ciertamente era bueno." San Agustín fue discípulo de San Ambrosio, obispo de Milán, hacia el año 384; trece años después, en Numidia, redactó sus *Confesiones* y aún lo inquietaba aquel singular espectáculo: un hombre en una habitación, con un libro, leyendo sin articular las palabras.*

Aquel hombre pasaba directamente del signo de escritura a la intuición, omitiendo el signo sonoro; el extraño arte que iniciaba, el arte de leer en voz baja, conduciría a consecuencias maravillosas. Conduciría, cumplidos muchos años, al concepto del libro como fin, no como instrumento de un fin. (Este concepto místico, trasladado a la literatura profana, daría los singulares destinos de Flaubert y de Mallarmé, de Henry James y de James Joyce.) A la noción de un Dios que habla con los hombres para ordenarles algo o prohibirles algo, se superpone la del Libro Absoluto, la de una

*Los comentadores advierten que, en aquel tiempo, era costumbre leer en voz alta, para penetrar mejor el sentido, porque no había signos de puntuación, ni siquiera división de palabras, y leer en común, para moderar o salvar los inconvenientes de la escasez de códices. El diálogo de Luciano de Samosata, *Contra un ignorante comprador de libros*, encierra un testimonio de esa costumbre en el siglo II.

Escritura Sagrada. Para los musulmanes, el "Alcorán" (también llamado El Libro, *Al Kitab*), no es una mera obra de Dios, como las almas de los hombres o el universo; es uno de los atributos de Dios como Su eternidad o Su ira. En el capítulo XIII, leemos que el texto original, *La Madre del Libro*, está depositado en el Cielo. Muhammad-al-Ghazali, el Algazel de los escolásticos, declaró: "el *Alcorán* se copia en un libro, se pronuncia con la lengua, se recuerda en el corazón y, sin embargo sigue perdurando en el centro de Dios y no lo altera su pasaje por las hojas escritas y por los entendimientos humanos". George Sale observa que ese increado Alcorán no es otra cosa que su idea o arquetipo platónico; es verosímil que Algazel recurriera a los arquetipos, comunicados al Islam por la Enciclopedia de los Hermanos de la Pureza y por Avicena, para justificar la noción de la Madre del Libro.

Aun más extravagantes que los musulmanes fueron los judíos. En el primer capítulo de su Biblia se halla la sentencia famosa: "Y Dios dijo; sea la luz; y fue la luz"; los cabalistas razonaron que la virtud de esa orden del Señor procedió de las letras de las palabras. El tratado *Sefer Yetsirah* (Libro de la Formación), redactado en Siria o en Palestina hacia el siglo VI, revela que Jehová de los Ejércitos, Dios de Israel y Dios Todopoderoso, creó el universo mediante los números cardinales que van del uno al diez y las veintidós letras del alfabeto. Que los números sean instrumentos o elementos de la Creación es dogma de Pitágoras y de Jámblico,[4] que las letras lo sean es claro indicio del nuevo culto de la escritura. El segundo párrafo del segundo capítulo reza: "Veintidós letras fundamentales: Dios las dibujó, las grabó, las combinó, las pesó, las permutó, y con ellas produjo todo lo que es y todo lo que será." Luego se revela qué letra tiene poder sobre el aire, y cuál sobre el agua, y cuál sobre el fuego, y cuál sobre la sabiduría, y cuál sobre la paz, y cuál sobre la gracia, y cuál sobre el sueño, y cuál sobre la cólera, y cómo (por ejemplo) la letra *kaf*, que tiene poder sobre la vida, sirvió para formar el sol en el mundo, el miércoles en el año y la oreja izquierda en el cuerpo.

Más lejos fueron los cristianos. El pensamiento de que la divinidad había escrito un libro los movió a imaginar que había escrito dos y que el otro era el universo. A principios del siglo XVII, Francis

[4] **Jámblico** (?–330): filósofo sirio, perteneció a la llamada escuela siria del neoplatonismo. Escribió varias obras matemáticas y filosóficas, incluso un estudio sobre la filosofía de Pitágoras.

Bacon declaró en su *Advancement of Learning* que Dios nos ofrecía dos libros, para que no incidiéramos en error: el primero, el volumen de las Escrituras, que revela Su voluntad; el segundo, el volumen de las criaturas, que revela Su poderío y que éste era la llave de aquél. Bacon se proponía mucho más que hacer una metáfora; opinaba que el mundo era reducible a formas esenciales (temperaturas, densidades, pesos, colores), que integraban, en número limitado, un *abecedarium naturae* o serie de las letras con que se escribe el texto universal.* Sir Thomas Browne, hacia 1642, confirmó: "Dos son los libros en que suelo aprender teología: La Sagrada Escritura y aquel universal y público manuscrito que está patente a todos los ojos. Quienes nunca Lo vieron en el primero, Lo descubrieron en el otro" (*Religio Medici*, I, 16). En el mismo párrafo se lee: "Todas las cosas son artificiales, porque la Naturaleza es el Arte de Dios." Doscientos años transcurrieron y el escocés Carlyle, en diversos lugares de su labor y particularmente en el ensayo sobre Cagliostro, superó la conjetura de Bacon; estampó que la historia universal es una Escritura Sagrada que desciframos y escribimos inciertamente, y en la que también nos escriben. Después, Léon Bloy[5] escribió: "No hay en la tierra un ser humano capaz de declarar quién es. Nadie sabe qué ha venido a hacer a este mundo, a qué corresponden sus actos, sus sentimientos, sus ideas, ni cuál es su *nombre* verdadero, su imperecedero Nombre en el registro de la Luz. . . La historia es un inmenso texto litúrgico, donde las iotas y los puntos no valen menos que los versículos o capítulos íntegros, pero la importancia de unos y de otros es indeterminable y está profundamente escondida" (*L'Ame de Napoleón*, 1912). El mundo, según Mallarmé, existe para un libro; según Bloy, somos versículos o palabras o letras de un libro mágico, y ese libro incesante es la única cosa que hay en el mundo: es, mejor dicho, el mundo.

Buenos Aires, 1951

---

*En las obras de Galileo abunda el concepto del universo como libro. La segunda sección de la antología de Favaro (*Galileo Galilei: Pensieri, motti e sentenze*, Firenze, 1949) se titula *Il libro della Natura*. Copio el siguiente párrafo: "La filosofía está escrita en aquel grandísimo libro que continuamente está abierto ante nuestros ojos (quiero decir, el universo), pero que no se entiende si antes no se estudia la lengua y se conocen los caracteres en que está escrito. La lengua de ese libro es matemática y los caracteres son triángulos, círculos y otras figuras geométricas".

[5] **Léon Bloy:** Véase nota 4 del ensayo "Kafka y sus precursores".

Poemas

(en verso y en prosa)

LAS CALLES

Las calles de Buenos Aires
ya son la entraña de mi alma.
No las calles enérgicas
molestadas de prisas y ajetreos,
sino la dulce calle de arrabal
enternecida de árboles y ocaso
y aquéllas más afuera
ajenas de piadosos arbolados
donde austeras casitas apenas se aventuran
hostilizadas por inmortales distancias
a entrometerse en la honda visión
hecha de gran llanura y mayor cielo.[1]
Son todas ellas para el codicioso de almas
una promesa de ventura[2]
pues a su amparo hermánanse tantas vidas
desmintiendo la reclusión de las casas
y por ellas con voluntad heroica de engaño
anda nuestra esperanza.
Hacia los cuatro puntos cardinales
se han desplegado como banderas las calles;
ojalá en mis versos enhiestos
vuelen esas banderas.

---

[1] Se refiere el poeta a las casas de los barrios extremos de Buenos Aires, que colindaban con la Pampa. Salir de Buenos Aires era, literalmente, asomarse al despoblado.

[2] Las calles son, para poeta tan humano como Borges —"codicioso de almas"—, el símbolo viviente de su búsqueda —su esperanza— que no es otra cosa que la comunicación poética, "desmintiendo la reclusión de las casas", o sea la soledad. Es éste un poema muy representativo de la primera época de Borges; pertenece al libro *Fervor de Buenos Aires* (1923).

UN PATIO

Con la tarde
se cansaron los dos o tres colores del patio.
La gran franqueza de la luna llena
ya no entusiasma su habitual firmamento.
Patio, cielo encauzado.[1]
El patio es el declive
por el cual se derrama el cielo en la casa.
Serena
la eternidad espera en la encrucijada de estrellas.
Lindo es vivir en la amistad oscura
de un zaguán, de una parra y de un aljibe.

[1] Pertenece este poema al libro *Fervor de Buenos Aires* (1923). Borges, entonces adscrito al grupo ultraísta, creía que la poesía, en última instancia, se reducía al ejercicio imaginativo del hallazgo de la metáfora feliz, nueva y sorprendente. De ahí la visión del patio en las metáforas "cielo encauzado" y "declive por el cual se derrama el cielo en la casa."

VANILOCUENCIA

La ciudad está en mí como un poema
que no he logrado detener en palabras.
A un lado hay la excepción de algunos versos;
al otro, arrinconándolos,
la vida se adelanta sobre el tiempo,
como terror
que usurpa toda el alma.
Siempre hay otros ocasos, otra gloria;
yo siento la fatiga del espejo
que no descansa en una imagen sola.
¿Para qué esta porfía
de clavar con dolor un claro verso
de pie como una lanza sobre el tiempo
si mi calle, mi casa,
desdeñosas de símbolos verbales,
me gritarán su novedad mañana?
Nuevas
como una boca no besada.

ARRABAL

A Guillermo de Torre

El arrabal es el reflejo
de la fatiga del viandante.

Mis pasos claudicaron
cuando iban a pisar el horizonte
y quedé entre las casas,
miedosas y humilladas,
encarceladas en manzanas
diferentes e iguales
como si fueran todas ellas
recuerdos superpuestos, barajados,
de una sola manzana.
El pastito precario
desesperadamente esperanzado
salpicaba las piedras de la calle
y mis miradas comprobaron
gesticulante y vano
el cartel del poniente
en su fracaso cotidiano
y sentí *Buenos Aires*:
esta ciudad que yo creí mi pasado
es mi porvenir, mi presente;
los años que he vivido en Europa son ilusorios,
yo he estado siempre (y estaré) en Buenos Aires.

1921

LA GUITARRA

He mirado la Pampa
desde el traspatio de una casa de Buenos Aires.
Cuando entré no la vi.
Estaba acurrucada
en lo profundo de una brusca guitarra.
Sólo se reveló
al entreverar la diestra las cuerdas.
No sé lo que azuzaban;
a lo mejor fue un aire del Norte
pero yo vi la Pampa.
Vi muchas brazadas de cielo
sobre un manojito de pasto.
Vi una loma que arrinconan
quietas distancias
mientras leguas y leguas
caen desde lo alto.
Vi el campo donde cabe
Dios sin haber de inclinarse,
vi el único lugar de la tierra
donde puede caminar Dios a sus anchas.
Vi la Pampa cansada
que antes horrorizaron los malones[1]
y hoy apaciguan en quietud maciza las parvas.[2]
De un tirón vi todo eso
mientras se desesperaban las cuerdas
en un compás tan zarandeado[3] como éste.

---

[1] **malones:** ataques por sorpresa o correría depredadora de los indios.
[2] **parvas:** escasas, pobres.
[3] **compás zarandeado:** compás que se produce por un movimiento de vaivén.

(La vi también a ella,
cuyo recuerdo aguarda en toda música.)
Hasta que en brusco cataclismo
se apagó la guitarra apasionada
y me cercó el silencio
y hurañamente tornó el vivir a estancarse.

ÚLTIMO RESPLANDOR

Siempre es conmovedor el ocaso
por charro[1] o indigente que sea,
pero más conmovedor todavía
es aquel brillo desesperado y final
cuya herrumbre avejenta la llanura
cuando en el horizonte nada recuerda
la vanagloria del poniente.
Nos duele sostener esa luz tirante y distinta,
esa luz tan sin causa
que es una alucinación que impone al espacio
el unánime miedo de la sombra
y que cesa de golpe
cuando notamos su falsía,
como se desbarata un sueño
cuando el soñador percibe que duerme.

---

[1] **charro:** rústico, inculto, de mal gusto.

CERCANÍAS

Los patios
llenos de ancestralidad y eficacia,
porque están cimentados
en las dos cosas primordiales que existen:
en la tierra y el cielo.
Las ventanas con reja
desde la cual la calle
se vuelve familiar como una lámpara.
Las encrucijadas oscuras
que lancean cuatro infinitas distancias
en arrabales hechos de acallamiento y sosiego.
Las alcobas profundas
donde arde en quieta llama la caoba
y el espejo a pesar de resplandores,
en una remansada serenidad en la sombra.
Las calles que altivece tu hermosura. . .
He nombrado los sitios
donde se desparrama la ternura
y el corazón está consigo mismo.

FORJADURA

Como un ciego de manos precursoras
que apartan muros y vislumbran cielos,
lento de azoramiento voy palpando
por las noches hendidas
los versos venideros.
He de quemar la sombra abominable
en su límpida hoguera:
púrpura de palabras
sobre la espalda flagelada del tiempo.
He de encerrar el llanto de las tardes
en el duro diamante del poema.
Nada importa que el alma
ande sola y desnuda como el viento
si el universo de un glorioso beso
aún abarca mi vida
y en lo callado se embravece un grito.
Para ir sembrando versos
la noche es una tierra labrantía.

LOS LLANOS

La llanura es un dolor pobrísimo que persiste.
La llanura es una estéril copia del alma.
El arenal es duro y en él no brilla la videncia del agua.
¡Qué cansados de perdurar están estos campos!
Esta flagrada y dolorida ausencia es toda La Rioja.[1]
Por este llano urgió su imperio hecho de lanzas Juan Facundo Quiroga.[2]
Imperio forajido, imperio misérrimo.[3]
Imperio cuyos vivos atambores fueron cascos de potros redoblando ciudades humilladas,
y cuyas encarnizadas banderas fueron los cuervos que una vez muerta la pelea se abaten,
Imperio que rubricaron fríos cuchillos[4] encrueleciéndose en las gargantas,
Imperio cuyos únicos palacios fueron las desgarradas y ávidas llamas.
Imperio errante. Imperio lastimero.
Aquella torpe vida en su entereza se encabritó sobre los llanos
y fueron briosa intensidad la espera de los combates ágiles
y el numeroso arremeter detrás de las profundas tacuaras[5]
y la licencia atestiguando victorias

---

[1] **La Rioja:** provincia de la Argentina.

[2] **Juan Facundo Quiroga** (1790–1835): caudillo argentino, llamado "el tigre de los llanos". Fue gran federalista y participó en la campaña contra el presidente unitario Bernardino Rivadavia en 1827.

[3] **imperio forajido . . . misérrimo:** dominio de la gente baja y miserable.

[4] **que rubricaron fríos cuchillos:** En castellano, "rubricar" significa terminar la firma con un adorno que se hace con la pluma. Aquí Borges usa la imagen de rubricar con las cuchillos, o sea de ensañarse en la cuchillada.

[5] **tacuaras:** cañaverales de la Pampa.

y la estrella caliente que forman el varón y la mujer
al juntarse.
Todo ello se perdió como la tribu de un poniente se
pierde
o como pasa la vehemencia de un beso
sin haber enriquecido los labios que lo consienten.
Es triste que el recuerdo incluya todo
y más aún si es bochornoso el recuerdo.

AMOROSA ANTICIPACIÓN

Ni la intimidad de tu frente clara como una fiesta
ni la privanza de tu cuerpo, aún misterioso y tácito y de niña,
ni la sucesión de tu vida situándose en palabras o acallamiento
serán favor tan persuasivo de ideas
como el mirar tu sueño implicado
en la vigilia de mis brazos.
Virgen milagrosamente otra vez por la virtud absolutoria del sueño,
quieta y resplandeciente como una dicha en la selección del recuerdo,
me darás esa orilla de tu vida que tú misma no tienes.
Arrojado a quietud,
divisaré esa playa última de tu ser
y te veré por vez primera quizás,
como Dios ha de verte,
desbaratada la ficción del Tiempo,
sin el amor, sin mí.

EL GENERAL QUIROGA[1] VA EN COCHE AL MUERE[2]

El madrejón[3] desnudo ya sin una sé[4] de agua
y la luna atorrando[5] por el frío del alba
y el campo muerto de hambre, pobre como una araña.
El coche se hamacaba[6] rezongando la altura:
un galerón enfático,[7] enorme, funerario.
Cuatro tapaos[8] con pinta de muerte en la negrura
tironeaban[9] seis miedos y un valor desvelado.
Junto a los postillones jineteaba un moreno.[10]
Ir en coche a la muerte ¡qué cosa más oronda![11]
El General Quiroga quiso entrar en la sombra
llevando seis o siete degollados de escolta.
Esa cordobesada bochinchera[12] y ladina
(meditaba Quiroga) ¿qué ha de poder con mi alma?
Aquí estoy afianzado y metido en la vida
como la estaca pampa[13] bien metida en la pampa.

---

1 **Quiroga:** Véase nota 2 del poema "Los llanos".

2 **al muere:** expresión arcaizante argentina. Nótese que no dice "a su muerte", o "a morirse", o "a encontrarse con la muerte". Quizás el poeta ha elegido esta forma de expresión tradicional, no sólo para darle carácter histórico, sino porque ha intuído que la forma verbal es más existencial, más revitalizante.

3 **madrejón:** en Argentina, laguna más o menos permanente, formada por el desbordamiento de un río.

4 **sé:** sed. Borges emplea en este poema muchas palabras de origen, y hasta de estructura fonética, muy populares.

5 **atorrando:** argentinismo, vagando.

6 **hamacaba:** acunaba.

7 **galerón enfático:** coche de caballos de aspecto solemne.

8 **tapaos:** embozados.

9 **tironeaban:** daban tirones, arrastraban.

10 **moreno:** negro.

11 **oronda:** flamante, inflada, orgullosa.

12 **cordobesada bochinchera:** grupo de cordobeses dispuestos al bochinche o pelea.

13 **estaca pampa:** planta herbacea típica de la pampa argentina.

Yo que he sobrevivido a millares de tardes
y cuyo nombre pone retemblor en las lanzas
no he de soltar la vida por estos pedregales.
¿Muere acaso el pampero, se mueren las espadas?
Pero al brillar el día sobre Barranca Yaco[14]
sables a filo y punta menudearon sobre él:
muerte de mala muerte se lo llevó al riojano
y una de puñaladas lo mentó a Juan Manuel.[15]
Ya muerto, ya de pie, ya inmortal, ya fantasma,
se presentó al infierno que Dios le había marcado,
y a sus órdenes iban, rotas y desangradas,
las ánimas en pena de hombres y de caballos.

---

[14] **Barranca Yaco:** lugar donde los enemigos del general Quiroga le tendieron la emboscada y lo asesinaron.

[15] **Juan Manuel** (de Rosas): el tirano argentino, a quien el rumor popular acusaba de haber incitado al asesinato de Facundo Quiroga. Este verso sugiere que el rumor era cierto.

CASI JUICIO FINAL

Mi callejero *no hacer nada* vive y se suelta por la variedad de la noche.
La noche es una fiesta larga y sola.
En mi secreto corazón yo me justifico y ensalzo:
He atestiguado el mundo; he confesado la rareza del mundo.
He cantado lo eterno: la clara luna volvedora y las mejillas que apetece el querer.
He santificado con versos la ciudad que me ciñe: la infinitud del arrabal, los solares.
En pos del horizonte de las calles he soltado mis salmos y traen sabor de lejanía.
He dicho asombro de vivir, donde otros dicen solamente costumbre.
Frente a la canción de los tibios, encendí en ponientes mi voz, en todo amor y en el horror de la muerte.
A los antepasados de mi sangre y a los antepasados de mi espíritu sacrifiqué con versos.
He sido y soy.
He trabado en fuertes palabras ese mi pensativo sentir, que pudo haberse disipado en sola ternura.[1]
El recuerdo de una antigua vileza vuelve a mi corazón.
Como el caballo muerto que la marea inflige a la playa, vuelve a mi corazón.

---

[1] Puede considerarse este versículo como una autoconfesión: el poeta se sabe en el fondo, tierno, sentimental; pero su oficio, su voluntad, le ha llevado a "trabar en palabras" —palabras "fuertes"— lo que pudo haber sido una simple efusión del sentimiento. La expresión "pensativo sentir" es clave para entender a Borges. Es un desarrollo, o una adopción de la expresión de Garcilaso "no me podrán quitar el dolorido sentir", sólo que Borges prefiere decir "pensativo sentir" porque sintetiza así la polaridad conflictiva de que emana su poesía: sentimiento–entendimiento.

Aún están a mi lado, sin embargo, las calles y la luna.
El agua sigue siendo dulce en mi boca y las estrofas
no me niegan su gracia.
Siento el pavor de la belleza; ¿quién se atreverá a
condenarme si esta gran luna de mi soledad
me perdona?

MI VIDA ENTERA

Aquí otra vez, los labios memorables, único y semejante a vosotros.
Soy esa torpe intensidad que es un alma.
He persistido en la aproximación de la dicha y en la privanza del dolor.
He atravesado el mar.
He practicado muchas tierras; he visto una mujer y dos o tres hombres.
He querido a una niña altiva y blanca y de una hispánica quietud.
He visto un arrabal infinito donde se cumple una insaciada inmortalidad de ponientes.
He mirado unos campos donde la carne viva de una guitarra fue dolorosa.
He paladeado numerosas palabras.
Creo profundamente que eso es todo y que ni veré ni ejecutaré cosas nuevas.
Creo que mis jornadas y mis noches se igualan en pobreza y en riqueza a las de Dios y a las de todos los hombres.

POEMA CONJETURAL

El doctor Francisco Laprida[1] *asesinado el día 22 de septiembre de 1829 por los montoneros de Aldao,*[2] *piensa antes de morir:*

Zumban las balas en la tarde última.
Hay viento y hay cenizas en el viento,
se dispersan el día y la batalla
deforme, y la victoria es de los otros.
Vencen los bárbaros, los gauchos vencen.
Yo, que estudié las leyes y los cánones,
yo, Francisco Narciso de Laprida,
cuya voz declaró la independencia
de estas crueles provincias,[3] derrotado,
de sangre y de sudor manchado el rostro,
sin esperanza ni temor, perdido,
huyo hacia el Sur por arrabales últimos.
Como aquel capitán del Purgatorio
que, huyendo a pie y ensangrentando el llano,
fue cegado y tumbado por la muerte
donde un oscuro río pierde el nombre,
así habré de caer. Hoy es el término.
La noche lateral de los pantanos

---

[1] **Francisco Laprida** (1786–1829): patriota y político argentino, luchó por la causa liberal en las filas del partido unitario y murió asesinado por el caudillo federal Aldao.

[2] **montoneros de Aldao:** Se llamaban "montoneros" las tropas irregulares que seguían a los caudillos argentinos, a Aldao en este caso.

[3] **crueles provincias:** Se refiere a los provincias del río de la Plata, en aquel tiempo sufriendo las crueldades de la guerra civil. La adjetivación "crueles" tiene el propósito evidente de aludir a la barbarie de aquellas regiones en l años de la independencia.

me acecha y me demora. Oigo los cascos
de mi caliente muerte que me busca
con jinetes, con belfos y con lanzas.
Yo que anhelé ser otro, ser un hombre
de sentencias, de libros, de dictámenes,
a cielo abierto yaceré entre ciénagas;
pero me endiosa el pecho inexplicable
un júbilo secreto. Al fin me encuentro
con mi destino sudamericano.
A esta ruinosa tarde me llevaba
el laberinto múltiple de pasos
que mis días tejieron desde un día
de la niñez. Al fin he descubierto
la recóndita clave de mis años,
la suerte de Francisco de Laprida,
la letra que faltaba, la perfecta
forma que supo Dios desde el principio.
En el espejo de esta noche alcanzo
mi insospechado rostro eterno. El círculo
se va a cerrar. Yo aguardo que así sea.
Pisan mis pies la sombra de las lanzas
que me buscan. Las befas[4] de mi muerte,
los jinetes, las crines, los caballos,
se ciernen sobre mí. . . Ya el primer golpe,
ya el duro hierro que me raja el pecho,
el íntimo cuchillo en la garganta.

1943

---

[4] **befas:** burlas.

UNA BRÚJULA

Todas las cosas son palabras del
Idioma en que Alguien o Algo, noche y día,
Escribe esa infinita algarabía
Que es la historia del mundo. En su tropel
Pasan Cartago y Roma, yo, tú, él,
Mi vida que no entiendo, esta agonía
De ser enigma, azar, criptografía
Y toda la discordia de Babel.
Detrás del nombre hay lo que no se nombra;
Hoy he sentido gravitar su sombra
En esta aguja azul, lúcida y leve,
Que hacia el confín de un mar tiende su empeño,
Con algo de reloj visto en un sueño
Y algo de ave dormida que se mueve.

EL TANGO

¿Dónde estarán? pregunta la elegía
De quienes ya no son, como si hubiera
Una región en que el Ayer pudiera
Ser el Hoy, el Aún y el Todavía.
¿Dónde estará (repito) el malevaje[1]
Que fundó, en polvorientos callejones
De tierra o en perdidas poblaciones,
La secta del cuchillo y del coraje?
¿Dónde estarán aquellos que pasaron,
Dejando a la epopeya un episodio,
Una fábula al tiempo, y que sin odio,
Lucro o pasión de amor se acuchillaron?
Los busco en su leyenda, en la postrera
Brasa que, a modo de una vaga rosa,
Guarda algo de esa chusma[2] valerosa
De los Corrales y de Balvanera.[3]
¿Qué obscuros callejones o qué yermo
Del otro mundo habitará la dura
Sombra de aquél que era una sombra obscura,
Muraña,[4] ese cuchillo de Palermo?
¿Y ese Iberra[5] fatal (de quien los santos
Se apiaden) que en un puente de la vía,
Mató a su hermano el Ñato,[6] que debía
Más muertes que él, y así igualó los tantos?[7]

---

[1] **malevaje:** gente maleva; del bajo mundo.
[2] **chusma:** gente de baja condición.
[3] **Corrales, Balvanera:** suburbios de Buenos Aires.
[4] **Muraña:** famoso bandido argentino.
[5] **Iberra:** famoso bandido argentino.
[6] **Ñato:** chato; apodo que indica que el personaje a que se hace referencia en el poema se distinguía por sus narices cortas.
[7] **igualó los tantos:** quedaron en paz (*they got even*).

Una mitología de puñales
lentamente se anula en el olvido;
Una canción de gesta se ha perdido
En sórdidas noticias policiales.
Hay otra brasa, otra candente rosa
De la ceniza que los guarda enteros;
Ahí están los soberbios cuchilleros[8]
Y el peso de la daga silenciosa.
Aunque la daga hostil o esa otra daga,
El tiempo, los perdieron en el fango,
Hoy, más allá del tiempo y de la aciaga
Muerte, esos muertos viven en el tango.
En la música están, en el cordaje
De la terca guitarra trabajosa,
Que trama en la milonga[9] venturosa
La fiesta y la inocencia del coraje.
Gira en el hueco la amarilla rueda
De caballos y leones,[10] y oigo el eco
De esos tangos de Arolas y de Greco[11]
Que yo he visto bailar en la vereda,
En un instante que hoy emerge aislado,
Sin antes ni después, contra el olvido,
Y que tiene el sabor de lo perdido,
De lo perdido y lo recuperado.
En los acordes hay antiguas cosas:
El otro patio y la entrevista parra.
(Detrás de las paredes recelosas
El Sur[12] guarda un puñal y una guitarra.)
Esa ráfaga, el tango, esa diablura,
Los atareados años desafía;

[8] **cuchilleros:** No quiere decir "los que hacen cuchillos", acepción más común de la palabra, sino "los que viven del cuchillo", asesinos profesionales, eficaces y silenciosos.

[9] **milonga:** tonada popular del Río de la Plata que se canta al son de la guitarra.

[10] **la amarilla rueda de caballos y leones:** el tiovivo (*carrousel*).

[11] **Arolas, Greco:** compositores populares de tangos.

[12] **el Sur:** Los arrabales del Sur de Buenos Aires son no sólo refugio de gentes maleantes, sino el umbral de la pampa desierta y salvaje.

Hecho de polvo y tiempo, el hombre dura
Menos que la liviana melodía,
Que sólo es tiempo. El tango crea un turbio
Pasado irreal que de algún modo es cierto,
Un recuerdo imposible de haber muerto
Peleando, en una esquina del suburbio.

LOS ESPEJOS

Yo, que sentí el horror de los espejos[1]
No sólo ante el cristal impenetrable
Donde acaba y empieza, inhabitable,
Un imposible espacio de reflejos
Sino ante el agua especular que imita
El otro azul en su profundo cielo
Que a veces raya el ilusorio vuelo
Del ave inversa o que un temblor agita
Y ante la superficie silenciosa
Del ébano sutil cuya tersura
Repite como un sueño la blancura
De un vago mármol o una vaga rosa,
Hoy, al cabo de tantos y perplejos
Años de errar bajo la varia luna,
Me pregunto qué azar de la fortuna
Hizo que yo temiera los espejos.
Espejos de metal, enmascarado
Espejo de caoba que en la bruma
De su rojo crepúsculo disfuma
Ese rostro que mira y es mirado,
Infinitos los veo, elementales
Ejecutores de un antiguo pacto,
Multiplicar el mundo como el acto
Generativo, insomnes y fatales.
Prolongan este vano mundo incierto
En su vertiginosa telaraña;
A veces en la tarde los empaña

[1] **el horror de los espejos:** Tema recurrente en toda la obra de Borges; tiene indudables ecos autobiográficos (recuérdese que el autor tuvo dificultades con su vista desde la infancia y que hoy está casi ciego) y es uno de los simbolismos preferidos por el poeta al expresar sus dudas sobre la consistencia de la realidad. Véase el cuento "Tlön, Uqbar, Orbis Tertius".

El hálito de un hombre que no ha muerto.
Nos acecha el cristal. Si entre las cuatro
Paredes de la alcoba hay un espejo,
Ya no estoy solo. Hay otro. Hay el reflejo
Que arma en el alba un sigiloso teatro.
Todo acontece y nada se recuerda
En esos gabinetes cristalinos
Donde, como fantásticos rabinos,
Leemos los libros de derecha a izquierda.
Claudio,[2] rey de una tarde, rey soñado,
No sintió que era un sueño hasta aquel día
En que un actor mimó su felonía
Con arte silencioso, en un tablado.
Que haya sueños es raro, que haya espejos,
Que el usual y gastado repertorio
De cada día incluya el ilusorio
Orbe profundo que urden los reflejos.
Dios (he dado en pensar) pone un empeño
En toda esa inasible arquitectura
Que edifica la luz con la tersura
Del cristal y la sombra con el sueño.
Dios ha creado las noches que se arman
De sueños y las formas del espejo
Para que el hombre sienta que es reflejo
Y vanidad. Por eso nos alarman.

---

[2] **Claudio:** personaje de *Hamlet*.

A UN VIEJO POETA[1]

Caminas por el campo de Castilla
Y casi no lo ves. Un intrincado
Versículo de Juan es tu cuidado
Y apenas reparaste en la amarilla
Puesta del sol. La vaga luz delira
Y en el confín del Este se dilata
Esa luna de escarnio y de escarlata
Que es acaso el espejo de la Ira.
Alzas los ojos y la miras. Una
Memoria de algo que fue tuyo empieza
Y se apaga. La pálida cabeza
Bajas y sigues caminando triste,
Sin recordar el verso que escribiste:
Y su epitafio la sangrienta luna.[2]

---

[1] El viejo poeta es el español Francisco de Quevedo (1580–1645). Véase el ensayo "Quevedo".

[2] **"Y su epitafio la sangrienta luna":** octavo verso del soneto de Quevedo dedicado a la "Memoria inmortal de don Pedro Girón, duque de Osuna, muerto en la prisión".

ARTE POÉTICA

Mirar el río hecho de tiempo y agua
Y recordar que el tiempo es otro río,[1]
Saber que nos perdemos como el río
Y que los rostros pasan como el agua.
Sentir que la vigilia es otro sueño[2]
Que sueña no soñar y que la muerte
Que teme nuestra carne es esa muerte
De cada noche, que se llama sueño.
Ver en el día o en el año un símbolo
De los días del hombre y de sus años,
Convertir el ultraje de los años
En una música, un rumor y un símbolo,
Ver en la muerte el sueño, en el ocaso
Un triste oro, tal es la poesía
Que es inmortal y pobre. La poesía
Vuelve como la aurora y el ocaso.
A veces en las tardes una cara
Nos mira desde el fondo de un espejo;
El arte debe ser como ese espejo
Que nos revela nuestra propia cara.[3]
Cuentan que Ulises, harto de prodigios,
Lloró de amor al divisar su Itaca
Verde y humilde. El arte es esa Itaca

---

[1] **el tiempo es otro río:** Se refleja aquí la preocupación de Borges por el fluir del tiempo —por otra parte muy común en los poetas del siglo XX— y el decir que "los rostros pasan como el agua" no es otra cosa que la personalización, o existencialización, por Borges de un viejo tema literario.

[2] **la vigilia es otro sueño:** Otro de los sentimientos centrales en la poesía de Borges. Véase el cuento "Las ruinas circulares".

[3] **el arte . . . nuestra propia cara:** La obra poética, como el propio Borges dice en su epílogo a *El hacedor*, es un "paciente laberinto de líneas que traza la imagen de su cara."

De verde eternidad, no de prodigios.[4]
También es como el río interminable
Que pasa y queda y es cristal de un mismo
Heráclito[5] inconstante, que es el mismo
Y es otro, como el río interminable.

---

[4] **El arte es . . . no de prodigios:** Aunque el arte sea, por un lado una exploración en la entraña del hombre, lo universal humano, es también una eterna vuelta a las raíces, o la matriz existencial, del hombre.

[5] **Heráclito** (535–475 antes de J.C.): filósofo griego, natural de Efeso. No creía en otra realidad que en la del cambio; siendo la permanencia sólo una ilusión de los sentidos. Creía que el fuego era la substancia subyacente en el universo, y que todos los elementos no eran sino transformaciones del fuego. El hombre, según él, no tenía alma individual, sino que participaba de un alma-fuego universal.

ELEGÍA

Oh destino el de Borges,
haber navegado por los diversos mares del mundo
o por el único y solitario mar de nombres diversos,
haber sido una parte de Edimburgo, de Zurich, de las dos Córdobas,
de Colombia y de Texas,[1]
haber regresado, al cabo de cambiantes generaciones,
a las antiguas tierras de su estirpe,
a Andalucía, a Portugal y a aquellos condados
donde el sajón guerreó con el danés y mezclaron sus sangres,
haber errado por el rojo y tranquilo laberinto de Londres,
haber envejecido en tantos espejos,
haber buscado en vano la mirada de mármol de las estatuas,
haber examinado litografías, enciclopedias, atlas,
haber visto las cosas que ven los hombres,
la muerte, el torpe amanecer, la llanura
y las delicadas estrellas,
y no haber visto nada o casi nada
sino el rostro de una muchacha de Buenos Aires,
un rostro que no quiere que lo recuerde.
Oh destino de Borges,
tal vez no más extraño que el tuyo.

Bogotá, 1963

---

[1] Borges se refiere, obviamente, a sus viajes. Véase la Introducción.

EL HACEDOR[1]

Nunca se había demorado en los goces de la memoria. Las impresiones resbalaban sobre él, momentáneas y vívidas; el bermellón de un alfarero, la bóveda cargada de estrellas que también eran dioses, la luna, de la que había caído un león, la lisura del mármol bajo las lentas yemas sensibles, el sabor de la carne de jabalí, que le gustaba desgarrar con dentelladas blancas y bruscas, una palabra fenicia, la sombra negra que una lanza proyecta en la arena amarilla, la cercanía del mar o de las mujeres, el pesado vino cuya aspereza mitigaba la miel, podían abarcar por entero el ámbito de su alma. Conocía el terror pero también la cólera y el coraje, y una vez fue el primero en escalar un muro enemigo. Ávido, curioso, casual, sin otra ley que la fruición y la indiferencia inmediata, anduvo por la variada tierra y miró, en una u otra margen del mar, las ciudades de los hombres y sus palacios. En los mercados populosos o al pie de una montaña de cumbre incierta, en la que bien podía haber sátiros, había escuchado complicadas historias, que recibió como recibía la realidad, sin indagar si eran verdaderas o falsas.

Gradualmente, el hermoso universo fue abandonándolo; una terca neblina le borró las líneas de la mano, la noche se despobló de estrellas, la tierra era insegura bajo sus pies. Todo se alejaba y se confundía. Cuando supo que se estaba quedando ciego, gritó; el pudor estoico no

[1] Este relato que da título al último libro de Borges es una prosa poética de gran profundidad sentimental y psicológica. Borges se identifica con Homero, el poeta por excelencia, y no porque se compare a él, en un impensable arranque de vanidad, sino porque siente al evocar al autor de "Odiseas e Ilíadas" la grandeza y pequeñez, simultáneas en el quehacer del poeta. Hay, además, la coincidencia de ser ambos poetas ciegos.

había sido aún inventado y Héctor[2] podía huir sin desmedro. *Ya no veré* (sintió) *ni el cielo lleno de pavor mitológico, ni esta cara que los años transformarán.* Días y noches pasaron sobre esa desesperación de su carne, pero una mañana se despertó, miró (ya sin asombro) las borrosas cosas que lo rodeaban e inexplicablemente sintió, como quien reconoce una música o una voz, que ya le había ocurrido todo eso y que lo había encarado con temor, pero también con júbilo, esperanza y curiosidad. Entonces descendió a su memoria, que le pareció interminable, y logró sacar de aquel vértigo el recuerdo perdido que relució como una moneda bajo la lluvia, acaso porque nunca lo había mirado, salvo, quizá, en un sueño.

El recuerdo era así. Lo había injuriado otro muchacho y él había acudido a su padre y le había contado la historia. Éste lo dejó hablar como si no escuchara o no comprendiera y descolgó de la pared un puñal de bronce, bello y cargado de poder, que el chico había codiciado furtivamente. Ahora lo tenía en las manos y la sorpresa de la posesión anuló la injuria padecida, pero la voz del padre estaba diciendo: *Que alguien sepa que eres un hombre,* y había una orden en la voz. La noche cegaba los caminos; abrazado al puñal, en el que presentía una fuerza mágica, descendió la brusca ladera que rodeaba la casa y corrió a la orilla del mar, soñándose Ayax[3] y Perseo[4] y poblando de heridas y de batallas la oscuridad salobre. El sabor preciso de aquel momento era lo que ahora buscaba; no le importaba lo demás: las afrentas del desafío, el torpe combate, el regreso con la hoja sangrienta.

Otro recuerdo, en el que también había una noche y una inminencia de aventura, brotó de aquél. Una mujer, la primera que le depararon los dioses, lo había esperado

[2] **Héctor:** personaje de la *Ilíada*, el más valiente de los jefes troyanos.
[3] **Ayax:** héroe griego de la guerra de Troya, cuyo nombre se ha conservado como sinónimo de guerrero impetuoso.
[4] **Perseo:** héroe griego, hijo de Júpiter y de Dánae; cortó la cabeza de Medusa.

en la sombra de un hipogeo,[5] y él la buscó por galerías que eran como redes de piedra y por declives que se hundían en la sombra. ¿Por qué le llegaban esas memorias y por qué le llegaban sin amargura, como una mera prefiguración del presente?

Con grave asombro comprendió. En esta noche de sus ojos mortales, a la que ahora descendía, lo aguardaban también el amor y el riesgo. Ares[6] y Afrodita,[7] porque ya adivinaba (porque ya lo cercaba) un rumor de gloria y de hexámetros,[8] un rumor de hombres que defienden un templo que los dioses no salvarán y de bajeles negros que buscan por el mar una isla querida, el rumor de las Odiseas e Ilíadas que era su destino cantar y dejar resonando cóncavamente en la memoria humana. Sabemos estas cosas, pero no las que sintió al descender a la última sombra.

[5] **hipogeo:** sepulcro subterráneo de los antiguos.
[6] **Ares:** dios griego de la guerra.
[7] **Afrodita:** diosa griega del amor.
[8] **hexámetros:** versos de la versificación dórica formados por seis pies.

DREAMTIGERS

En la infancia yo ejercí con fervor la adoración del tigre: no el tigre overo[1] de los camalotes[2] del Paraná[3] y de la confusión amazónica, sino el tigre rayado, asiático, real, que sólo pueden afrontar los hombres de guerra, sobre un castillo encima de un elefante. Yo solía demorarme sin fin ante una de las jaulas en el Zoológico; yo apreciaba las vastas enciclopedias y los libros de historia natural, por el esplendor de sus tigres. (Todavía me acuerdo de esas figuras: yo que no puedo recordar sin error la frente o la sonrisa de una mujer.) Pasó la infancia, caducaron los tigres y su pasión, pero todavía están en mis sueños. En esa napa[4] sumergida o caótica siguen prevaleciendo y así: Dormido, me distrae un sueño cualquiera y de pronto sé que es un sueño. Suelo pensar entonces: Éste es un sueño, una pura diversión de mi voluntad, y ya que tengo un ilimitado poder, voy a causar un tigre.

¡Oh, incompetencia! Nunca mis sueños saben engendrar la apetecida fiera. Aparece el tigre, eso sí, pero disecado o endeble, o con impuras variaciones de forma, o de un tamaño inadmisible, o harto fugaz, o tirando a[5] perro o a pájaro.

---

[1] **tigre overo:** tigre pintado a de varios colores.
[2] **camalotes:** plantas acuáticas que se crían en los ríos de la América del Sur.
[3] **Paraná:** río que separa al Brasil del Paraguay.
[4] **napa:** capa de agua subterránea.
[5] **tirando a:** aproximándose más a la forma de.

LOS ESPEJOS VELADOS

El Islam asevera que el día inapelable del Juicio, todo perpetrador de la imagen de una cosa viviente resucitará con sus obras, y le será ordenado que las anime, y fracasará, y será entregado con ella al fuego del castigo. Yo conocí de chico ese horror de una duplicación o multiplicación espectral de la realidad, pero ante los grandes espejos. Su infalible y continuo funcionamiento, su persecución de mis actos, su pantomima cósmica, eran sobrenaturales entonces, desde que anochecía. Uno de mis insistidos ruegos a Dios y al ángel de mi guarda era el de no soñar con espejos. Yo sé que los vigilaba con inquietud. Temí, unas veces, que empezaran a divergir de la realidad; otras, ver desfigurado en ellos mi rostro por adversidades extrañas. He sabido que ese temor está, otra vez, prodigiosamente en el mundo. La historia es harto simple, y desagradable.

Hacia mil novecientos veintisiete, conocí una chica sombría: primero por teléfono (porque Julia empezó siendo una voz sin nombre y sin cara); después, en una esquina al atardecer. Tenía los ojos alarmantes de grandes, el pelo renegrido y lacio, el cuerpo estricto. Era nieta y bisnieta de federales,[1] como yo de unitarios,[2] y esa antigua discordia de nuestras sangres era para nosotros un vínculo, una posesión mejor de la patria. Vivía con los suyos en un desmantelado caserón de cielo raso altísimo, en el resentimiento y la insipidez de la decencia pobre. De tarde —algunas contadas veces de

[1] **federales:** Durante las guerras civiles de la época de Rosas (1829–1852) en la Argentina, éste era el nombre dado a sus partidarios, que defendían, además, una organización política que disminuía la importancia real de Buenos Aires.

[2] **unitarios:** los enemigos de Rosas, partidarios de un tipo de gobierno democrático, ilustrado y centralizado en Buenos Aires.

noche— salíamos a caminar por su barrio, que era el de Balvanera. Orillábamos el paredón del ferrocarril; por Sarmiento llegamos una vez hasta los desmontes del Parque Centenario. Entre nosotros no hubo amor ni ficción de amor: yo adivinaba en ella una intensidad que era del todo extraña a la erótica, y la temía. Es común referir a las mujeres, para intimar con ellas, rasgos verdaderos o apócrifos del pasado pueril; yo debí contarle una vez el de los espejos y dicté así, el 1928 una alucinación que iba a florecer el 1931. Ahora, acabo de saber que se ha enloquecido y que en su dormitorio los espejos están velados pues en ellos ve mi reflejo, usurpando el suyo, y tiembla y calla y dice que yo la persigo mágicamente.

Aciaga servidumbre la de mi cara, la de una de mis caras antiguas. Ese odioso destino de mis facciones tiene que hacerme odioso también, pero ya no me importa.

ARGUMENTUM ORNITHOLOGICUM

Cierro los ojos y veo una bandada de pájaros. La visión dura un segundo o acaso menos; no sé cuántos pájaros vi. ¿Era definido o indefinido su número? El problema involucra el de la existencia de Dios. Si Dios existe, el número es definido, porque Dios sabe cuántos pájaros vi. Si Dios no existe, el número es indefinido, porque nadie pudo llevar la cuenta. En tal caso, vi menos de diez pájaros (digamos) y más de uno, pero no vi nueve, ocho, siete, seis, cinco, cuatro, tres o dos pájaros. Vi un número entre diez y uno, que no es nueve, ocho, siete, seis, cinco, etcétera. Ese número entero es inconcebible; *ergo*, Dios existe.

UNA ROSA AMARILLA

Ni aquella tarde ni la otra murió el ilustre Giambattista Marino, que las bocas unánimes de la Fama (para usar una imagen que le fue cara) proclamaron el nuevo Homero y el nuevo Dante, pero el hecho inmóvil y silencioso que entonces ocurrió fue en verdad el último de su vida. Colmado de años y de gloria, el hombre se moría en un vasto lecho español de columnas labradas. Nada cuesta imaginar a unos pasos un sereno balcón que mira al poniente y, más abajo, mármoles y laureles y un jardín que duplica sus graderías en un agua rectangular. Una mujer ha puesto en una copa una rosa amarilla; el hombre murmura los versos inevitables que a él mismo, para hablar con sinceridad, ya lo hastían un poco:

Púrpura del jardín, pompa del prado,
gema de primavera, ojo de abril...

Entonces ocurrió la revelación. Marino *vio* la rosa, como Adán pudo verla en el Paraíso, y sintió que ella estaba en su eternidad y no en sus palabras y que podemos mencionar o aludir pero no expresar y que los altos y soberbios volúmenes que formaban en un ángulo de la sala una penumbra de oro no eran (como su vanidad soñó) un espejo del mundo, sino una cosa más agregada al mundo.

Esta iluminación alcanzó Marino en la víspera de su muerte, y Homero y Dante acaso la alcanzaron también.

EVERYTHING AND NOTHING

Nadie hubo en él; detrás de su rostro (que aun a través de las malas pinturas de la época no se parece a ningún otro) y de sus palabras, que eran copiosas, fantásticas y agitadas, no había más que un poco de frío, un sueño no soñado por alguien. Al principio creyó que todas las personas eran como él, pero la extrañeza de un compañero con el que había empezado a comentar esa vacuidad, le reveló su error y le dejó sentir para siempre, que un individuo no debe diferir de especie. Alguna vez pensó que en los libros hallaría remedio para su mal y así aprendió el poco latín y menos griego de que hablaría un contemporáneo; después consideró que en el ejercicio de un rito elemental de la humanidad, bien podía estar lo que buscaba y se dejó iniciar por Anne Hathaway,[1] durante una larga siesta de junio. A los veintitantos años fue a Londres. Instintivamente, ya se había adiestrado en el hábito de simular que era alguien, para que no se descubriera su condición de nadie; en Londres encontró la profesión a la que estaba predestinado, la del actor, que en un escenario, juega a ser otro, ante un concurso de personas que juegan a tomarlo por aquel otro. Las tareas histriónicas le enseñaron una felicidad singular, acaso la primera que conoció; pero aclamado el último verso y retirado de la escena el último muerto, el odiado sabor de la irrealidad recaía sobre él. Dejaba de ser Ferrex o Tamerlán y volvía a ser nadie. Acosado, dio en imaginar otros héroes y otras fábulas trágicas. Así, mientras el cuerpo cumplía su destino de cuerpo, en lupanares y tabernas de Londres,

[1] **Anne Hathaway:** la esposa de William Shakespeare, el personaje de esta estampa poética.

el alma que lo habitaba era César, que desoye la admonición del augur, y Julieta, que aborrece a la alondra, y Macbeth, que conversa en el páramo con las brujas que también son las parcas. Nadie fue tantos hombres como aquel hombre, que a semejanza del egipcio Proteo[2] pudo agotar todas las apariencias del ser. A veces, dejó en algún recodo de la obra una confesión, seguro de que no la descifrarían; Ricardo afirma que en su sola persona, hace el papel de muchos, y Yago dice con curiosas palabras *no soy lo que soy*. La identidad fundamental de existir, soñar y representar le inspiró pasajes famosos.

Veinte años persistió en esa alucinación dirigida, pero una mañana lo sobrecogieron el hastío y el horror de ser tantos reyes que mueren por la espada y tantos desdichados amantes que convergen, divergen y melodiosamente agonizan. Aquel mismo día resolvió la venta de su teatro. Antes de una semana había regresado al pueblo natal,[3] donde recuperó los árboles y el río de la niñez y no los vinculó a aquellos otros que había celebrado su musa, ilustres de alusión mitológica y de voces latinas. Tenía que ser alguien; fue un empresario retirado que ha hecho fortuna y a quien le interesan los préstamos, los litigios y la pequeña usura. En ese carácter dictó el árido testamento que conocemos, del que deliberadamente excluyó todo rasgo patético o literario. Solían visitar su retiro amigos de Londres, y él retomaba para ellos el papel de poeta.

La historia agrega que, antes o después de morir, se supo frente a Dios y le dijo: *Yo, que tantos hombres he sido en vano, quiero ser uno y yo.* La voz de Dios le contestó desde un torbellino: *Yo tampoco soy; yo soñé el mundo como tú soñaste tu obra, mi Shakespeare, y entre las formas de mi sueño estás tú, que como yo eres muchos y nadie.*

---

[2] **Proteo:** dios marino que tenía la habilidad de cambiar de forma cuando quería.
[3] **pueblo natal:** Stratford-on-Avon.

RAGNARÖK[1]

En los sueños (escribe Coleridge)[2] las imágenes figuran las impresiones que pensamos que causan; no sentimos horror porque nos oprime una esfinge, soñamos una esfinge para explicar el horror que sentimos. Si esto es así ¿cómo podría una mera crónica de sus formas trasmitir el estupor, la exaltación, las alarmas, la amenaza y el júbilo que tejieron el sueño de esa noche? Ensayaré esa crónica, sin embargo; acaso el hecho de que una sola escena integró aquel sueño borre o mitigue la dificultad esencial.

El lugar era la Facultad de Filosofía y Letras; la hora, el atardecer. Todo (como suele ocurrir en los sueños) era un poco distinto; una ligera magnificación alteraba las cosas. Elegíamos autoridades; yo hablaba con Pedro Henríquez Ureña,[3] que en la vigilia ha muerto hace muchos años. Bruscamente nos aturdió un clamor de manifestación o de murga. Alaridos humanos y animales llegaban desde el Bajo. Una voz gritó: *¡Ahí vienen!* y después *¡Los Dioses! ¡Los Dioses!* Cuatro a cinco sujetos salieron de la turba y ocuparon la tarima del Aula Magna.[4] Todos aplaudimos, llorando; eran los Dioses que volvían al cabo de un destierro de siglos. Agrandados por la tarima, la cabeza echada hacia atrás y el pecho hacia adelante, recibieron con soberbia nuestro homenaje. Uno sostenía una rama, que se conformaba, sin duda, a la sencilla botánica de los sueños; otro, en

---

[1] **Ragnarök:** En la *Elder Edda* escandinava se llama así al fin del mundo y de los dioses.

[2] **Samuel Taylor Coleridge** (1772–1834): uno de los más importantes poetas ingleses en el desarrollo del romanticismo.

[3] **Pedro Henríquez Ureña:** Véase nota 41 del cuento "El Aleph".

[4] **Aula Magna:** aula universitaria donde se celebran las colaciones de grados y los actos oficiales.

amplio ademán, extendía una mano que era una garra; una de las caras de Jano[5] miraba con recelo el encorvado pico de Thoth.[6] Tal vez excitado por nuestros aplausos, uno, ya no sé cual, prorrumpió en un cloqueo victorioso, increiblemente agrio, con algo de gárgara y de silbido. Las cosas, desde aquel momento, cambiaron.

Todo empezó por la sospecha (tal vez exagerada) de que los Dioses no sabían hablar. Siglos de vida fugitiva y feral habían atrofiado en ellos lo humano; la luna del Islam y la cruz de Roma habían sido implacables con esos prófugos. Frentes muy bajas, dentaduras amarillas, bigotes ralos de mulato o de chino y belfos bestiales publicaban la degeneración de la estirpe olímpica. Sus prendas no correspondían a una pobreza decorosa y decente sino al lujo malevo[7] de los garitos[8] y de los lupanares del Bajo.[9] En un ojal sangraba un clavel; en un saco ajustado se adivinaba el bulto de una daga. Bruscamente sentimos que jugaban su última carta, que eran taimados, ignorantes y crueles como viejos animales de presa y que, si nos dejábamos ganar por el miedo o la lástima, acabarían por destruirnos.

Sacamos los pesados revólveres (de pronto hubo revólveres en el sueño) y alegremente dimos muerte a los Dioses.

---

[5] **Jano:** personaje mítico que estaba dotado de la facultad de ver, a la vez, el pasado y el porvenir; por esta razón se le representa con dos caras.

[6] **Thoth:** dios lunar del antiguo Egipto, patrono del saber y de las artes; se representaba igualmente como un ibis o un mandril.

[7] **malevo:** malvado, malhechor.

[8] **garitos:** casas de juego clandestinas o ilegales.

[9] **Bajo:** arrabal de Buenos Aires.

BORGES Y YO

Al otro, a Borges, es a quien le ocurren las cosas. Yo camino por Buenos Aires y me demoro, acaso ya mecánicamente, para mirar el arco de un zaguán y la puerta cancel;[1] de Borges tengo noticias por el correo y veo su nombre en una terna de profesores o en un diccionario biográfico. Me gustan los relojes de arena, los mapas, la tipografía del siglo XVIII, el sabor del café y la prosa de Stevenson;[2] el otro comparte esas preferencias, pero de un modo vanidoso que las convierte en atributos de un actor. Sería exagerado afirmar que nuestra relación es hostil; yo vivo, yo me dejo vivir, para que Borges pueda tramar su literatura y esa literatura me justifica. Nada me cuesta confesar que ha logrado ciertas páginas válidas, pero esas páginas no me pueden salvar, quizá porque lo bueno ya no es de nadie, ni siquiera del otro, sino del lenguaje o la tradición. Por lo demás, yo estoy destinado a perderme, definitivamente, y sólo algún instante de mí podrá sobrevivir en el otro. Poco a poco voy cediéndole todo, aunque me consta su perversa costumbre de falsear y magnificar. Spinoza entendió que todas las cosas quieren perseverar en su ser; la piedra eternamente quiere ser piedra y el tigre un tigre. Yo he de quedar en Borges, no en mí[3] (si es que alguien soy), pero me reconozco menos en sus libros que en muchos otros o que en el laborioso rasgueo de una guitarra. Hace años

[1] **puerta cancel:** contrapuerta, generalmente de tres hojas, usada para evitar las corrientes de aires y amortecer los ruidos exteriores.

[2] **Robert Louis Stevenson** (1850–1894): novelista inglés.

[3] **Yo he de quedar en Borges, no en mí:** Borges se plantea en esta breve pero complicada prosa el problema de la relación entre el yo que existe, pasa, se desvanece y muere, y el escritor—entre el hombre que vive y el autor de ficciones.

yo traté de librarme de él y pasé de las mitologías del arrabal a los juegos con el tiempo y con lo infinito, pero esos juegos son de Borges ahora y tendré que idear otras cosas. Así mi vida es una fuga y todo lo pierdo y todo es del olvido, o del otro.

No sé cuál de los dos escribe esta página.

BIBLIOGRAFÍA SELECTA

Obras de Jorge Luis Borges

Obras completas. Buenos Aires: Emecé Editores, S.A., 1953–1960. 9 volúmenes publicados hasta ahora, con los siguientes títulos: (1) *Historia de la eternidad;* (2) *Poemas, 1923–1958;* (3) *Historia universal de la infamia;* (4) *Evaristo Carriego*; (5) *Ficciones*; (6) *Discusión*; (7) *El Aleph*; (8) *Otras inquisiciones*; (9) *El hacedor.*

Antología personal. Buenos Aires: Sur, 1961.

Obra poética. Buenos Aires: Emecé Editores, S.A. 1964 (2ª ed., 1967). Edición especial en homenaje a Jorge Luis Borges, con ilustraciones a color de Héctor Basaldúa, Norah Borges, Horacio Butler y Raúl Soldi.

Obras de Borges escritas en colaboración

a) con Adolfo Bioy Casares (bajo el seudónimo H. Bustos Domecq):

Dos fantasías memorables. Buenos Aires: Oportet y Haereses, 1946.

Seis problemas para don Isidro Parodi. Buenos Aires: Sur, 1942.

Crónicas de Bustos Domecq. Buenos Aires: Editorial Losada, 1967.

Un modelo para la muerte. (Bajo el seudónimo de B. Suárez Lynch, pero con un prólogo firmado H. Bustos Domecq.) Buenos Aires: Oportet y Haereses, 1946.

b) con Betina Edelberg:

Leopoldo Lugones. Buenos Aires: Troquel, 1955.

c) con Margarita Guerrero:

Manual de zoología fantástica. México-Buenos Aires: Fondo de Cultura Económica, 1957.

El "Martín Fierro" (3ª ed.). Buenos Aires: Columba, 1960.

d) con Delia Ingenieros:

Antiguas literaturas germánicas. México-Buenos Aires: Fondo de Cultura Económica, 1951.

e) con Luisa Mercedes Levinson:

La hermana de Eloísa. Buenos Aires: Editorial Ene, 1955.

f) con María Esther Vázquez:

Introducción a la literatura inglesa. Buenos Aires: 1965.

Traducciones al inglés de obras de Borges

A Personal Anthology. Ed. and with a foreword by Anthony Kerrigan. New York: Grove Press, 1967.

Dreamtigers (*El hacedor*). Trans. by Mildred Boyer and Harold Morland. Introd. and biographical appendix by Miguel Enguídanos. Woodcuts by Antonio Frasconi. Austin: University of Texas Press, 1964.

Fictions. Trans. by Anthony Kerrigan and others. London: Calder & Boyars, Ltd., 1965.

Labyrinths. Selected Stories and Other Writings. Ed. by Donald A. Yates and James E. Irby. Preface by André Maurois. Introd. by James E. Irby. New York: New Directions, 1964.

Other Inquisitions, 1937–1952. Trans. by Ruth L. C. Simms. Introd. by James E. Irby. New York: Simon and Schuster, 1968.

Libros sobre Borges y su obra

Alazraki, Jaime, *La prosa narrativa de Jorge Luis Borges*. Madrid: Editorial Gredos, 1968. Incluye bibliografía reciente.

Barrenechea, Ana María, *La expresión de la irrealidad en la obra de Jorge Luis Borges*. México: El Colegio de México. Contiene la bibliografía más completa sobre Borges.

———, *Borges: The Labyrinth Maker*. New York: New York University Press, 1965. Traducción de la obra anterior, corregida y ampliada por Robert Lima.

Blanco-González, Manuel, *Jorge Luis Borges: anotaciones sobre el tiempo en su obra*. México: Studium, 1963.

Burgin, Richard, *Conversations with Borges*. New York: Holt, Rinehart & Winston, 1969.

Charbonier, Georges, *Entretiens avec J.L. Borges*. Paris: Gallimard, 1967.

Gutiérrez Girardot, Rafael, *Jorge Luis Borges, ensayo de interpretación*. Madrid: Insula, 1959.

Jurado, Alicia, *Genio y figura de J.L. Borges*. Buenos Aires: Eudeba, 1964.

L'Herne, "Jorge Luis Borges". Paris, anuario de 1964.

Moreno, César Fernández, *Esquema de Borges*. Buenos Aires: Perrot (Colección Nuevo Mundo, IV), 1957.

Prieto, Adolfo, *Borges y la nueva generación*. Buenos Aires: Letras Universitarias, 1954.

Ríos Patrón, José Luis, *Jorge Luis Borges*. Buenos Aires: La Mandrágora (Clásicos argentinos del siglo xx), 1955.

Tamayo, Marcial y Adolfo Ruiz-Díaz, *Borges, enigma y clave*. Buenos Aires: Nuestro Tiempo, 1955.

Wolberg, Isaac, *Jorge Luis Borges*. Buenos Aires: Ministerio de Educación, Ediciones Culturales (Serie: Argentinos en las letras), 1961.

Artículos y ensayos sobre Borges

Alonso, Amado, "Borges, narrador". En *Sur*, Buenos Aires, noviembre 1935. (Incluído en el libro del mismo autor *Materia y forma en poesía*, Madrid: Gredos, 1955.)

Barrenechea, Ana María, "Borges y el lenguaje". En *Nueva revista de filología hispánica*, México, 1953, VII, 3-4.

Corvalán, Octavio, "Presencia de Buenos Aires en 'La muerte y la brújula' de Jorge Luis Borges". En *Revista iberoamericana*, Pittsburg, XXVIII, 54.

de Man, Paul, "Un maestro moderno: Jorge Luis Borges". En *Asomante*, San Juan de Puerto Rico, 1965, XXI, 2. (Originalmente en *The New York Review of Books*, Dec. 19, 1964.)

Durán, Manuel, "Los dos Borges". En *La palabra y el hombre*, México, julio-septiembre 1963.

Lida, Raimundo, "Notas a Borges". En *Cuadernos americanos*, México, 1951, X, 2. (Incluído en *Letras hispánicas. Estudios, esquemas*; México y Buenos Aires: Fondo de Cultura Económica, 1958.)

Lima, Robert, "Jorge Luis Borges. The Labyrinths of Fantasia". En *La Voz*, New York, 1962, VII, 2.

Lucio, Nodier y Lydia Revello, "Contribución a la bibliografía de Jorge Luis Borges". En *Bibliografía argentina de artes y letras*, Buenos Aires, abril-septiembre 1961.

Murena, H.A., "El acoso de la soledad". Capítulo del libro *El pecado original de América*, Buenos Aires: Sur, 1954.

Phillips, Allen W., "Dos notas sobre Jorge Luis Borges" ("'El Sur' de Borges"; "Borges y su concepto de la metáfora"). En *Estudios y notas sobre literatura hispanoamericana*, México: Editorial Cultura, Biblioteca del Nuevo Mundo, 1965.

Reyes, Alfonso, "El argentino Jorge Luis Borges". En el libro *Los trabajos y los días*; México, 1945.

Ríos Patrón, José Luis y Horacio Jorge Becco, "Bibliografía de Borges". En *Ciudad*, Buenos Aires, abril-septiembre 1955.

Rodríguez Monegal, Emir, "Borges: teoría y práctica". En *Número*, Montevideo, 1952, VI, 27.

Updike, John, "The Author as Librarian". *The New Yorker*, New York, Oct. 30, 1965.

Vitier, Cintio, "En torno a la poesía de Jorge Luis Borges". En *Orígenes*, La Habana, 1945, II, 6.

Xirau, Ramón, "Borges, o el elogio de la sensibilidad". En el libro *Poesía hispanoamericana y española. Ensayos*. México: Imprenta Universitaria, 1961.